U0148765

普通高等教育"十一五"国家级规划教材

数据库原理与应用教程

第3版

何玉洁　等编著

机械工业出版社
China Machine Press

本书根据前两版读者的使用建议进行了修订，第 3 版继续保持了前面版本的内容全面、实例丰富、理论知识与应用技术相结合等特点，并新增了数据查询方面的示例，增加了附录中数据库分析与设计示例的复杂性。本书由四部分组成：第一部分偏重于数据库理论，主要介绍关系数据库理论；第二部分和第三部分偏重于应用，包括服务器端和客户端的应用；第四部分介绍了数据库的新的应用领域和发展方向。在附录部分用一个完整的示例说明了数据库设计的全过程。书中还涉及 SQL Server 2005 的功能、使用方法以及在 Visual Basic 6.0 中开发数据库客户端程序的方法。

本书可作为高等院校非计算机专业的数据库教材，也可作为计算机专业学生的补充读物，并可供数据库初学者作为入门读物。

图书在版编目（CIP）数据

数据库原理与应用教程　第 3 版/何玉洁等编著. —北京：机械工业出版社，2010.8
（普通高等教育"十一五"国家级规划教材）

ISBN 978-7-111-31204-8

Ⅰ. 数…　Ⅱ. 何…　Ⅲ. 数据库系统-高等学校-教材　Ⅳ. TP311.13

中国版本图书馆 CIP 数据核字（2010）第 129144 号

机械工业出版社（北京市西城区百万庄大街 22 号　邮政编码　100037）
责任编辑：刘立卿
北京京北印刷有限公司印刷
2010 年 9 月第 3 版第 1 次印刷
184mm×260mm • 17.75 印张
标准书号：ISBN 978-7-111-31204-8
定价：29.80 元

凡购本书，如有缺页、倒页、脱页，由本社发行部调换
客服热线：（010）88378991；88361066
购书热线：（010）68326294；88379649；68995259
投稿热线：（010）88379604
读者信箱：hzjsj@hzbook.com

前　言

《数据库原理与应用教程》第 1 版出版于 2003 年，第 2 版出版于 2007 年，两版累计印刷 20 余次，累计印刷数量达 5 万多册。2006 年这本书又被评为"十一五"国家级规划教材，这给予了作者极大的鼓舞和鞭策。

时间飞逝，第 2 版出版至今已经过去 3 年了，在这 3 年中，国内大学的计算机教育水平又有了新的提高，随着数据库应用范围的日益广泛和深入，数据库课程内容也需要随之调整。另一方面，数据库管理系统这几年也得到了很大的发展，以 SQL Server 为例，在本书第 2 版编写之初，SQL Server 2005 才发布不久，而现在 Microsoft 已经发布了 SQL Server 2008，新产品的发布意味着新功能的产生。综合这两方面的原因，并根据近几年使用该书的读者提出的建议和意见，对第 2 版内容进行了修订。

第 3 版相对于第 2 版主要修订的内容包括：将 SQL Server 2000 实践平台改为 SQL Server 2005，去掉了第 2 版的"第 12 章数据传输"，增加了数据查询部分的示例。其他部分都是小的调整。

第 3 版仍然由四部分组成，第一部分介绍了数据库系统的基本概念和基本理论，这部分由第 1～8 章组成，具体内容包括数据管理的发展过程、数据库系统的组成结构、SQL 语言基础及数据定义功能、视图、关系规范化理论、数据库保护及数据库设计几个方面。这一部分是数据库的理论基础。第 3 版在介绍理论知识时更加注重概念的清晰表达，增加了对概念的图形化表达，同时增加了一些示例。

第二部分主要介绍服务器端的数据库管理系统的功能，这部分由第 9～12 章组成。本书以 SQL Server 2005 数据库管理系统为例，介绍了 SQL Server 2005 的安装与配置，主要工具的使用方法，在该环境中创建数据库、关系表以及数据完整性约束的方法，进行安全管理的方法以及实现备份和恢复数据库的方法。这部分作为第一部分的实践应用。

第三部分主要介绍如何在客户端实现对数据库数据的访问，考虑到本教材主要是面向非计算机专业的理工科学生学习数据库知识而编写的，因此，这部分的实践环境仍然选用的是 Visual Basic 6.0。该部分内容由第 13～15 章组成，主要介绍了数据访问接口技术、利用 Visual Basic 6.0 的 ADO 数据控件和 ADO 对象访问数据库的基本方法，以及 Visual Basic 6.0 提供的一些常用数据访问控件的使用方法。在第 15 章用四个例子分别说明了使用这些技术开发数据库应用程序的过程，并在最后介绍了 Visual Basic 6.0 中自带的可以自动生成数据库应用程序的数据窗体向导的功能。这部分内容与第 2 版基本相同。

本书第四部分由第 16、17 章构成。第 16 章主要介绍了数据库的新的应用方向——数据仓库和数据挖掘，第 17 章介绍了数据库技术发展的新方向。

由于篇幅所限，第 3 版去掉了第 2 版中"附录 A SQL Server 常用系统函数"和"附录 C 习题参考答案"两个附录，关于 SQL Server 提供的系统函数以及函数的使用方法，在 SQL Server 联机手册中有详细的介绍，有兴趣的读者可以查阅联机手册。第 3 版中继续保留了第 2 版中附录 B（数据库分析与设计示例）的内容，但考虑到数据库应用水平的不断提高，以及大学生计算机应用能力的不断提高，第 3 版增加了这个示例的复杂性，使之更符合实际需求。同时在示例中还给出了一些实现方法，以更利于读者学习和使用。

本书的最大特点是内容比较全面，既包括了数据库的基础理论知识，又包括了数据库的客户端和服务器端的应用技术。SQL Server 2005 是目前应用范围非常广泛并且易于获得的数据库管理系统，Visual Basic 也是使用非常普及、简单、方便的可视化编程环境。包含这些内容的目的是使读者可以比较系统、全面地学习数据库系统的整体概念和应用技术。从前几版的使用情况来看，这种编写方式大家还是比较认可的。

各专业可根据对学生数据库掌握程度的要求，对本教材的一些内容进行挑选。对数据库知识要求比较低的专业，可将 14.3 节的 "ADO 对象" 以及整个第四部分作为选讲内容。

本书是作者多年从事数据库教学的经验和感受的总结。在本书修订过程中，作者通过出版社向前两版用书教师征求使用意见，得到了他们的积极支持和热烈反馈，他们对本书提出了许多宝贵的意见和建议，在此对他们表示诚挚的感谢。同时也感谢我的同仁和朋友梁琦、李宝安、谷葆春、何青、李迎等，他们参与了本书实践部分的编写工作，是他们的积极参与和帮助，使本教材得以顺利完成。

真诚地希望读者和同行们能对这本教材提出宝贵的意见，因为我知道在教学探索的道路上没有止境。很希望能与广大读者和同行进行交流，以帮助我不断进步。

何玉洁

2010 年 7 月

目　录

前言

第一部分　基础理论

第1章　数据库概述 ·········· 1
1.1　一些基本概念 ·········· 1
1.1.1　数据 ·········· 1
1.1.2　数据库 ·········· 2
1.1.3　数据库管理系统 ·········· 2
1.1.4　数据库系统 ·········· 3
1.2　数据管理技术的发展 ·········· 3
1.2.1　文件管理方式 ·········· 3
1.2.2　数据库管理 ·········· 6
1.3　数据独立性 ·········· 8
1.4　数据库系统的组成 ·········· 9
1.5　小结 ·········· 10
习题 ·········· 11
第2章　数据库系统结构 ·········· 12
2.1　数据和数据模型 ·········· 12
2.1.1　数据与信息 ·········· 12
2.1.2　数据模型 ·········· 13
2.2　概念层数据模型 ·········· 14
2.2.1　基本概念 ·········· 14
2.2.2　实体－联系模型 ·········· 14
2.3　组织层数据模型 ·········· 16
2.3.1　关系模型的数据结构 ·········· 16
2.3.2　关系模型的数据操作 ·········· 19
2.3.3　关系模型的数据完整性约束 ·········· 19
2.4　数据库系统的结构 ·········· 21
2.4.1　三级模式结构 ·········· 21
2.4.2　模式映像与数据独立性 ·········· 24
2.5　数据库管理系统 ·········· 25
2.6　小结 ·········· 26
习题 ·········· 27
第3章　SQL语言基础及数据定义
　　　　功能 ·········· 28
3.1　基本概念 ·········· 28

3.1.1　SQL语言的发展 ·········· 28
3.1.2　SQL语言的特点 ·········· 28
3.1.3　SQL语言功能概述 ·········· 29
3.2　SQL Server提供的主要数据类型 ····· 29
3.2.1　数值型 ·········· 30
3.2.2　字符串型 ·········· 30
3.2.3　日期时间类型 ·········· 31
3.3　数据定义功能 ·········· 32
3.3.1　基本表的定义与删除 ·········· 32
3.3.2　修改表结构 ·········· 35
3.4　数据完整性 ·········· 35
3.4.1　完整性约束条件的作用对象 ·········· 35
3.4.2　实现数据完整性 ·········· 36
3.5　小结 ·········· 38
习题 ·········· 39
第4章　数据操作语句 ·········· 40
4.1　数据查询功能 ·········· 40
4.1.1　查询语句的基本结构 ·········· 41
4.1.2　单表查询 ·········· 41
4.1.3　多表连接查询 ·········· 51
4.1.4　使用TOP限制结果集 ·········· 55
4.1.5　子查询 ·········· 56
4.2　数据更改功能 ·········· 62
4.2.1　插入数据 ·········· 62
4.2.2　更新数据 ·········· 63
4.2.3　删除数据 ·········· 64
4.3　小结 ·········· 64
习题 ·········· 65
第5章　视图 ·········· 67
5.1　视图概念 ·········· 67
5.2　定义视图 ·········· 67
5.3　通过视图查询数据 ·········· 69
5.4　修改和删除视图 ·········· 70
5.5　视图的作用 ·········· 71
5.6　小结 ·········· 72
习题 ·········· 72

第6章 关系数据库规范化理论 ············ 73
  6.1 函数依赖 ························· 73
    6.1.1 函数依赖基本概念 ········ 73
    6.1.2 一些术语和符号 ·········· 74
    6.1.3 为什么要讨论函数依赖 ··· 75
  6.2 关系规范化 ····················· 76
    6.2.1 关系模式中的码 ·········· 76
    6.2.2 范式 ······················ 76
  6.3 小结 ···························· 79
  习题 ······························· 80
第7章 数据库保护 ···················· 81
  7.1 事务 ···························· 81
    7.1.1 事务的基本概念 ·········· 81
    7.1.2 事务的特征 ·············· 81
    7.1.3 SQL事务处理模型 ········ 82
  7.2 并发控制 ······················· 83
    7.2.1 并发控制概述 ············ 83
    7.2.2 并发控制措施 ············ 85
    7.2.3 封锁协议 ················· 86
    7.2.4 死锁 ····················· 88
    7.2.5 并发调度的可串行性 ····· 88
    7.2.6 两段锁协议 ·············· 89
  7.3 数据库备份与恢复 ·············· 90
    7.3.1 数据库故障的种类 ······· 90
    7.3.2 数据库备份 ·············· 91
    7.3.3 数据库恢复 ·············· 91
  7.4 小结 ···························· 92
  习题 ······························· 93
第8章 数据库设计 ···················· 94
  8.1 数据库设计概述 ················ 94
    8.1.1 数据库设计的特点 ······· 95
    8.1.2 数据库设计方法概述 ····· 95
    8.1.3 数据库设计的基本步骤 ··· 96
  8.2 数据库需求分析 ················ 97
    8.2.1 需求分析的任务 ·········· 97
    8.2.2 需求分析的方法 ·········· 97
  8.3 数据库结构设计 ················ 99
    8.3.1 概念结构设计 ············ 99
    8.3.2 逻辑结构设计 ············ 101
    8.3.3 物理结构设计 ············ 105

  8.4 数据库行为设计 ················ 107
    8.4.1 功能分析 ················· 107
    8.4.2 功能设计 ················· 108
    8.4.3 事务设计 ················· 108
  8.5 数据库实施 ····················· 108
    8.5.1 加载数据 ················· 109
    8.5.2 调试和运行应用程序 ····· 109
  8.6 数据库的运行和维护 ··········· 109
  8.7 小结 ···························· 110
  习题 ······························· 110

第二部分 SQL Server 基础及使用

第9章 SQL Server 2005 基础 ········· 113
  9.1 SQL Server 2005 平台构成 ······ 113
  9.2 安装 SQL Server 2005 ·········· 114
    9.2.1 SQL Server 2005 的版本 ·· 114
    9.2.2 安装 SQL Server 2005 需要的
          软硬件环境 ············· 115
    9.2.3 实例 ····················· 116
    9.2.4 安装及安装选项 ·········· 117
  9.3 配置 SQL Server 2005 ·········· 122
  9.4 SQL Server Management Studio
      工具 ·························· 124
    9.4.1 连接到数据库服务器 ····· 124
    9.4.2 查询编辑器 ·············· 125
  9.5 小结 ···························· 126
  习题 ······························· 127
  上机练习 ·························· 127
第10章 数据库及表的创建与管理 ····· 129
  10.1 SQL Server 数据库概述 ········ 129
    10.1.1 系统数据库 ············· 129
    10.1.2 SQL Server 数据库的组成 · 130
    10.1.3 数据文件和日志文件 ···· 130
    10.1.4 数据库文件的属性 ······ 131
  10.2 创建数据库 ··················· 131
    10.2.1 用图形化方法创建数据库 · 131
    10.2.2 用 T-SQL 语句创建数据库 · 134
  10.3 基本表的创建与管理 ········· 137
    10.3.1 创建表 ················· 137
    10.3.2 定义完整性约束 ········ 139
    10.3.3 修改表结构 ············ 143

10.3.4 删除表 ·········· 143

10.4 小结 ·········· 144

习题 ·········· 145

上机练习 ·········· 145

第 11 章 安全管理 ·········· 148

11.1 安全控制概述 ·········· 148

11.1.1 安全控制模型 ·········· 148

11.1.2 SQL Server 安全控制过程 ·········· 148

11.2 登录名 ·········· 149

11.2.1 身份验证模式 ·········· 149

11.2.2 建立登录名 ·········· 150

11.2.3 删除登录名 ·········· 154

11.3 数据库用户 ·········· 155

11.3.1 建立数据库用户 ·········· 155

11.3.2 删除数据库用户 ·········· 157

11.4 权限管理 ·········· 158

11.4.1 权限种类及用户分类 ·········· 159

11.4.2 权限的管理 ·········· 159

11.5 角色 ·········· 167

11.5.1 建立用户定义的角色 ·········· 167

11.5.2 为用户定义的角色授权 ·········· 168

11.5.3 为用户定义的角色添加成员 ·········· 169

11.5.4 删除用户定义角色中的成员 ·········· 171

11.6 小结 ·········· 171

习题 ·········· 172

上机练习 ·········· 172

第 12 章 备份和恢复数据库 ·········· 174

12.1 备份数据库 ·········· 174

12.1.1 为什么要进行数据备份 ·········· 174

12.1.2 备份内容及备份时间 ·········· 174

12.1.3 备份设备 ·········· 175

12.1.4 SQL Server 支持的备份类型 ·········· 177

12.1.5 备份策略 ·········· 179

12.1.6 实现备份 ·········· 180

12.2 恢复数据库 ·········· 185

12.2.1 恢复的顺序 ·········· 185

12.2.2 实现恢复 ·········· 185

12.3 小结 ·········· 192

习题 ·········· 192

上机练习 ·········· 193

第三部分 用 Visual Basic 开发
数据库应用程序

第 13 章 数据库应用结构与数据
访问接口 ·········· 195

13.1 数据库应用结构 ·········· 195

13.1.1 集中式应用结构 ·········· 195

13.1.2 文件服务器结构 ·········· 196

13.1.3 客户/服务器结构 ·········· 197

13.1.4 互联网应用结构 ·········· 197

13.2 数据访问接口 ·········· 198

13.2.1 ODBC ·········· 198

13.2.2 OLE DB 和 ADO ·········· 200

13.2.3 JDBC ·········· 202

13.3 小结 ·········· 202

习题 ·········· 203

第 14 章 ADO 数据控件与数据
绑定控件 ·········· 204

14.1 ADO 数据控件 ·········· 204

14.1.1 ADO 数据控件的主要属性、
方法和事件 ·········· 205

14.1.2 RecordSet 对象的主要属性和
方法 ·········· 209

14.2 数据绑定控件 ·········· 211

14.2.1 DataGrid 控件 ·········· 211

14.2.2 DataList 和 DataCombo 控件 ·········· 215

14.3 ADO 对象 ·········· 217

14.3.1 Connection 对象 ·········· 217

14.3.2 Command 对象 ·········· 219

14.3.3 Recordset 对象 ·········· 220

14.3.4 Field 对象 ·········· 223

14.3.5 Parameter 对象 ·········· 224

14.3.6 Error 对象 ·········· 225

14.3.7 使用 ADO 对象模型访问
数据库 ·········· 226

14.4 小结 ·········· 227

习题 ·········· 227

上机练习 ·········· 227

第 15 章 Visual Basic 数据库应用
编程示例 ·········· 229

15.1 示例 1 ·········· 229

15.2 示例 2 ………………………… 230
15.3 示例 3 ………………………… 233
15.4 示例 4 ………………………… 234
15.5 数据窗体向导 ………………… 237
　15.5.1 添加数据窗体向导 ……… 237
　15.5.2 使用数据窗体向导 ……… 237
15.6 小结 …………………………… 240
上机练习 …………………………… 240

第四部分 数据库技术的应用与发展

第 16 章 数据仓库与数据挖掘 ……… 241
16.1 数据仓库技术 ………………… 242
　16.1.1 数据仓库的概念及特点 … 242
　16.1.2 数据仓库体系结构 ……… 243
　16.1.3 数据仓库的分类 ………… 243
　16.1.4 数据仓库的开发 ………… 244
　16.1.5 数据仓库的数据模式 …… 244
16.2 联机分析处理 ………………… 245
16.3 数据挖掘 ……………………… 248
　16.3.1 数据挖掘过程 …………… 249
　16.3.2 数据挖掘知识发现 ……… 250
　16.3.3 数据挖掘的常用技术和目标 … 251
　16.3.4 数据挖掘工具 …………… 252
　16.3.5 数据挖掘应用 …………… 253
　16.3.6 数据挖掘的前景 ………… 253

16.4 小结 …………………………… 255
第 17 章 数据库技术的发展 ………… 256
17.1 数据库技术的发展概述 ……… 256
　17.1.1 传统数据库技术的发展
　　　　 历程 …………………… 256
　17.1.2 新一代数据库管理系统 … 257
17.2 面向对象技术与数据库技术的
　　 结合 …………………………… 257
　17.2.1 新的数据库应用和新的数据
　　　　 类型 …………………… 258
　17.2.2 面向对象数据模型 ……… 258
　17.2.3 面向对象数据库的优点 … 262
　17.2.4 对象关系数据库与对象
　　　　 数据库 ………………… 262
17.3 数据库技术面临的挑战 ……… 262
17.4 数据库技术的研究方向 ……… 264
　17.4.1 分布式数据库系统 ……… 264
　17.4.2 面向对象的数据库管理系统 … 264
　17.4.3 多媒体数据库 …………… 265
　17.4.4 数据库中的知识发现 …… 265
　17.4.5 专用数据库系统 ………… 265
17.5 小结 …………………………… 266

附录 数据库分析与设计示例 ……… 267
参考文献 …………………………… 274

第一部分 基础理论

本部分主要介绍数据库的基础理论知识，包括数据和数据模型，关系数据库的标准操作语言——SQL，数据库的安全性和完整性，如何设计性能优越的关系表，如何实现事务的并发控制以及如何对数据库应用系统进行分析和设计。

第1章 数据库概述

随着信息管理水平的不断提高，应用范围的日益扩大，信息已成为企业的重要财富和资源，同时，用于管理信息的数据库技术也得到了很大的发展，其应用领域越来越广泛。人们在不知不觉中扩展着对数据库的使用，比如信用卡购物，飞机、火车订票系统，商场的进货与销售，图书馆对书籍及借阅的管理等，无一不使用了数据库技术。从小型事务处理到大型信息系统，从联机事务处理到联机分析处理，从一般企业管理到计算机辅助设计与制造（CAD/CAM）、地理信息系统等，数据库系统已经渗透到我们日常生活中的方方面面，数据库中信息量的大小以及使用的程度已经成为衡量企业的信息化程度的重要标志。

数据库是数据管理的最新技术，其主要研究内容是如何对数据进行科学的管理，以提供可共享、安全、可靠的数据。数据库技术一般包含数据管理和数据处理两部分。

数据库系统本质上是一个用计算机存储数据的系统，数据库本身可以看作是一个电子文件柜，也就是说，数据库是收集数据文件的仓库或容器。

本章介绍数据库系统的基本概念，包括数据管理的发展过程、数据库系统的组成以及数据库系统结构等。读者可从本章了解为什么要学习数据库技术，并为后续章节的学习做好准备。

1.1 一些基本概念

在系统地介绍数据库技术之前，首先介绍数据库中常用的一些术语和基本概念。

1.1.1 数据

数据（data）是数据库中存储的基本对象。早期的计算机系统主要用在科学计算领域，处理的数据基本是数值型数据，因此数据在人们头脑中的直觉反应就是数字，但数字只是数据的一种最简单的形式，是对数据的传统和狭义的理解。目前计算机的应用范围已十分广泛，因此数据种类也更加丰富，比如文本、图形、图像、音频、视频、商品销售情况等都是数据。

可以将数据定义为：数据是描述事物的符号记录。描述事物的符号可以是数字，也可以是文字、图形、图像、声音、语言等，数据有多种表现形式，它们都可以经过数字化后保存在计算机中。

数据的表现形式并不一定能完全表达其内容，有些还需要经过解释才能明确其表达的含义，比如 20，当解释其代表人的年龄时就是 20 岁，当解释其代表商品价格时，就是 20 元。因此，数据和数据的解释是不可分的。数据的解释是对数据演绎的说明，数据的含义称为数据的语义。

在日常生活中，人们一般直接用自然语言来描述事物，例如描述一门课程的信息：数据库系统基础课程，4 个学分，第 5 学期开设。但在计算机中经常按如下形式描述：

(数据库系统基础，4，5)

即把课程名、学分、开课学期信息组织在一起，形成一个记录，这个记录就是描述课程的数据。这样的数据是有结构的。记录是计算机表示和存储数据的一种格式或方法。

1.1.2 数据库

数据库（Database，DB），顾名思义，就是存放数据的仓库，只是这个仓库是存储在计算机存储设备上的，而且是按一定的格式存储的。

人们在收集并抽取出一个应用所需要的大量数据之后，就希望将这些数据保存起来，以供进一步从中得到有价值的信息，并进行相应的加工和处理。在科学技术飞速发展的今天，人们对数据的需求越来越多，数据量也越来越大。最早人们把数据存放在文件柜里，现在人们可以借助计算机和数据库技术来科学地保存和管理大量的复杂数据，以便能方便而充分地利用宝贵的数据资源。

严格地讲，数据库是长期存储在计算机中的有组织的、可共享的大量数据的集合。数据库中的数据按一定的数据模型组织、描述和存储，具有较小的数据冗余、较高的数据独立性和易扩展性，并可为多种用户共享。

概括起来，数据库数据具有永久存储、有组织和可共享三个基本特点。

1.1.3 数据库管理系统

在了解了数据和数据库的基本概念之后，下一个需要了解的就是如何科学有效地组织和存储数据，如何从大量的数据中快速地获得所需的数据以及如何对数据进行维护，这些都是数据库管理系统（Database Management System，DBMS）要完成的任务。数据库管理系统是一个专门用于实现对数据进行管理和维护的系统软件。

数据库管理系统位于用户应用程序与操作系统软件之间，如图 1-1 所示。数据库管理系统与操作系统一样都是计算机的基础软件，同时也是一个非常复杂的大型系统软件，其主要功能包括如下几个方面：

图 1-1　数据库管理系统在计算机系统中的位置

1. 数据库的建立与维护功能

包括创建数据库及对数据库空间的维护，数据库的备份与恢复功能，数据库的重组功能，数据库的性能监视与调整功能等。这些功能一般是通过数据库管理系统中提供的一些实用工具实现的。

2. 数据定义功能

包括定义数据库中的对象，比如表、视图、存储过程等。这些功能的实现一般是通过数据库管理系统提供的数据定义语言（Data Definition Language，DDL）实现的。

3. 数据组织、存储和管理功能

为提高数据的存取效率，数据库管理系统需要对数据进行分类存储和管理。数据库中的数据包括数据字典、用户数据和存取路径数据等。数据库管理系统要确定这些数据的存储结构、存取方法、存储位置，以及如何实现数据之间的关联。确定数据的组织和存储的主要目的是提高存储空间利用率和存取效率。一般的数据库管理系统都会根据数据的具体组织和存储方式提供多种数据存取方法，比如索引查找、Hash 查找、顺序查找等。

4. 数据操作功能

包括对数据库数据的查询、插入、删除和更改操作，这些操作一般是通过数据库管理系统提供的数据操作语言（Data Manipulation Language，DML）实现的。

5. 事务的管理和运行功能

数据库中的数据是可供多个用户同时使用的共享数据，为保证数据能够安全、可靠地运行，数据库管理系统提供了事务管理功能，这些功能保证数据能够并发使用并且不会产生相互干扰的情况，而且在发生故障时（包括硬件故障和操作故障等）能够对数据库进行正确的恢复。

6. 其他功能

包括与其他软件的网络通信功能、不同数据库管理系统间的数据传输以及互访问功能等。

1.1.4　数据库系统

数据库系统（Database System，DBS）是指在计算机中引入数据库后的系统，一般由数据库、数据库管理系统（及相关的实用工具）、应用程序、数据库管理员组成。为保证数据库中的数据能够正常、高效地运行，除了数据库管理系统之外，还需要一个（或一些）专门人员来对数据库进行维护，这个（或这些）专门人员称为数据库管理员（Database Administrator，DBA）。

一般在不引起混淆的情况下，常常把数据库系统简称为数据库。

1.2　数据管理技术的发展

数据库技术是应数据管理任务的需要而产生和发展的。数据管理包括对数据进行分类、组织、编码、存储、检索和维护，它是数据处理的核心，而数据处理则是对各种数据的收集、存储、加工和传播的一系列活动的总和。

自计算机产生之后，人们就希望用它来帮助我们对数据进行存储和管理。最初对数据的管理是以文件方式进行的，也就是通过编写应用程序来实现对数据的存储和管理。后来，随着数据量越来越大，人们对数据的要求越来越多，希望达到的目的也越来越复杂，文件管理方式已经很难满足人们对数据的需求，由此产生了数据库技术，也就是用数据库来存储和管理数据。数据管理技术的发展因此也就经历了文件管理和数据库管理两个阶段。

本节介绍文件方式和数据库方式在管理数据上的主要差别。

1.2.1　文件管理方式

理解今日数据库特征的最好办法是了解在数据库技术产生之前，人们是如何通过文件的方式对数据进行管理的。

20 世纪 50 年代后期到 60 年代中期，计算机的硬件方面已经有了磁盘等直接存取的存储设备，软件方面，操作系统中已经有了专门的数据管理软件，一般称为文件管理系统。文件管理系统把数据组织成相互独立的数据文件，利用"按文件名访问，按记录进行存取"的管理技术，可以对文件中的数据进行修改、插入和删除等操作。

在出现程序设计语言之后，开发人员不但可以创建自己的文件并将数据保存在自己定义的文件中，而且还可以编写应用程序来处理文件中的数据，即编写应用程序来定义文件的结构，实现对文件内容的插入、删除、修改和查询操作，当然，真正实现磁盘文件的物理存取操作的还是操作系统中的文件管理系统，应用程序只是告诉文件管理系统对哪个文件的哪些数据进行哪些操作。我们将由开发人员定义存储数据的文件及文件结构，并借助文件管理系统的功能编写访问这些文件的应用程序，以实现对用户数据的处理的方式称为**文件管理**，在本章后面的讨论中将忽略掉文件管理系统，假定应用程序是直接对磁盘文件进行操作。

如果用文件管理数据，用户必须编写应用程序来管理存储在文件中的数据，其操作模式如图 1-2 所示。

图 1-2　文件管理的操作模式

假设某学校要用文件的方式保存学生及其选课的数据，并在这些数据文件基础之上构建对学生进行管理的系统。此系统主要实现两部分功能：学生基本信息管理和学生选课情况管理。假设教务部门管理学生选课情况，各系部管理学生基本信息。学生基本信息管理中涉及学生的基本信息数据，假设这些数据保存在 F1 文件中；学生选课情况管理涉及学生的部分基本信息、课程基本信息和学生选课信息，文件 F2 和 F3 分别保存课程基本信息和学生选课信息的数据。

设 A1 为实现"学生基本信息管理"功能的应用程序，A2 为实现"学生选课管理"功能的应用程序。由于学生选课管理中要用到 F1 文件中的一些数据，为减少冗余，它将使用"学生基本信息管理"（即 F1 文件）中的数据，如图 1-3 所示（图中省略了操作系统部分）。

图 1-3　文件管理实现示例

假设文件 F1、F2 和 F3 分别包含如下信息：

F1 文件——学号、姓名、性别、出生日期、联系电话、所在系、专业、班号。

F2 文件——课程号、课程名、授课学期、学分、课程性质。

F3 文件——学号、姓名、所在系、专业、课程号、课程名、修课类型、修课时间、考试成绩。

我们将文件中所包含的每一个子项称为文件结构中的"字段"或"列"，将每一行数据称为一个"记录"。

"学生选课管理"功能的处理过程大致为：在学生选课管理过程中，若有学生选课，则先查 F1 文件，判断有无此学生；若有则再访问 F2 文件，判其所选的课程是否存在；若一切符合规则，就将学生选课信息写到 F3 文件中。

这看似很好，但仔细分析一下，就会发现用文件方式管理数据有如下缺点。

（1）编写应用程序不方便

应用程序编写者必须清楚地了解所用文件的逻辑及物理结构，如文件中包含多少个字段，每个字段的数据类型，采用何种逻辑结构和物理存储结构。操作系统只提供了打开、关闭、读、写等几个底层的文件操作命令，而对文件的查询、修改等处理都必须在应用程序中编程实现。这样就容易造成各应用程序在功能上的重复，比如图 1-3 中的"学生基本信息管理"和"学生选课管理"都要对 F1 文件进行操作，而共享这两个功能相同的操作却很难。

（2）数据冗余不可避免

由于 A2 应用程序需要在学生选课信息文件（F3 文件）中包含学生的一些基本信息，比如学号、姓名、所在系、专业等，而这些信息同样包含在学生信息文件（F1 文件）中，因此 F3 文件和 F1 文件中存在重复数据，从而造成数据的重复，称为数据冗余。

数据冗余所带来的问题不仅仅是存储空间的浪费（其实，随着计算机硬件技术的飞速发展，存储容量不断扩大，空间问题已经不是我们关注的主要问题），更为严重的是造成了数据的不一致（inconsistency）。例如，某个学生所学的专业发生了变化，我们一般只会想到在 F1 文件中进行修改，而往往忘记了在 F3 中应做同样的修改。由此就造成了同一名学生在 F1 文件和 F3

文件中的"专业"不一样，也就是数据不一致。人们不能判定哪个数据是正确的，尤其是当系统中存在多处数据冗余时，更是如此。这样数据就失去了其可信性。

文件本身并不具备维护数据一致性的功能，这些功能完全要由用户（应用程序开发者）负责维护。这在简单的系统中还可以勉强应付，但在复杂的系统中，若让应用程序开发者来保证数据的一致性，几乎是不可能的。

（3）应用程序依赖性

就文件管理而言，应用程序对数据的操作依赖于存储数据的文件的结构。文件和记录的结构通常是应用程序代码的一部分，如 C 程序的 struct。文件结构的每一次修改，比如添加字段、删除字段，甚至修改字段的长度（如电话号码从 7 位扩到 8 位），都将导致应用程序的修改，因为在打开文件进行数据读取时，必须将文件记录中不同字段的值对应到应用程序的变量中。随着应用环境和需求的变化，修改文件的结构不可避免，这些都需要在应用程序中做相应的修改，而（频繁）修改应用程序是很麻烦的。人们首先要熟悉原有程序，修改后还需要对程序进行测试、安装等；甚至修改了文件的存储位置或者文件名，也需要对应用程序进行修改，这显然给程序维护人员带来很多麻烦。

所有这些都是由于应用程序对文件结构以及文件物理特性的过分依赖造成的，换句话说，用文件管理数据时，其数据独立性（data independence）很差。

（4）不支持对文件的并发访问

在现代计算机系统中，为了有效利用计算机资源，一般都允许同时运行多个应用程序（尤其是在现在的多任务操作系统环境中）。文件最初是作为程序的附属数据出现的，它一般不支持多个应用程序同时对同一个文件进行访问。例如，某个用户打开了一个 Excel 文件，当第二个用户在第一个用户未关闭此文件前打开此文件时，他只能以只读方式打开此文件，而不能在第一个用户打开的同时对此文件进行修改。再比如，如果用某种程序设计语言编写一个对某文件中内容进行修改的程序，其过程是先以写的方式打开文件，然后修改其内容，最后再关闭文件。在关闭文件之前，不管是在其他的程序中，还是在同一个程序中都不允许再次打开此文件，这就是文件管理方式不支持并发访问的含义。

对于以数据为中心的系统来说，必须要支持多个用户对数据的并发访问，否则就不会有我们现在这么多的火车或飞机的订票点，也不会有这么多的银行营业网点。

（5）数据间联系弱

当用文件管理数据时，文件与文件之间是彼此独立、毫不相干的，文件之间的联系必须通过程序来实现。比如对上述的 F1 文件和 F3 文件，F3 文件中的学号、姓名等学生的基本信息必须是 F1 文件中已经存在的（即选课的学生必须是已经存在的学生）；同样，F3 文件中课程号等与课程有关的基本信息也必须存在于 F2 文件中（即学生选的课程也必须是已经存在的课程）。这些数据之间的联系是实际应用当中所要求的很自然的联系，但文件本身不具备自动实现这些联系的功能，我们必须编写应用程序，即手工地建立这些联系。这不但增加了编写代码的工作量和复杂度，而且当联系很复杂时，也难以保证其正确性。因此，用文件管理数据时很难反映现实世界事物间客观存在的联系。

（6）难以满足不同用户对数据的需求

不同的用户（数据使用者）关注的数据往往不同。例如，对于学生基本信息，负责分配学生宿舍的部门可能只关心学生的学号、姓名、性别和班号，而教务部门可能关心的是学号、姓名、所在系、专业和班号。

若多个不同用户希望看到的是学生的不同基本信息，则就需要为每个用户建立一个文件，这势必造成很多的数据冗余。我们希望的是，用户关心哪些信息就为他生成哪些信息，对用户不关心的数据将其屏蔽，使用户感觉不到其他信息的存在。

可能还会有一些用户，其所需要的信息来自于多个不同的文件，例如，假设各班班主任关心的是：班号、学号、姓名、课程名、学分、考试成绩等。这些信息涉及了三个文件：从 F1 文件中得到"班号"，从 F2 文件中得到"学分"，从 F3 文件中得到"考试成绩"；而"学号"、"姓名"可以从 F1 文件或 F3 文件中得到，"课程名"可以从 F2 文件或 F3 文件中得到。在生成结果数据时，必须对从三个文件中读取的数据进行比较，然后组合成一行有意义的数据。比如，将从 F1 文件中读取的学号与从 F3 文件中读取的学号进行比较，学号相同时，才可以将 F1 文件中的"班号"与 F3 文件中的当前记录所对应的学号和姓名组合起来，之后，还需要将组合结果与 F2 文件中的内容进行比较，找出课程号相同的课程的学分，再与已有的结果组合起来。然后再从组合后的数据中提取出用户需要的信息。如果数据量很大，涉及的文件比较多时，我们可以想象这个过程有多复杂。因此，这种大容量复杂信息的查询，在按文件管理数据的方式中是很难处理的。

　　（7）无安全控制功能

在文件管理方式中，很难控制某个人对文件能够进行的操作，比如只允许某个人查询和修改数据，但不能删除数据，或者对文件中的某个或者某些字段不能修改等。而在实际应用中，数据的安全性是非常重要且不可忽视的。比如，在学生选课管理中，我们不允许学生修改其考试成绩。在银行系统中，更是不允许一般用户修改其存款数额。

人们对数据需求的增加，迫切需要对数据进行有效、科学、正确、方便的管理。针对文件管理方式的这些缺陷，人们逐步开发出了以统一管理和共享数据为主要特征的数据库管理系统。

1.2.2　数据库管理

20 世纪 60 年代后期以来，计算机管理数据的规模越来越大，应用范围越来越广泛，数据量急剧增加，此外，多种应用同时共享数据集合的要求也越来越强烈。

随着大容量磁盘的出现，硬件价格的不断下降，软件价格的不断上升，编制和维护系统软件和应用程序的成本相应的不断增加。在数据处理方式上，对联机实时处理的要求越来越多，同时开始提出和考虑分布式处理技术。在这种背景下，以文件方式管理数据已经不能满足应用的需求，于是出现了新的管理数据的技术——数据库技术，同时出现了统一管理数据的专门软件——数据库管理系统。

从 1.2.1 节的介绍我们可以看到，在数据库管理系统出现之前，人们对数据的操作是直接针对数据文件编写应用程序实现的，这种模式会产生很多问题。在有了数据库管理系统之后，人们对数据的操作模式也发生了根本的变化，现在人们对数据的操作全部是通过数据库管理系统实现的，而且应用程序的编写也不再直接针对存放数据的文件。有了数据库技术和数据库管理系统之后，人们对数据的操作模式发生了根本的变化，如图 1-4 所示。

图 1-4　数据库管理的操作模式

比较图 1-2 和图 1-4，可以看到主要区别有两个：第一个是在操作系统和用户应用程序之间增加了一个系统软件——数据库管理系统，使得用户对数据的操作都是通过数据库管理系统实现的；第二个区别是有了数据库管理系统之后，用户不再需要有数据文件的概念，即不再需要知道数据文件的逻辑和物理结构及物理存储位置，而只需要知道存放数据的场所——数据库即可。

从本质上讲，即使在有了数据库技术之后，数据最终还是以文件的形式存储在磁盘上的，只是这时对物理数据文件的存取和管理是由数据库管理系统统一实现的，而不是每个用户的应用程序编程实现。数据库和数据文件既有区别又有联系，它们之间的关系非常类似于单位的名称和地址之间的关系。单位地址代表了单位的实际存在位置，单位名称是单位的逻辑代表。而且一个数据库可以包含多个数据文件，就像一个单位可以有多个不同的地址一样（我们现在的很多大学，都是一个学校有多个校址），每个数据文件存储数据库的部分数据。不管一个数据库包含多少个数据文件，对用户来说他只需针对数据库进行操作，而无需对数据文件进行操作。这种模式极大地简化了用户对数据的访问。

在有了数据库技术之后，用户只需要知道数据库的名字，就可以对数据库对应的数据文件中的数据进行操作。将对数据库的操作转换为对物理数据文件的操作是由数据库管理系统自动实现的，用户不需要知道，也不需要干预。

对于 1.2.1 中例举的学生基本信息管理和学生选课管理两个子系统，如果使用数据库技术来管理，其实现方式如图 1-5 所示。

与文件管理相比，数据库管理具有以下特点：

图 1-5 数据库管理实现示例

（1）相互关联的数据集合

在数据库系统中，所有相关的数据都存储在一个称为数据库的环境中，它们作为一个整体定义。比如学生基本信息中的"学号"与学生选课管理中的"学号"，这两个学号之间是有关联关系的，即学生选课管理中的"学号"的取值范围在学生基本信息管理的"学号"取值范围内。在关系数据库中，数据之间的关联关系是通过定义外键实现的。

（2）较少的数据冗余

由于数据是统一管理的，因此可以从全局着眼，合理地组织数据。例如，将 1.2.1 节中文件 F1、F2 和 F3 的重复数据挑选出来，进行合理的管理，这样就可以形成如下所示的几部分信息：

学生基本信息：学号、姓名、性别、出生日期、联系电话、所在系、专业、班号。

课程基本信息：课程号、课程名、授课学期、学分、课程性质。

学生选课信息：学号、课程号、修课类型、修课时间、考试成绩。

在关系数据库中，可以将每一类信息存储在一个表中（关系数据库的概念将在后边介绍），重复的信息只存储一份，当在学生选课管理中需要学生的姓名等其他信息时，根据学生选课管理中的学号，可以很容易地在学生基本信息中找到此学号对应的姓名等信息。因此，消除数据的重复存储不影响对信息的提取，同时还可以避免由于数据重复存储而造成的数据不一致问题。比如，当某个学生所学的专业发生变化时，只需在"学生基本信息"一个地方进行修改即可。

同 1.2.1 节中的问题一样，当所需的信息来自不同地方，比如班号、学号、姓名、课程名、学分、考试成绩等信息，这些信息需要从三个地方（关系数据库为三张表）得到，这种情况下，也需要对信息进行适当的组合，即学生选课信息中的学号只能与学生基本信息中学号相同的信息组合在一起，同样，学生选课信息中的课程号也必须与课程基本信息中的课程号相同的信息组合在一起。过去在文件管理方式中，这个工作是由开发者编程实现的，而现在有了数据库管理系统，这些繁琐的工作完全交给了数据库管理系统来完成。

因此，在数据库管理系统中，避免数据冗余不会增加开发者的负担。在关系数据库中，避免数据冗余是通过关系规范化理论实现的。

（3）程序与数据相互独立

在数据库中，数据所包含的所有数据项以及数据的存储格式都与数据存储在一起，它们通过 DBMS 而不是应用程序来操作和管理，应用程序不再需要处理文件和记录的格式。

程序与数据相互独立有两方面的含义。一方面是当数据的存储方式发生变化时（这里包括逻辑存储方式和物理存储方式），比如从链表结构改为散列表结构，或者是顺序和非顺序之间的转换，应用程序不必作任何修改。另一方面当数据的逻辑结构发生变化时，比如增加或减少了一些数据项，如果应用程序与这些修改的数据项无关，则不用修改应用程序。这些变化都将由 DBMS 负责维护，大多数情况下，应用程序并不知道也不需要知道数据存储方式或数据项已经发生了变化。

在关系数据库中，数据库管理系统可以自动保证程序与数据相互独立。

（4）保证数据的安全和可靠

数据库技术能够保证数据库中的数据是安全和可靠的。它的安全控制机制可以有效地防止数据库中的数据被非法使用和非法修改；其完整的备份和恢复机制可以保证当数据遭到破坏时（由软件或硬件故障引起的）能够很快地将数据库恢复到正确的状态，并使数据不丢失或只有很少的丢失，从而保证系统能够连续、可靠地运行。保证数据的安全是通过数据库管理系统的安全控制机制实现的，保证数据的可靠是通过数据库管理系统的备份和恢复机制实现的。

（5）最大限度地保证数据的正确性

数据的正确性（也称为数据的完整性）是指存储到数据库中的数据必须符合现实世界的实际情况，比如人的性别只能是"男"和"女"，人的年龄应该在 0 到 150 之间（假设没有年龄超过 150 岁的人）。如果在性别中输入了其他值，或者将一个负数输入到年龄中，在现实世界中显然是不对的。数据的正确性是通过在数据库中建立约束来实现的。当建立好保证数据正确的约束之后，如果有不符合约束的数据存储到数据库中，数据库管理系统能主动拒绝这些数据。

（6）数据可以共享并能保证数据的一致性

数据库中的数据可以被多个用户共享，即允许多个用户同时操作相同的数据。当然，这个特点是针对支持多用户的大型数据库管理系统而言的，对于只支持单用户的小型数据库管理系统（比如 Access），在任何时候最多只有一个用户访问数据库，因此不存在共享的问题。

多用户共享问题是数据库管理系统内部解决的问题，它对用户是不可见的。这就要求数据库能够对多个用户进行协调，保证多个用户之间对数据的操作不会产生矛盾和冲突，即在多个用户同时使用数据库时，能够保证数据的一致性和正确性。设想一下火车订票系统，如果多个订票点同时对某一天的同一列火车进行订票，那么必须保证不同订票点订出票的座位不能重复。

数据可共享并能保证共享数据的一致性是由数据库管理系统的并发控制机制实现的。

到今天，数据库技术已经发展成为一门比较成熟的技术，通过上述讨论，我们可以概括出数据库具备如下特征：

数据库是相互关联的数据的集合，它用综合的方法组织数据，具有较小的数据冗余，可供多个用户共享，具有较高的数据独立性，具有安全控制机制，能够保证数据的安全、可靠，允许并发地使用数据库，能有效、及时地处理数据，并能保证数据的一致性和正确性。

需要强调的是，所有这些特征并不是数据库中的数据固有的，而是靠数据库管理系统提供和保证的。

1.3　数据独立性

数据独立性是指应用程序不会因数据的物理表示方式和访问技术的改变而改变，即应用程序不依赖于任何特定的物理表示方式和访问技术，它包含两个方面：逻辑独立性和物理独立性。物理独立性是指当数据的存储位置或存储结构发生变化时，不影响应用程序的特性；逻辑独立性是指当表达现实世界的信息内容发生变化时，比如增加一些列、删除无用列等，也不影响应用程序的特性。要理解数据独立性的含义，最好先搞清什么是非数据独立性。在数据库技术出现之前，也就是在使用文件管理数据的时候，实现的应用程序常常是数据依赖的，也就是说数据的物理表示方式和有关的存取技术都要在应用程序中考虑，而且，有关物理表示的知识和访问技术直接体现在应用程序的代码中。例如，如果数据文件使用了索引，那么应用程序必须知道有索引存在，也要知道记录的顺序是索引的，这样应用程序的内部结构就是基于这些知识而设计的。一旦数据的物理表示方式改变了，就会对应用程序产生很大的影响。例如，如果改变了数据的排序方式，则应用程序不得不做很大的修改。而且在这种情况下，应用程序修改的部分恰恰是与数据管理密切联系的部分，而与应用程序最初要解决的问题毫不相干。

在数据库管理方式中，可以尽量避免应用程序对数据的依赖，这有如下两种情况：

1）不同的用户关心的数据并不完全相同，即使对同样的数据不同用户的需求也不尽相同。比如前边的学生基本信息数据，包括：学号、姓名、性别、出生日期、联系电话、所在系、专业、班号，分配宿舍的部门可能只需要：学号、姓名、班号、性别，教务部门可能只需要：学号、姓名、所在系、专业和班号。好的实现方法应根据全体用户对数据的需求存储一套完整的数据，而且只编写一个针对全体用户的公共数据的应用程序，但能够按每个用户的具体要求只展示其需要的数据，而且当公共数据发生变化时（比如增加新信息），可以不修改应用程序，每个不需要这些变化数据的用户也不需要知道有这些变化。这种独立性（逻辑独立性）在文件管理方式下是很难实现的。

2）随着科学技术的进步以及应用业务的变化，有时必须要改变数据的物理表示方式和访问技术以适应技术发展及需求变化。比如改变数据的存储位置或存储方式（就像一个单位可以搬到新的地址，或者是调整单位各科室的布局）以提高数据的访问效率。理想情况下，这些变化不应该影响应用程序（物理独立性）。这在文件管理方式下也是很难实现的。

因此，数据独立性的提出是一种客观应用的要求。数据库技术的出现正好克服了应用程序对数据的物理表示和访问技术的依赖。

1.4 数据库系统的组成

我们在1.1节简单介绍了数据库系统的组成，数据库系统是基于数据库的计算机应用系统，一般包括数据库、数据库管理系统（及相应的实用工具）、应用程序和数据库管理员四个部分，如图1-6所示。数据库是数据的汇集，它以一定的组织形式保存在存储介质上；数据库管理系统是管理数据库的系统软件，它可以实现数据库系统的各种功能；应用程序专指以数据库数据为基础的程序，数据库管理员负责整个数据库系统的正常运行。

下面分别简要介绍数据库系统包含的主要内容。

1. 硬件

由于数据库中的数据量一般都比较大，而且DBMS具有的丰富的功能使得其自身的规模也很大（SQL Server 2005的完整安装大致需要

图1-6 数据库系统简图

700MB 以上的硬盘空间和至少 512MB 以上的内存），因此整个数据库系统对硬件资源的要求很高。必须要有足够大的内存，用来存放操作系统、数据库管理系统、数据缓冲区和应用程序，而且还要有足够大的硬盘空间存放数据库，最好还有足够的存放备份数据的磁带、磁盘或光盘。

2．软件

数据库系统的软件主要包括：

- 数据库管理系统。是整个数据库系统的核心，是建立、使用和维护数据库的系统软件。
- 支持数据库管理系统运行的操作系统。数据库管理系统中的很多底层操作是靠操作系统完成的，数据库中的安全控制等功能也是与操作系统共同实现的。因此，数据库管理系统要和操作系统协同工作来完成很多功能。不同的数据库管理系统需要的操作系统平台不尽相同，比如 SQL Server 只支持在 Windows 平台上运行，而 Oracle 有支持 Windows 平台和 Linux 平台的不同版本。
- 具有数据库访问接口的高级语言及其编程环境，以便于开发应用程序。
- 以数据库管理系统为核心的实用工具，这些实用工具一般是数据库厂商提供的，随数据库管理系统软件一起发行。

3．人员

数据库系统中包含的人员主要有：数据库管理员、系统分析人员、数据库设计人员、应用程序编程人员和最终用户。

- 数据库管理员负责维护整个系统的正常运行，负责保证数据库安全和可靠地运行。
- 系统分析人员主要负责应用系统的需求分析和规范说明，这些人员要和最终用户以及数据库管理员配合，以确定系统的软、硬件配置，并参与数据库系统的概要设计。
- 数据库设计人员主要负责确定数据库数据，设计数据库结构等。数据库设计人员也必须参与用户需求调查和系统分析。在很多情况下，数据库设计员就由数据库管理员担任。
- 应用程序编程人员负责设计和编写访问数据库的应用系统的程序模块，并对程序进行调试和安装。
- 最终用户是数据库应用程序的使用者，他们是通过应用程序提供的操作界面操作数据库中数据的人员。

1.5　小结

本章首先介绍了数据库中涉及的一些基本概念，然后介绍了数据管理技术的发展，重点是介绍文件管理和数据库管理在操作数据上的差别。文件管理不能提供数据的共享、缺少安全性、不利于数据的一致性维护、不能避免数据冗余，更为重要的是应用程序与文件结构是紧耦合的，文件结构的任何修改都将导致应用程序的修改，而且对数据的一致性、安全性等管理都要在应用程序中编程实现，对复杂数据的检索也要由应用程序来完成，这使得编写使用数据的应用程序非常复杂和繁琐，而且当数据量很大，数据操作比较复杂时，应用程序几乎不能胜任。而数据库管理技术的产生就是为了解决文件管理的诸多不便。它将以前在应用程序中实现的复杂功能转由数据库管理系统（DBMS）统一实现，不但减轻了开发者的负担，而且更重要的是带来了数据的共享、安全、一致性等诸多好处，并将应用程序与数据的结构和存储方式彻底分开，使应用程序的编写不再受数据的存储结构和存储方式的影响。

数据独立性是为方便维护应用程序而提出来的，其主要宗旨是尽量减少因数据的逻辑结构和物理结构的变化而导致的应用程序的修改，同时尽可能满足不同用户对数据的需求。

数据库系统主要由数据库管理系统、数据库、应用程序和数据库管理员组成，其中 DBMS

是数据库系统的核心。数据库管理系统、数据库和应用程序的运行需要一定的硬件资源的支持，同时数据库管理系统也需要有相应的操作系统的支持。

习题

1. 试说明数据、数据库、数据库管理系统和数据库系统的概念。
2. 数据管理技术的发展主要经历了哪几个阶段？
3. 文件管理方式在管理数据方面有哪些缺陷？
4. 与文件管理相比，数据库管理有哪些优点？
5. 比较用文件管理和用数据库管理数据的主要区别。
6. 在数据库管理方式中，应用程序是否需要关心数据的存储位置和存储结构？为什么？
7. 在数据库系统中，数据库的作用是什么？
8. 在数据库系统中，应用程序可以不通过数据库管理系统而直接访问数据文件吗？
9. 数据独立性指的是什么？它能带来哪些好处？
10. 数据库系统由哪几部分组成，每一部分在数据库系统中的作用大致是什么？

第 2 章　数据库系统结构

本章主要介绍数据模型和数据库管理系统的体系结构，包括概念层数据模型和关系数据库采用的组织层数据模型。概念层数据模型是描述现实世界形象的模型，组织层数据模型是为方便计算机处理数据采用的逻辑模型。关系数据库将数据划分为不同的层次，使用户不需要关心数据的物理细节，从而简化用户对数据的访问，这些就是数据库系统结构要介绍的内容。理解本章的内容有助于读者后续章节的学习。本章的内容可能有些抽象和枯燥，但在学习完后续章节的内容后，再回顾这部分内容，就会有更好的理解。

2.1　数据和数据模型

数据是我们要处理的信息，数据模型是数据的组织方式。本节介绍数据和数据模型的基本概念。

2.1.1　数据与信息

为了了解、研究世界和交流信息，人们需要描述各种事物。用自然语言来描述虽然很直接，但过于繁琐，不便于形式化，而且也不利于用计算机来表达。为此，人们常常只抽取那些感兴趣的事物特征或属性来描述事物。例如，一名学生可以用信息（张三，9912101，男，1981，计算机系，应用软件）描述，这样的一行数据称为一条记录。单看这行数据我们很难知道其确切含义，但对其进行如下解释："张三是 9912101 班的男学生，1981 年出生，计算机系应用软件专业"，此时其内容就是有意义的。我们将描述事物的符号记录称为**数据**，将从数据中获得的有意义的内容称为**信息**。数据有一定的格式，例如，姓名一般是长度不超过 4 个汉字的字符（假设不包括少数民族的姓名），性别是一个汉字的字符。这些格式的规定是数据的语法，而数据的含义是数据的语义。因此，数据是信息存在的一种形式，只有通过解释或处理才能成为有用的信息。

一般来说，数据库中的数据具有静态特征和动态特征两个方面：

1）静态特征。数据的静态特征包括数据的基本结构、数据间的联系以及对数据取值范围的约束。比如 1.2.1 节中给出的学生管理的例子。学生基本信息包含学号、姓名、性别、出生日期、联系电话、所在系、专业、班号，这些都是学生所具有的基本性质，是学生数据的基本结构。学生选课信息包括学号、课程号和考试成绩等，这些是学生选课的基本性质。但学生选课信息中的学号与学生基本信息中的学号是有一定关联的，即学生选课信息中的"学号"所能取的值必须在学生基本信息中的"学号"取值范围之内，因为只有这样，学生选课信息中所描述的学生选课情况才是有意义的（我们不会记录不存在的学生的选课情况），这就是数据之间的联系。最后我们看数据取值范围的约束。我们知道人的性别一项的取值只能是"男"或"女"、课程的学分一般是大于 0 的整数值、学生的考试成绩一般在 0 ~ 100 分之间等，这些都是对某个列的数据取值范围进行的限制，目的是在数据库中存储正确的、有意义的数据。这就是对数据取值范围的约束。

2）动态特征。数据的动态特征是指对数据可以进行的操作以及操作规则。对数据库数据的操作主要包括查询数据和更改数据，更改数据一般又包括对数据的插入、删除和更新。

一般将对数据的静态特征和动态特征的描述称为**数据模型三要素**，即在描述数据时要包括数据的基本结构、数据的约束条件（这两个属于静态特征）和定义在数据上的操作（这个属于数据的动态特征）三个方面。

2.1.2　数据模型

对于模型，特别是具体的模型，人们并不陌生。一张地图、一组建筑设计沙盘、一架航模飞机等都是具体的模型。人们从模型可以联想到现实生活中的事物。模型是对事物、对象、过程等客观系统中感兴趣的内容的模拟和抽象表达，是理解系统的思维工具。数据模型（data model）也是一种模型，它是对现实世界数据特征的抽象。

数据库是企业或部门相关数据的集合，数据库不仅要反映数据本身的内容，而且要反映数据之间的联系。由于计算机不可能直接处理现实世界中的具体事物，因此，必须要把现实世界中的具体事物转换成计算机能够处理的对象。在数据库中用数据模型这个工具来抽象、表示和处理现实世界中的数据和信息。通俗地讲，数据模型就是对现实世界数据的模拟。

现有的数据库系统均是基于某种数据模型的，因此，了解数据模型的基本概念是学习数据库的基础。

数据模型一般应满足三个要求：第一个是数据模型要能够比较真实地模拟现实世界；第二个是数据模型要容易被人们理解；第三个是数据模型要能够很方便地在计算机上实现。目前用一种模型来同时很好地满足这三个方面的要求是比较困难的。在数据库系统中可以针对不同的使用对象和应用目的，采用不同的数据模型来实现。

数据模型实际上是模型化数据和信息的工具。根据模型应用的不同目的，可以将这些模型分为两大类，它们分别属于两个不同的层次。

第一类是**概念层数据模型**，也称为概念模型或信息模型，它从数据的应用语义视角来抽取模型并按用户的观点来对数据和信息进行建模。这类模型主要用在数据库的设计阶段，它与具体的数据库管理系统无关。另一类是**组织层数据模型**，也称为组织模型，它从数据的组织方式来描述数据。所谓组织层就是指用什么样的结构来组织数据。数据库发展到现在主要包括如下几种组织方式（或叫组织模型）：层次模型（用树型结构组织数据）、网状模型（用图型结构组织数据）、关系模型（用简单二维表结构组织数据）以及对象-关系模型（用复杂的表格以及其他结构组织数据）。组织层的数据模型主要是从计算机系统的观点对数据进行建模，它与所使用的数据库管理系统的种类有关，主要用于 DBMS 的实现。

为了把现实世界中的具体事物抽象、组织为某一具体 DBMS 支持的数据模型，人们通常首先将现实世界抽象为信息世界，然后再将信息世界转换为机器世界。即首先把现实世界中的客观对象抽象为某一种信息结构，这种信息结构并不依赖于具体的计算机系统，而且也不与具体的 DBMS 相关，而是概念级的模型，也就是我们前边所说的概念层数据模型；然后再把概念层的模型转换为具体的 DBMS 支持的数据模型，也就是组织层数据模型。注意从现实世界到概念层数据模型使用的是"抽象"技术，从概念层数据模型到组织层数据模型使用的是"转换"技术，也就是说先有概念模型，然后再有组织模型。从概念模型到组织模型的转换应该是比较直接和简单的，因此使用合适的概念层模型就显得比较重要。这个过程如图 2-1 所示。

图 2-1　从现实世界到机器世界的过程

2.2 概念层数据模型

从图 2-1 可以看出，概念层数据模型实际上是现实世界到机器世界的一个中间层次。本节介绍概念层数据模型的基本概念及构建方法。

2.2.1 基本概念

概念层数据模型：抽象现实系统中有应用价值的元素及其关联关系，反映现实系统中有应用价值的信息结构，并且不依赖于数据的组织层数据模型。

概念层数据模型用于对信息世界进行建模，是现实世界到信息世界的第一层抽象，是数据库设计人员进行数据库设计的工具，也是数据库设计人员和用户之间进行交流的工具，因此，该模型一方面应该具有较强的语义表达能力，能够方便、直接地表达应用中的各种语义知识；另一方面它还应该简单、清晰和易于被用户理解。

概念层数据模型是面向用户、面向现实世界的数据模型，它与具体的 DBMS 无关。采用概念层数据模型，设计人员可以在设计的开始把主要精力放在了解现实世界上，而把涉及 DBMS 的一些技术性问题推迟到后面去考虑。

常用的概念层数据模型有实体-联系（Entity-Relationship，E-R）模型、语义对象模型。我们这里只介绍实体-联系模型。

2.2.2 实体-联系模型

由于直接将现实世界按具体数据模型进行组织，必须同时考虑很多因素，设计工作非常复杂，并且效果也不很理想，因此需要一种方法来对现实世界的信息结构进行描述。事实上这方面已经有了一些方法，我们要介绍的是 P. P. S. Chen 于 1976 年提出的实体-联系方法，即通常所说的 E-R 方法。这种方法由于简单、实用，因此得到了广泛的应用，也是目前描述信息结构最常用的方法。

E-R 方法使用的工具称为 E-R 图，它所描述的现实世界的信息结构称为企业模式(enterprise schema)，我们也把这种描述结果称为 E-R 模型。

实体-联系方法试图定义许多数据分类对象，然后数据库设计人员就可以将数据项归类到已知的类别中。我们将在第 8 章数据库设计中介绍如何将 E-R 模型转换为组织层数据模型。

1. 实体

实体是具有公共性质的并可相互区分的现实世界对象的集合。实体是具体的，例如，职工、学生、教师、课程都是实体。

在 E-R 图中用矩形框表示具体的实体，把实体名写在框内。如图 2-2a 中的"经理"和"部门"实体。

实体中的每个具体的记录值（一行数据），比如学生实体中的每个具体的学生，我们称之为实体的一个实例。

注意：有些书也将实体称为实体集或实体类型，而将每行具体的记录称为实体。

2. 属性

每个实体都具有一定的特征或性质，这样我们才能根据实体的特征来区分一个个实例。属性就是描述实体或者联系的性质或特征的数据项，属于一个实体的所有实例都具有相同的性质，在 E-R 模型中，这些性质或特征就是属性。

比如学生的学号、姓名、性别等都是学生实体具有的特征，这些特征就构成了学生实体的属性。实体所具有的属性的多少是由用户对信息的需求决定的。例如，假设用户还需要学生的民族信息，则可以在学生实体中加一个"民族"属性。

属性在 E-R 图中用圆角矩形表示，在矩形框内写上属性的名称，并用连线将属性框与它所描述的实体联系起来。如图 2-2c 所示。

图 2-2 属性及联系的示例

3. 联系

在现实世界中，事物内部以及事物之间是有联系的，这些联系在信息世界反映为实体内部的联系和实体之间的联系。实体内部的联系通常是指组成实体的各属性之间的联系，实体之间的联系通常是指不同实体之间的联系。比如在职工实体中，假设有职工号、姓名和部门经理号等属性，其中部门经理号描述的是管理这个职工的部门经理的职工号。一般来说，部门经理也属于单位的职工，因此，部门经理号和职工号通常采用的是一套编码方式，因此部门经理号与职工号之间有一种关联的关系，即部门经理号的取值在职工号取值范围内。这就是实体内部的联系。而学生和课程之间的关联关系是通过学生选课体现的，在学生选课中至少会包含学生的学号以及学生所选的课程号，而且学生选课中的学号必须是学生实体中已经存在的学号，因为我们不允许为不存在的学生记录选课。同样，学生选课中的课程号也必须是课程实体中存在的课程号。这种关联到两个不同实体的联系就是实体之间的联系。通常情况下我们遇到的联系大多都是实体之间的联系。

联系是数据之间的关联集合，是客观存在的应用语义链。在 E-R 图中联系用菱形框表示，框内写上联系名，并用连线将联系框与它所关联的实体连接起来。如图 2-2c 中的"选课"联系。

联系也可以有自己的属性，比如图 2-2c 中"选课"联系有"成绩"属性。

两个实体之间的联系可以分为三类：

（1）一对一联系（1：1）

如果实体 A 中的每个实例在实体 B 中至多有一个（也可以没有）实例与之关联，反之亦然，则称实体 A 与实体 B 具有一对一联系，记作：1：1。

例如，部门和经理（假设一个部门只有一个经理，一个人只能担任一个部门的经理）、系和正系主任（假设一个系只有一个正主任，一个人只能担任一个系的正主任）都是一对一联系。一对一联系如图 2-2a 所示。

（2）一对多联系（1：n）

如果实体 A 中的每个实例在实体 B 中有 n 个实例（$n \geqslant 0$）与之联系，而实体 B 中每个实例在实体 A 中最多只有一个实例与之联系，则称实体 A 与实体 B 是一对多联系，记作：1：n。

例如，假设一个部门有若干职工，而一个职工只在一个部门工作，则部门和职工之间就是一对多联系。又比如，假设一个系有多名教师，而一个教师只在一个系工作，则系和教师之间也是一对多联系。一对多联系如图 2-2b 所示。

（3）多对多联系（$m:n$）

如果对于实体 A 中的每个实例，实体 B 中有 n 个实例（$n \geqslant 0$）与之联系，而对实体 B 中的每个实例，在实体 A 中也有 m 个实例（$m \geqslant 0$）与之联系，则称实体 A 与实体 B 的联系是多对多的，记作：$m:n$。

比如学生和课程，一个学生可以选多门课程，一门课程也可以被多个学生选，因此学生和课程之间是多对多的联系，如图 2-2c 所示。

实际上，一对一联系是一对多联系的特例，而一对多联系又是多对多联系的特例。

E-R 图不仅能描述两个实体之间的联系，而且还能描述两个以上实体之间的联系。比如有顾客、商品、售货员三个实体，并且有如下语义：每个顾客可以从多个售货员那里购买商品，并且可以购买多种商品；每个售货员可以向多名顾客销售商品，并且可以销售多种商品；每种商品可以由多个售货员销售，并且可以销售给多名顾客。描述顾客、商品和售货员之间的关联关系的 E-R 图如图 2-3 所示，这里联系被命名为"销售"。

如果将顾客、商品和售货员之间的关联关系描述成如图 2-4 所示的形式，则其描述的是售货员、顾客和商品两两之间的联系，因此不符合语义上所要求的三者之间共同有联系的要求。

图 2-3　多个实体之间的联系示例

图 2-4　不符合语义要求的联系

2.3　组织层数据模型

组织层数据模型是从数据的组织方式的角度来描述信息，目前，在数据库技术的发展过程中用到的组织层数据模型有四种，它们是：层次模型、网状模型、关系模型和面向对象模型。组织层数据模型是按组织数据的逻辑结构来命名的，比如，层次模型采用树型结构。目前使用最普遍的是关系数据模型。关系数据模型技术从 20 世纪 70～80 年代开始到现在已经发展得非常成熟，因此，我们重点介绍关系数据模型。

关系数据模型（或称为关系模型）是目前最重要的一种数据模型。关系数据库就是采用关系模型作为数据的组织方式。20 世纪 80 年代以来，计算机厂商推出的数据库管理系统几乎都支持关系模型，非关系系统的产品也大都加上了关系接口。下面从数据模型的三要素角度来介绍关系数据模型的特点。

2.3.1　关系模型的数据结构

关系数据模型源于数学，它用二维表来组织数据，而这个二维表在关系数据库中称为**关系**。关系数据库是表（或者说是关系）的集合。

关系数据库要求让用户所感觉到的数据库就是一张张表。在关系数据库中，表是逻辑结构而不是物理结构。实际上，系统在物理层可以使用任何有效的存储结构来存储数据，比如，顺序文件、索引、哈希表、指针等。因此，表是对物理存储数据的一种抽象表示—— 对很多存储细节的抽象，如存储记录的位置、记录的顺序、数据值的表示以及记录的访问结构，如索引等，对用户来说都是不可见的。

用关系表示实体以及实体之间联系的模型称为**关系数据模型**，简称为关系模型。表 2-1 所示的是学生基本信息的关系模型。

表 2-1　学生基本信息

学　号	姓　名	性　别	年　龄	所　在　系
9512101	李勇	男	19	计算机系
9512102	刘晨	男	20	计算机系
9512103	王敏	女	20	计算机系
9521101	张立	男	22	信息系
9521102	吴宾	女	21	信息系

下面介绍一些关系模型中的基本术语。

1．关系

关系就是二维表，它满足如下条件：

1）关系中的每一列都是不可再分的基本属性。如表 2-2 所示的表就不是关系，因为"出生日期"列不是基本属性，它包含了子属性"年"、"月"、"日"。

表 2-2　包含复合属性的表

学　号	姓　名	性　别	年　龄	所　在　系	出生日期		
					年	月	日
9512101	李勇	男	19	计算机系	1984	4	6
9512102	刘晨	男	20	计算机系	1984	12	15
9512103	王敏	女	20	计算机系	1983	8	21
9521101	张立	男	22	信息系	1983	6	3

2）一个关系中的各属性不能重名。

3）关系中的行、列次序并不重要，即交换列的前后顺序，不影响其表达的语义。比如表 2-1 中，可以将"性别"放置在"年龄"的后边。

2．元组

关系中的每一行数据称为一个**元组**，它相当于一个记录值。

3．属性

关系中的每一列是一个属性值的集合，列可以命名，称为属性名。例如，表 2-1 中有五个属性。属性与前面介绍的实体的属性（特征）或记录的字段意义相当。

因此，关系是元组的集合，如果表格有 n 个列，则称该关系是 n **元关系**。关系中的每一列都是不可再分的基本属性，而且关系中的每一行数据不允许完全相同，因为存储值完全相同的两行或多行数据没有实际意义。

因此，在数据库中有两套标准术语，一套用的是表、列、行；而另外一套用的就是关系（对应表）、元组（对应行）和属性（对应列）。

4. 主码

主码（primary key）也称为主键或主关键字，是关系中用于唯一确定一个元组的一个属性或最小的属性组。主码可以由一个属性组成，也可以由多个属性共同组成。例如，表 2-1 所示的例子中，学号就是此"学生基本信息"关系的主码，因为它可以唯一地确定一个具体的学生（一个元组）。而表 2-3 所示关系的主码就由学号和课程号共同组成。因为一个学生可以选修多门课程，而且一门课程也可以有多个学生选修，因此，只有将学号和课程号组合起来才能共同确定一行记录。我们称由多个属性共同组成的主码为**复合主码**。当某个关系是由多个属性共同作为主码时，就用圆括号将这些属性括起来，表示共同作为主码。比如，表 2-3 的主码是（学号，课程号）。

表 2-3　学生选课信息

学　　号	课　程　号	成　　绩
9512101	c01	90
9512101	c02	86
9512101	c06	
9512102	c02	78
9512102	c04	66
9521102	c01	82
9521102	c02	75
9521102	c04	92
9521102	c05	50

需要注意的是，我们不能根据表在某时刻所存储的数据来决定哪些列是主码，这样做只能是猜测，是不可靠的。关系的主码与其实际的应用语义有关，与关系设计者的意图有关。例如，对于表 2-3，用（学号，课程号）作为主码，在一个学生对一门课程只能有一次考试的前提下是成立的，如果实际允许一个学生对一门课程可以有多次考试，则用（学号，课程号）作为主码就不够了，因为一个学生对一门课程有多少次考试，则其（学号，课程号）的值就会重复多少遍。如果是这种情况，可以为这个关系添加一个"考试次数"属性，同时用（学号，课程号，考试次数）作为主码。

有时一个关系中可能存在多个可以做主码的属性，比如，对于"学生基本信息"，如果能够保证姓名肯定不重复的话，那么"姓名"也可以作为"学生基本信息"关系的主码。如果一个关系中存在多个可以作为主码的属性，则称这些属性为**候选码属性**，相应的码称为**候选码**。从候选码中选取哪一个作为主码都可以，因此，主码是从候选码中选取出来做主码的属性。

5. 域

属性的取值范围称为**域**。例如，大学生的年龄假设在 14～40 岁之间，因此 "年龄"属性的域就是（14～40），而人的性别只能是"男"和"女"两个值，因此，"性别"属性的域就是（男，女）。

6. 关系模式

二维表的结构称为**关系模式**，或者说，关系模式就是二维表的表框架或表头结构。关系模式一般表示为：

关系名（属性 1，属性 2，…，属性 n）

例如，表 2-1 所示关系的关系模式为：

学生（学号，姓名，性别，年龄，所在系）

如果将关系模式理解为数据类型，则关系就是该数据类型的一个具体值。关系模式是对关系的"型"或元组的结构共性的描述。

关系、关系模式、元组以及属性之间的关系如图 2-5 所示。

图 2-5　各概念之间的关系

2.3.2　关系模型的数据操作

关系模型的操作对象是集合（也就是关系），而不是单个的行，也就是操作的数据以及操作的结果都是完整的表（是包含行集的表，而不只是单行，当然，只包含一行数据的表也是合法的，空表或不包含任何数据行的表也是合法的）。而在非关系型数据库系统中，典型的操作是一次一行或一次一个记录。因此，集合处理能力是关系系统区别于其他系统的一个重要特征。

关系数据模型的数据操作主要包括四种：查询、插入、删除和修改。关系数据库中的信息只有一种表示方式，那就是表中的行列位置有明确的值。这种表示是关系系统中唯一可行的方式（当然，这里指的是逻辑层）。特别地，关系数据库中没有连接一个表到另一个表的指针。在表 2-1 和表 2-3 中，表 2-1 的"学生基本信息"的第一行数据与表 2-3 的"学生选课信息"中的第一行有联系（当然也与第二行和第三行有联系），因为学生 9512101 选了课程。但在关系数据库中这种联系不是通过指针来实现的，而是通过"学生基本信息"中"学号"属性的值与"学生选课"信息中"学号"属性的值联系的（学号值相等）。但在非关系系统中，这些信息一般由指针来表示，这种指针对用户来说是可见的。

需要注意的是，当我们说关系数据库中没有指针时，并不是指在物理层没有指针，实际上，在关系数据库的物理层也使用指针，但所有这些物理层的存储细节对用户来说都是不可见的，用户所看到的物理层是没有指针的。

2.3.3　关系模型的数据完整性约束

数据完整性是指数据库中存储的数据是有意义的或正确的。关系模型中的数据完整性规则是对关系的某种约束条件。它的数据完整性约束主要包括三大类：实体完整性、参照完整性和用户定义的完整性。

1. 实体完整性

实体完整性指的是关系数据库中所有的表都必须有主码，而且表中不允许存在如下的记录：

- 无主码值的记录。
- 主码值相同的记录。

因为若记录没有主码值，则此记录在表中一定是无意义的。前边我们介绍过，关系模型中的每一行记录都对应客观存在的一个实例或一个事实。比如，一个学号唯一地确定了一个学生。如果关系中存在没有学号的学生记录，则此学生一定不属于正常管理的学生。另外，如果关系中存在主码值相等的两个或多个记录，则这两个或多个记录会对应同一个实例。这会出现两种情况：第一，若表中的其他属性值也完全相同，则这些记录就是重复的记录，存储重复的记录是无意义的；第二，若其他属性值不完全相同则会出现语义矛盾，比如同一个学生（学号相同），而其名字不同或性别不同，这显然是不正确的。

关系模型中使用主码作为记录的唯一标识，主码所包含的属性称为关系的**主属性**，其他的非主码属性称为**非主属性**。在关系数据库中主属性不能取空值。关系数据库中的空值是特殊的标量常数，它代表未定义的（不适用的）或者有意义但目前还处于未知状态的值。比如当我们向表 2-3 所示的"学生选课信息"中插入一行数据时，在学生还没有考试之前，其成绩是不确定的，因此，此列上的值即为空。空值用"NULL"表示。

2. 参照完整性

参照完整性有时也称为引用完整性。现实世界中的实体之间往往存在着某种联系，在关系模型中，实体以及实体之间的联系都是用关系表示的，这样就自然存在着关系（表）与关系（表）之间的引用关系。参照完整性就是描述实体与实体之间的联系的。

参照完整性一般是指多个实体或表之间的关联关系。比如表 2-3 中，"学生选课信息"所描述的学生必须受限于表 2-1 "学生基本信息"表中已有的学生，我们不能在"学生选课信息"中描述一个根本就不存在的学生，也就是"学生选课信息"中学号的取值必须在"学生基本信息"中学号的取值范围内。这种一个关系中某属性的取值受另一个关系的某属性取值范围约束的特点就称为参照完整性。在关系数据库中用外码（有时也称为外部关键字或外键）来实现参照完整性。例如，我们只要将"学生选课信息"中的"学号"定义为引用"学生基本信息"的"学号"的外码，就可以保证"学生选课信息"中的"学号"的取值在"学生基本信息"的已有"学号"范围内。

外码一般出现在联系所对应的关系中，用于表示两个或多个实体之间的关联关系。外码实际上是关系中的一个（或多个）属性，它引用某个其他关系（特殊情况下，也可以是外码所在的关系）的主码，当然，也可以是候选码，但多数情况下是主码。

下面我们举例说明如何指定外码。

例 1 设有"学生"和"专业"两个关系模式，其中主码用下划线标识：

学生（<u>学号</u>，姓名，性别，专业号，出生日期）
专业（<u>专业号</u>，专业名）

这两个关系模式之间存在着属性引用关系，即"学生"中的"专业号"属性引用了"专业"中的"专业号"属性，显然，"学生"关系模式中的"专业号"属性的取值必须是确实存在的专业的专业号。也就是说，"学生"关系模式中的"专业号"参照了"专业"关系模式中的"专业号"，即"学生"关系模式中的"专业号"是引用了"专业"关系模式中的"专业号"的外码。

例 2 学生、课程以及学生与课程之间的选课关系可以用如下三个关系模式表示，其中主码用下划线标识：

学生（<u>学号</u>，姓名，性别，专业号，出生日期）
课程（<u>课程号</u>，课程名，学分）
选课（<u>学号</u>，<u>课程号</u>，成绩）

在这三个关系模式中，"选课"中的"学号"必须是"学生"中已有的学生，因此"选课"中的"学号"属性引用了"学生"中的"学号"属性。同样"选课"中的"课程号"的取值也必须是"课程"中已有的课程，即"选课"中的"课程号"属性引用了"课程"中的"课程号"属性。因此，"选课"关系模式中的"学号"是引用了"学生"关系模式中的"学号"的外码，而"选课"关系模式中的"课程号"是引用了"课程"关系模式中的"课程号"的外码。

主码要求必须是非空且不重复的，但外码无此要求。外码可以有重复值，这点我们从表 2-3

可以看出。外码也可以取空值，例如：职工与其所在的部门可以用如下两个关系模式表示：

职工（<u>职工号</u>，职工名，部门号，工资级别）
部门（<u>部门号</u>，部门名）

其中，"职工"关系模式中的"部门号"是引用"部门"关系模式的"部门号"的外码，如果某新来职工还没有被分配到具体的部门，则其"部门号"就为空值；如果职工已经被分配到了某个部门，则其部门号就有了确定的值（非空值）。

3．用户定义的完整性

用户定义的完整性也称为域完整性或语义完整性。任何关系数据库管理系统都应该支持实体完整性和参照完整性，除此之外，不同的数据库应用系统根据其应用环境的不同，往往还需要一些特殊的约束条件，用户定义的完整性就是针对某一具体应用领域定义的数据约束条件。它反映某一具体应用所涉及的数据必须满足应用语义的要求。

用户定义的完整性实际上就是指明关系中属性的取值范围，也就是属性的域，这样可以限制关系的属性的取值类型及取值范围，防止属性的值与应用语义矛盾。例如，学生考试成绩的取值范围为 0~100，或取{优、良、中、及格、不及格}。

2.4 数据库系统的结构

本节介绍的数据库系统结构是为后续章节介绍的数据库概念建立一个框架结构，这个框架用于描述一般数据库系统的概念，但并不是说所有的数据库管理系统都一定使用这个框架，这个框架结构在数据库中并不是唯一的，特别是一些"小"的数据库管理系统将难以支持这个体系结构的所有方面。但这里介绍的数据库系统的体系结构基本上能很好地适应大多数数据库管理系统，而且，它基本上和 ANSI/SPARC DBMS 研究组提出的数据库管理系统的体系结构（称作 ANSI/SPARC 体系结构）是相同的。对本部分内容的理解有助于对现代数据库系统的结构和功能有一个较全面的认识。

2.4.1 三级模式结构

数据模型（组织层数据模型）是描述数据的一种形式，模式是用给定的数据模型描述具体的数据（就像用某一种编程语言编写具体应用程序一样）。

我们在 2.3.1 节中已介绍过模式是数据库中全体数据的逻辑结构和特征的描述，它仅仅涉及"型"的描述，不涉及具体的值。模式的一个具体值称为模式的一个实例，比如表 2-1 中的每一行数据就是其表头结构（模式）的一个具体实例。一个模式可以有多个实例。模式是相对稳定的（结构不会经常变动），而实例是相对变动的（具体的数据值可以经常变化）。数据模式描述一类事物的结构、属性、类型和约束，实质上是用数据模型对一类事物进行模拟，而实例则反映的是某类事物在某一时刻的当前状态。

ANSI/SPARC 体系结构将数据库划分为三层结构：内模式、概念模式和外模式（参见图 2-6）。这三级模式结构的含义如下：

- 内模式：最接近物理存储，也就是数据的物理存储方式；
- 外模式：最接近用户，也就是用户所看到的数据视图；
- 概念模式：介于内模式和外模式之间的中间层次，也称为模式。

在图 2-6 所示的三级模式中，外模式是面向每类用户的数据需求的视图，而模式描述的是一个企业或公司的全体数据。换句话说，外模式可以有许多，每一个都或多或少地抽象表示整个数据库的某一部分数据；而模式只有一个，它是对包含现实世界业务中的全体数据的抽象表示，注意这里的抽象指的是记录和字段这些更加面向用户的概念，而不是位和字节那些面向机器的概念。内模式也只有一个，它表示数据库的物理存储。

图 2-6 数据库系统的三级模式结构

我们这里所讨论的内容与数据库系统是不是"关系的"没有直接关系，但简单说明一下关系系统中的三级体系结构，有助于理解这些概念。

第一，关系系统的概念模式一定是关系的，在该层可见的实体是关系的表和关系的操作符。

第二，外模式也是关系的或接近关系的，它们的内容来自概念模式。例如，我们可以定义两个外模式，一个记录学生的学号、姓名、性别（表示为：学生基本信息 1（学号，姓名，性别）），另一个记录学生的姓名和所在系（表示为：学生基本信息 2（姓名，所在系）），这两个外模式的内容均来自学生基本信息表。"外模式"在关系数据库中对应的是"视图"，它在关系数据库中有特定的含义，我们将在第 5 章详细讨论视图的概念。

第三，内模式不是关系的，因为该层的实体不是关系的原样照搬。其实，不管是什么系统，其内模式都是一样的，都是存储记录、指针、索引、散列表等。事实上，关系模型与内模式无关，它关心的是用户的数据视图。

下面我们从外模式开始详细讨论这三层结构。整个讨论过程都以图 2-7 为基础，该图显示了体系结构的主要组成部分和它们之间的联系。

1. 外模式

外模式也称为用户模式或子模式，它是对现实系统中用户感兴趣的整体数据结构的局部描述，用于满足不同数据库用户需求的数据视图，是数据库用户能够看见和使用的局部数据的逻辑结构和特征的描述，是数据库整体数据结构的子集或局部重构。

外模式通常是模式的子集。一个数据库可以有多个外模式。由于外模式是各个用户的数据视图，如果不同的用户在应用需求、看待数据的方式、对数据保密的要求等方面存在差异，则其外模式描述就不相同。模式中同样的数据，在外模式中的结构、类型、长度等都可以不同。

例如，对于表 2-1 所示的学生基本信息，分配宿舍部门关心的信息可能是：学号、姓名和性别；学院管理人员关心的信息可能是：学号、姓名、所在系。

因此，可以为这两类用户建立外模式：

宿舍部门（学号，姓名，性别）
院部（学号，姓名，所在系）

外模式同时也是保证数据库安全的一个措施。每个用户只能看到和访问其所对应的外模式中的数据，并屏蔽其不需要的数据，因此保证不会出现由于用户的误操作和有意破坏而造成的数据损失。

例如，假设有"职工"关系模式：

职工（职工号，姓名，所在部门，基本工资，职务工资，奖励工资）

如果不希望一般职工看到每个职工的"奖励工资"，则可生成一个包含一般职工可以看的信息的外模式，结构如下：

职工信息（职工号，姓名，所在部门，基本工资，职务工资）

这样就可保证一般用户不会看到"奖励工资"项。

图 2-7　数据库系统的三层结构

ANSI/SPARC 将用户视图称为外部视图。外部视图就是特定用户所看到的数据库的内容（对那些用户来说，外部视图就是数据库）。

2．概念模式

概念模式也称为逻辑模式或模式，是数据库中全体数据的逻辑结构和特征的描述，是所有用户的公共数据视图。概念模式表示数据库中的全部信息，其形式要比数据的物理存储方式抽象。它是数据库系统结构的中间层，既不涉及数据的物理存储细节和硬件环境，也与具体的应用程序、与所使用的应用开发工具和环境（比如，Visual Basic、PowerBuilder、C#、Java 等）无关。

概念视图包含由许多概念记录类型的值构成的概念记录。例如，概念视图可以包含学生记录值的集合、课程记录值的集合、选课记录值的集合，等等。它既不和外部记录相同，也不和存储记录相同。

概念视图是用概念模式定义的。概念模式实际上是数据库数据在逻辑层次上的视图。一个数据库只有一种模式。数据库模式以某种数据模型为基础，统一综合地考虑了所有用户的需求，并将这些需求有机地结合成一个逻辑整体。定义数据库模式时不仅要定义数据的逻辑结构，比如，数据记录由哪些数据项组成，数据库项的名字、类型、取值范围等，而且还要定义数据之间的联系，定义与数据有关的安全性、完整性要求。

概念模式不涉及存储字段的表示，也不涉及存储记录对列、索引、指针或其他存储的访问细节。如果概念视图以这种方式真正地实现数据独立性，那么根据这些概念模式定义的外模式也会有很强的独立性。

数据库管理系统提供了模式定义语言（DDL）来定义数据库的模式。

3. 内模式

内模式也称为存储模式。内模式是对整个数据库的底层表示的，它描述了数据的存储结构，比如数据的组织与存储。需要注意的是，内模式与物理层是不一样的，内模式不涉及物理记录的形式（即物理块或页），也不考虑具体设备的柱面或磁道大小。换句话说，内模式假定了一个无限大的线性地址空间，地址空间到物理存储的映射细节是与特定系统有关的，这些并不反映在体系结构中。

内模式用另一种数据定义语言——内部数据定义语言来描述。在本书中，我们通常使用更直观的"存储结构"来代替"内部视图"，用"存储结构定义"代替"内模式"。

2.4.2　模式映像与数据独立性

数据库系统的三级模式（或三层结构）是对数据的三个抽象级别，它把数据的具体组织留给 DBMS 管理，使用户能逻辑、抽象地处理数据，而不必关心数据在计算机中的具体表示方式与存储方式。为了能够在内部实现这三个抽象层的联系和转换，数据库管理系统在三个模式之间提供了以下两级映像（参见图 2-7）：

- 外模式/模式映像。
- 模式/内模式映像。

正是这两级映像功能保证了数据库中的数据能够具有较高的逻辑独立性和物理独立性，使数据库应用程序不随数据库数据的逻辑或存储结构的变动而变动。

1. 外模式/模式映像

模式描述的是数据的全局逻辑结构，外模式描述的是数据的局部逻辑结构。对应于同一个模式可以有多个外模式。对于每个外模式，数据库管理系统都有一个外模式到模式的映像，它定义了该外模式与模式之间的对应关系，即如何从外模式找到其对应的模式。这些映像定义通常包含在各自的外模式描述中。

当模式发生变化时（比如，增加新的关系、对某个关系增加新的属性、改变属性的数据类型等），可由数据库管理员用外模式定义语句，调整外模式到模式的映像，从而保持外模式不变。由于应用程序一般是依据数据的外模式编写的，因此也不必修改应用程序，从而保证了程序与数据的逻辑独立性。

例如，设有学生关系模式：

学生（学号，姓名，性别，所在系，专业）

假设在此关系模式上建有外模式：

女学生（学号，姓名，专业）

则当"学生"关系模式发生变化，比如，增加一个"班号"属性，则外模式"女学生"不需要有任何变化，因为该外模式的用户并不关心"班号"属性。另一种情况是，假设"学生"关系模式的"专业"属性改名为"所学专业"，这时就需要数据库管理员调整"女学生"外模式的"专业"属性，使其从原来与"学生"模式的"专业"属性对应，改为与现在的"所学专业"属性对应，这些变化对使用外模式的用户是不可见的，这就是逻辑独立性的含义。

2. 模式/内模式映像

模式/内模式映像定义了数据库的逻辑结构与物理存储之间的对应关系，该映像关系通常被保存在数据库的系统表（由数据库管理系统自动创建和维护，用于存放维护系统正常运行的表）中。当数据库的物理存储改变了，比如选择了另一个存储位置，只需要对模式/内模式映像做相应的调整，就可以保持模式不变，从而也不必改变应用程序。因此，保证了数据与程序的物理独立性。

在数据库系统的三级模式结构中，模式（即全局逻辑结构）是数据库的中心和关键，它独立于数据库系统的其他层。设计数据库时也是首先设计数据库的逻辑模式。

数据库的内模式依赖于数据库的全局逻辑结构，它独立于数据库的用户视图（也就是外模式），也独立于具体的存储设备。内模式将全局逻辑结构中所定义的数据结构及其联系按照一定的物理存储策略进行组织，以达到较好的时间与空间效率。

数据库的外模式面向具体的用户需求，它定义在逻辑模式之上，独立于存储模式和存储设备。当应用需求发生变化，相应的外模式不能满足用户的要求时，就需要对外模式做相应的修改以适应这些变化。因此设计外模式时应充分考虑到应用的扩充性。

原则上，应用程序都应该在外模式描述的数据结构上进行编写，而且它应该只依赖于数据库的外模式，并与数据库的模式和存储结构独立，但目前很多应用程序都是直接针对模式进行编写的，因为外模式到模式的映像有一些局限性，我们将在第 5 章介绍。不同的应用程序有时可以共用同一个外模式。数据库的两级映像保证了数据库外模式的稳定性，从而从底层保证了应用程序的稳定性，除非应用需求本身发生变化，否则应用程序一般不需要修改。

数据与程序之间的独立性，使得数据的定义和描述可以从应用程序中分离出来。另外，由于数据的存取由 DBMS 负责管理和实施，因此，用户不必考虑存取路径等细节，从而简化了应用程序的编制，减少了对应用程序的维护和修改工作。

2.5 数据库管理系统

数据库管理系统（DBMS）是处理数据库访问的系统软件，如图 2-8 所示，从概念上讲，它包括以下处理过程：

图 2-8 DBMS 的功能和组成

- 用户使用数据库语言（比如 SQL）发出一个访问请求。

- DBMS 接受请求并分析。
- 然后 DBMS 检查用户外模式、相应的外模式/概念模式间的映像、概念模式、概念模式/内模式间的映像和存储结构定义。

通常在检索数据时，从概念上讲，DBMS 首先检索所有要求的存储记录的值，然后构造所要求的概念记录值，最后再构造所要求的外部记录值。每个阶段都可能需要数据类型或其他方面的转换。当然，这个描述是简化了的，非常简单的。但这也说明了整个过程是解释性的，因为它表明分析请求的处理，检查各种模式等等都是在运行时进行的。

下面简单地解释一下 DBMS 的功能。DBMS 的功能包括以下几项：

（1）数据定义

DBMS 必须能够接受数据库定义的源形式，并把它们转换成相应的目标形式。即 DBMS 必须包括支持各种数据定义语言（DDL）的 DDL 处理器或编译器。

（2）数据操纵

DBMS 必须能够检索、更新或删除数据库中已有的数据，或向数据库中插入数据。即 DBMS 必须包括数据操纵语言（DML）的 DML 处理器或编译器。

（3）优化和执行

计划（在请求执行前就可以预见到的请求）的或非计划（不可预知的请求）的数据操纵语言请求必须经过优化器的处理，优化器是用来决定执行请求的最佳方式。

（4）数据安全和完整性

DBMS 要监控用户的请求，拒绝那些会破坏 DBA 定义的数据库安全性和完整性的请求。在编译或运行时都会执行这些任务。实际操作中，运行管理器调用文件管理器来访问存储的数据。

（5）数据恢复和并发

DBMS 或其他相关的软件（通常称为"事务处理器"或"事务处理监控器"）必须保证有恢复和并发控制功能。

（6）数据字典

DBMS 包括数据字典。数据字典本身也可以看作是一个数据库，只不过它是系统数据库，而不是用户数据库。"字典"是"关于数据的数据"（有时也称为数据的描述或元数据）。特别地，在数据字典中，也保存各种模式和映像的安全性和完整性约束。

有些人也把数据字典称为目录或分类，有时也称为数据存储池。

（7）性能

DBMS 应尽可能高效地完成全部任务。

总而言之，DBMS 的目标就是提供数据库的用户接口。用户接口可定义为系统的边界，在此之下的数据对用户来说是不见的。

2.6　小结

本章首先介绍了数据库中数据模型的概念。数据模型根据其应用的对象分为两个层次：概念层数据模型和组织层数据模型。概念层数据模型是对现实世界信息的第一次抽象，它与具体的数据库管理系统无关，是用户与数据库设计人员的交流工具。因此概念层数据模型一般采用比较直观的模型，本章主要介绍的是应用范围很广泛的实体－联系模型。

组织层数据模型是对现实世界信息的第二次抽象，它与具体的数据库管理系统有关，也就是与数据库管理系统采用的数据的组织方式有关。从概念层数据模型到组织层数据模型的转换一般是很方便的。本章主要介绍了目前应用范围最广、技术发展非常成熟的关系数据模型。

最后本章从体系结构角度分析了数据库系统，介绍了三个模式和两个映像。三个模式分别为：内模式、概念模式和外模式。内模式最接近物理存储，它考虑数据的物理存储；外模式最接近用户，它主要考虑单个用户看待数据的方式；概念模式介于内模式和外模式之间，它提供数据的公共视图。两个映像分别是概念模式与内模式间的映像和外模式与概念模式间的映像，这两个映像是提供数据的逻辑独立性和物理独立性的关键。最后介绍了数据库管理系统的功能，DBMS 主要负责执行用户的数据定义和数据操纵语言的请求，同时也负责提供数据字典的功能。

习题

1. 解释数据模型的概念，为什么要将数据模型分成两个层次？
2. 概念层数据模型和组织层数据模型分别是针对什么进行的抽象？
3. 实体之间的联系有哪几种？请为每一种联系举出一个例子。
4. 说明实体-联系模型中的实体、属性和联系的概念。
5. 指明下列实体间联系的种类：

   （1）教研室和教师（假设一个教师只属于一个教研室，一个教研室可有多名教师）。

   （2）商店和顾客。

   （3）国家和首都。
6. 解释关系模型中的主码、外码、主属性、非主属性的概念，并说明主码、外码的作用。
7. 指出下列关系模式的主码：

   （1）考试情况（课程号，考试性质，考试日期，考试地点）。假设一门课程在不同的日期可以有多次考试，但在同一天只能考一次。多门不同的课程可以同时进行考试。

   （2）教师授课（教师号，课程号，授课时数，学年，学期）。假设一名教师在同一学年和学期可以讲授多门课程，也可以在不同学年和学期多次讲授同一门课程，对每门课程的讲授都有一个授课时数。

   （3）图书借阅（书号，读者号，借书日期，还书日期）。假设一个读者可以在不同的日期多次借阅同一本书，一个读者可以同时借阅多本不同的图书，一本书可以在不同的时间借给不同的读者。但一个读者不能在同一天对同一本书借阅多次。
8. 设有如下两个关系模式，试指出每个关系模式的主码、外码，并说明外码的引用关系。

   （1）产品（产品号，产品名，价格，生产日期），其中"产品名"可能会有重复，同一天可以生产多种产品，每种产品有唯一的产品号。

   （2）销售（产品号，销售时间，销售数量），假设可同时销售多种产品，但同一产品在同一时间只销售一次。
9. 关系模型的数据完整性包含哪些内容？分别说明每一种完整性的作用。
10. 数据库包含哪三级模式？试分别说明每一级模式的作用。
11. 数据库管理系统提供的两级映像是什么？它带来了哪些功能？
12. 数据库三级模式划分的优点是什么？它能带来哪些数据独立性？
13. 简单说明数据库管理系统包含的功能。

第3章 SQL语言基础及数据定义功能

用户使用数据库时需要对数据库进行各种各样的操作，如查询数据，添加、删除和修改数据，定义、修改数据模式等。DBMS必须为用户提供相应的命令或语言，这就构成了用户和数据库的接口。接口的好坏会直接影响用户对数据库的接受程度。

数据库所提供的语言一般局限于对数据库的操作，它不是完备的程序设计语言，也不能独立地用来编写应用程序。

SQL（Structured Query Language，结构化查询语言）是用户操作关系数据库的通用语言。SQL虽然叫结构化查询语言，而且查询操作确实是数据库中的主要操作，但并不是说SQL只支持查询操作，它实际上包含数据定义、数据操纵和数据控制等与数据库有关的全部功能。

SQL已经成为关系数据库的标准语言，所以现在所有的关系数据库管理系统，包括小型数据库管理系统（如Access）都支持SQL语言，只是不同的系统支持的SQL语言功能有所区别。本章首先介绍一般SQL语言支持的数据类型，然后介绍SQL语言中的数据定义功能。

3.1 基本概念

SQL语言是操作关系数据库的标准语言，本节介绍SQL语言的发展过程、特点以及主要功能。

3.1.1 SQL语言的发展

最早的SQL原型是IBM的研究人员在20世纪70年代开发的，该原型被命名为SEQUEL（由Structured English QUEry Language的首字母缩写组成）。现在许多人仍将在这个原型之后推出的SQL语言发音为"sequel"，但根据ANSI SQL委员会的规定，其正式发音应该是"ess cue ell"。随着SQL语言的颁布，各数据库厂商纷纷在他们的产品中引入并支持SQL语言，尽管绝大多数产品对SQL语言的支持大部分是相似的，但它们之间也存在着一定的差异，这些差异不利于初学者的学习。因此，我们在本章介绍SQL时主要介绍标准的SQL语言，我们将其称为基本SQL。

从20世纪80年代以来，SQL就一直是关系数据库管理系统（RDBMS）的标准语言。最早的SQL标准是1986年10月由美国ANSI（American National Standards Institute）颁布的。随后，ISO（International Standards Organization）于1987年6月也正式采纳它为国际标准，并在此基础上进行了补充，到1989年4月，ISO提出了具有完整性特征的SQL，并称之为SQL-89。SQL-89标准的颁布，对数据库技术的发展和数据库的应用都起了很大的推动作用。尽管如此，SQL-89仍有许多不足或不能满足应用需求的地方。为此，在SQL-89的基础上，经过3年多的研究和修改，ISO和ANSI共同于1992年8月又颁布了SQL的新标准，即SQL-92（或称为SQL2）。SQL-92标准也不是非常完备，1999年又颁布了新的SQL标准，称为SQL-99或SQL3。

3.1.2 SQL语言的特点

SQL之所以能够被用户和业界所接受并成为国际标准，是因为它是一个综合的、功能强大的且又比较简捷易学的语言。SQL语言集数据查询、数据操纵、数据定义和数据控制功能于一身，其主要特点包括：

1. 一体化

SQL 语言风格统一，可以完成数据库活动中的全部工作，包括创建数据库、定义模式、更改和查询数据以及安全控制和维护数据库等。这为数据库应用系统的开发提供了良好的环境。用户在数据库系统投入使用之后，还可以根据需要随时修改模式结构，并且可以不影响数据库的运行，从而使系统具有良好的可扩展性。

2. 高度非过程化

在使用 SQL 语言访问数据库时，用户没有必要告诉计算机"如何"一步步地实现操作，而只需要描述清楚要"做什么"，SQL 语言就可以将要求提交给数据库管理系统，然后由数据库管理系统自动完成全部工作。

3. 简洁

虽然 SQL 语言功能很强，但它只有为数不多的几条命令，另外，SQL 的语法也比较简单，比较接近自然语言（英语），因此容易学习、掌握。

4. 以多种方式使用

SQL 语言可以直接以命令方式交互使用，也可以嵌入到程序设计语言中使用。现在很多数据库应用开发工具（比如 Visual Basic、PowerBuilder、C#等）都将 SQL 语言直接融入到自身的语言当中，使用起来非常方便。这些使用方式为用户提供了灵活的选择余地。而且不管是哪种使用方式，SQL 语言的语法基本都是一样的。我们在本书的第 Ⅲ 篇，Visual Basic 数据库应用编程中可以看到这点。

3.1.3　SQL 语言功能概述

SQL 按其功能可分为四大部分：数据定义功能、数据控制功能、数据查询功能和数据操纵功能。表 3-1 列出了实现这四部分功能的动词。

表 3-1　SQL 包含的主要动词

SQL 功能	动　　词
数据定义	CREATE、DROP、ALTER
数据查询	SELECT
数据操纵	INSERT、UPDATE、DELETE
数据控制	GRANT、REVOKE

数据定义功能用于定义、删除和修改数据库中的对象，数据库对象包括关系表、视图等；数据查询用于实现查询数据的功能，查询数据是数据库中使用最多的操作；数据操纵功能用于增加、删除和修改数据库数据；数据控制功能用于控制用户对数据库的操作权限。

本章介绍数据定义功能中定义关系表的 SQL 语句，同时介绍在定义表时如何实现数据的完整性约束。在第 4 章介绍实现数据查询和数据操纵功能的 SQL 语句，在第 11 章介绍实现数据控制功能的语句，创建数据库的语句在第 10 章介绍。在介绍这些功能之前，我们首先介绍一下 SQL 语言所支持的数据类型。

3.2　SQL Server 提供的主要数据类型

关系数据库中的表由列组成，列指明了要存储的数据的含义，同时指明了要存储的数据的类型，因此，我们在定义表结构时，必然要指明每个列的数据类型。

每个数据库厂商提供的数据库管理系统所支持的数据类型并不完全相同，而且与标准的 SQL 也有差异，本书主要介绍 Microsoft SQL Server 支持的常用数据类型。

3.2.1 数值型

1. 准确型

准确型数值是指在计算机中能够精确存储的数据，比如整型数、定点小数等都是准确型数据。

表 3-2 列出了 SQL Server 支持的准确型数据类型。

表 3-2　准确型数值类型

SQL Server 数据类型	说　明
bigint	8 字节，存储从 $-2^{63}(-9\ 223\ 372\ 036\ 854\ 775\ 808)$ 到 $2^{63}-1\ (9\ 223\ 372\ 036\ 854\ 775\ 807)$ 范围的整数
int	4 字节，存储从 $-2^{31}(-2\ 147\ 483\ 648)$ 到 $2^{31}-1(2\ 147\ 483\ 647)$ 范围的整数
smallint	2 字节，存储从 $-2^{15}(-32\ 768)$ 到 $2^{15}-1\ (32\ 767)$ 范围的整数
tinyint	存储从 0 到 255 之间的整数
bit	存储 1 或 0
numeric(p,q)或 decimal(p,q)	定点精度和小数位数。使用最大精度时，有效值从 $-10^{38}+1$ 到 $10^{38}-1$。其中，p 为精度，指定可以存储的十进制数字的最大个数（即整数部分加小数部分的合计位数）。q 为小数位数，指定小数点右边可以存储的十进制数字的最大个数，$0 \leqslant q \leqslant p$。$q$ 的默认值为 0

2. 近似型

近似型是用于表示浮点型数据的近似数据类型。浮点数据为近似值，表示在其数据类型范围内的所有数据在计算机中不一定都能精确地表示。

表 3-3 列出了 SQL Server 支持的近似型数据类型。

表 3-3　近似型数值类型

SQL Server 数据类型	说　明
float	8 字节，存储从 -1.79E+308 到 1.79E+308 范围的浮点型数
real	4 字节，存储从 -3.40E+38 到 3.40E+38 范围的浮点型数

3.2.2 字符串型

字符串型数据由汉字、英文字母、数字和各种符号组成。目前字符的编码方式有两种：一种是普通字符编码，另一种是统一字符编码（unicode）。普通字符编码指的是不同国家或地区的编码长度不一样，比如：英文字母的编码是 1 个字节（8 位），中文汉字的编码是 2 个字节（16 位）。统一字符编码是指不管对哪个地区、哪种语言均采用双字节（16 位）编码，即将世界上所有的字符统一进行编码。

表 3-4 列出了 SQL Server 支持的字符串型数据类型。

表 3-4　字符串类型

SQL Server 数据类型	说　明
char(n)	普通字符编码，定长字符串类型，n 表示字符串的最大长度，取值范围为 1～8000
varchar(n)	普通字符编码，可变长字符串类型，n 表示字符串的最大长度，取值范围为 1～8000
text	可存储 $2^{31}-1(2\ 147\ 483\ 647)$ 个字符的大文本
nchar(n)	统一字符编码，定长字符串类型，n 表示字符串的最大长度，取值范围为 1～4000

（续）

SQL Server 数据类型	说　明
nvarchar(*n*)	统一字符编码，可变长字符串类型，*n* 表示字符串的最大长度，取值范围为 1～4000
ntext	最多可存储 $2^{30}-1$(1 073 741 823)个字符的统一字符编码文本
binary(*n*)	定长二进制字符数据，*n* 表示最大长度，取值范围为 1～8000
varbinary(*n*)	可变长二进制字符数据，*n* 的取值范围为 1～8000
image	大容量的、可变长二进制字符数据，可以存储多种格式的文件，如：Word、Excel、BMP、GIF 和 JPEG 等文件。最多可存储 $2^{31}-1$(2 147 483 647)个字节，约为 2GB

注意：

- SQL 中的字符串常量要用单引号括起来，比如'计算机系'。
- 定长字符串类型表示不管字符实际需要多少空间，系统分配固定的字节数。对普通字符编码 char(*n*)是固定分配 *n* 个字节的空间；对统一字符编码 nchar(*n*)是固定分配 2×*n* 个字节的空间。如果空间未被占满，则系统自动用空格填充。
- 可变长字符串类型表示按字符实际需要的空间进行分配，但最多不超过 *n*（对普通字符编码）或 2×*n*（对统一字符编码）。

　　例如，存储"数据库"字符串，如果用 char(8)类型，则固定分配 8 个字节空间，其中用 6 个字节存储数据，剩余的 2 个字节系统自动用空格填充(填充 2 个空格)；如果用 nchar(8)类型，则固定分配 2×8=16 个字节空间，其中用 6 个字节存储数据，剩余的 10 个字节系统自动用空格填充（填充 5 个空格）；如果用 varchar(8)类型，则实际分配 6 个字节空间；如果用 nvarchar(8)，则实际分配 2×3=6 个字节空间。

　　再比如，存储"abcd"字符串，如果用 char(8)类型，则固定分配 8 个字节空间，其中用 4 个字节存储数据，剩余的 4 个字节系统填充 4 个空格；如果用 nchar(8)类型，则固定分配 2×8=16 个字节空间，其中用 2×4=8 个字节存储数据，剩余的 8 个字节系统填充 4 个空格；如果用 varchar(8)类型，则实际分配 4 个字节空间；如果用 nvarchar(8)，则实际分配 2×4=8 个字节空间。

3.2.3　日期时间类型

　　SQL Server 的日期时间类型数据是将日期和时间合起来存储的，它没有单独存储的日期和时间类型，这和 SQL-92 或 SQL-99 标准不太一样，SQL-92 或 SQL-99 是将日期和时间类型分开存储，日期是 Date 类型，时间是 Time 类型。表 3-5 列出了 SQL Server 支持的日期时间数据类型。

表 3-5　日期时间类型

SQL Server 数据类型	说　明
datetime	占用 8 字节空间，存储从 1753 年 1 月 1 日到 9999 年 12 月 31 日的日期和时间数据，精确到百分之三秒（或 3.33 毫秒）
smalldatetime	占用 4 字节空间，存储从 1900 年 1 月 1 日到 2079 年 6 月 6 日的日期和时间数据，精确到分钟

　　对于 SQL Server 来说，在输入日期部分时可采用英文数字格式、数字加分隔符格式和纯数字格式。采用英文数字格式时，月份可用英文全名或缩写形式，不区分大小写。例如：2010 年 10 月 25 日可以采用下列几种输入格式：

1）英文数字格式：Oct 25 2010。

2）数字加分隔符格式：2010-10-25。

3）纯数字格式：20101030。

在输入时间部分时可以采用 12 小时格式或 24 小时格式。使用 12 小时制时要加上 AM 或 PM 说明是上午还是下午。在时与分之间可以使用冒号（:）作为分隔符。例如，要表示 2010 年 10 月 25 日下午 3 点 28 分 56 秒，可以采用如下形式输入：

1）12 小时格式：2010-10-25 3:28:56 PM。

2）24 小时格式：2010-10-25 15:28:56。

3.3 数据定义功能

表是数据库中非常重要的对象，它用于存储用户的数据。在有了数据类型的基础知识后，我们就可以开始创建数据库表了。关系数据库的表是二维表，包含行和列，创建表就是定义表所包含的各列的结构，其中包括：列的名称、数据类型、约束等。列的名称是人们为列取的名字，一般为了便于记忆，最好取有意义的名字，比如"学号"或"Sno"，而不要取无意义的名字，比如"a1"；列的数据类型说明了列的可取值范围；列的约束更进一步限制了列的取值范围，这些约束包括：列取值是否允许为空、主码约束、外码约束、列取值范围约束等等。

3.3.1 基本表的定义与删除

1. 定义基本表

定义基本表使用 SQL 语言数据定义功能中的 CREATE TABLE 语句实现，其一般格式为：

```
CREATE TABLE <表名>(
    <列名> <数据类型> [列级完整性约束定义]
    {, <列名> <数据类型> [列级完整性约束定义]… }
    [, 表级完整性约束定义])
```

注意：默认时 SQL 语言不区分大小写。

其中：

- <表名>是所要定义的基本表的名字，同样，这个名字最好能表达表的应用语义，比如，"学生表"或"Student"。

- <列名>是表中所包含的属性列的名字，<数据类型>指明列的数据类型，一个表可以包含多个列，因此也就可以包含多个列定义。

- 在定义表的同时还可以定义与表有关的完整性约束条件，这些完整性约束条件都会存储在系统的数据字典中。大部分完整性约束都既可以在"列级完整性约束定义"处定义，也可以在"表级完整性约束定义"处定义；但有些涉及多个列的完整性约束则必须在"表级完整性约束定义"处定义。

上述语法中用到了一些特殊的符号，比如[ ]，这些符号是文法描述的常用符号，而不是 SQL 语句的部分。我们简单介绍一下这些符号的含义（在后边的语法介绍中也要用到这些符号），有些符号在上述这个语法中可能没有用到。

方括号（[ ]）中的内容表示是可选的（即可出现 0 次或 1 次），比如[列级完整性约束定义]代表可以有也可以没有列级完整性约束定义。花括号（{ }）与省略号（…）一起，表示其中的内容可以出现 0 次或多次。竖杠（ | ）表示在多个短语中选择一个，比如 term1 | term2 | term3，表示在三个选项中任选一项。竖杠也能用在方括号中，表示可以选择由竖杠分隔的子句中的一

个，但整个句子又是可选的（也就是可以没有子句出现）。

在定义基本表时可以同时定义表的完整性约束。定义完整性约束时可以在定义列的同时定义，也可以将完整性约束作为独立的项定义。在列定义同时定义的约束称为**列级完整性约束**，作为表中独立的一项定义的完整性约束称为**表级完整性约束**。在列级完整性约束定义处可以定义如下约束：

- NOT NULL：限制列取值非空。
- DEFAULT：指定列的默认值。
- UNIQUE：限制列取值不能重复。
- CHECK：限制列的取值范围。
- PRIMARY KEY：指定本列为主码。
- FOREIGN KEY：定义本列为引用其他表的外码。

在上述约束中，除了 NOT NULL 和 DEFAULT 不能在"表级完整性约束定义"处定义之外，其他约束均可在"表级完整性约束定义"处定义。但有几点需要注意：第一，如果 CHECK 约束是定义多列之间的取值约束，则只能在"表级完整性约束定义"处定义；第二，如果在"表级完整性约束定义"处定义主码，则 PRIMARY KEY 不能省，而且主码列要用括号括起来，即：PRIMARY KEY(列 1{[，列 2] …})；第三，如果在"表级完整性约束定义"处定义外码，则 FOREIGN KEY 和<列名>均不能省略。

本节只简单介绍如何实现非空约束、主码约束和外码约束，在 3.3.3 节将详细介绍数据完整性的概念和实现方法。

2. 定义主码约束

如果是在列级完整性约束处定义主码，则语法格式为：

```
<列名> 数据类型 PRIMARY KEY [(<列名> [, … n] )]
```

如果是在表级完整性约束处定义主码，则语法格式为：

```
PRIMARY KEY (<列名> [, … n] )
```

3. 定义外码约束

一般情况下外码都是单列的，它可以定义在列级完整性约束处，也可以定义在表级完整性约束处。定义外码的语法格式为：

```
[FOREIGN KEY (<列名>)] REFERENCES <外表名>(<外表列名>)
```

如果是在列级完整性约束处定义外面，则可以省略"FOREIGN KEY (<列名>)"部分。

例 1 用 SQL 语句创建如下三张表：学生（Student）表、课程（Course）表和学生修课（SC）表，这三张表的结构如表 3-6 到表 3-8 所示。

表 3-6　Student 表结构

列　　名	含　　义	数　据　类　型	约　　束
Sno	学号	普遍编码定长字符串，长度为 7	主码
Sname	姓名	普遍编码定长字符串，长度为 10	非空
Ssex	性别	普遍编码定长字符串，长度为 2	
Sage	年龄	微整型	
Sdept	所在系	普遍编码定长字符串，长度为 20	

表 3-7 Course 表结构

列　　名	含　　义	数据类型	约　　束
Cno	课程号	普遍编码定长字符串，长度为 6	主码
Cname	课程名	普遍编码定长字符串，长度为 20	非空
Credit	学分	微整型	
Semster	学期	微整型	

表 3-8 SC 表结构

列　　名	含　　义	数据类型	约　　束
Sno	学号	普遍编码定长字符串，长度为 7	主码，引用 Student 的外码
Cno	课程名	普遍编码定长字符串，长度为 6	主码，引用 Course 的外码
Grade	成绩	小整型	

创建满足约束条件的上述 3 张表的 SQL 语句如下（为了说明约束定义的灵活性，我们将 Student 表的主码约束定义在了列级完整性约束处，将 Course 表的主码约束定义在了表级完整性约束处）：

```
CREATE TABLE Student (
  Sno    char(7)  PRIMARY KEY,    /* 在列级完整性约束处定义主码约束 */
  Sname  char(10) NOT NULL,       /* 非空约束 */
  Ssex   char(2),
  Sage   tinyint,
  Sdept  char(20)
)

CREATE TABLE Course (
  Cno     char(6)  NOT NULL,
  Cname   char(20)  NOT NULL,
  Credit  tinyint,
  Semester tinyint,
  PRIMARY  KEY(Cno)               /* 在表级完整性约束处定义主码约束 */
)

CREATE TABLE SC (
  Sno   char(7)  NOT NULL,
  Cno   char(6)  NOT NULL,
  Grade  smallint,
  PRIMARY KEY(Sno, Cno),
  FOREIGN KEY(Sno) REFERENCES Student(Sno),
  FOREIGN KEY(Cno) REFERENCES Course(Cno)
)
```

4. 删除表

当确信不再需要某个表时，可以将其删除，删除表时会将表中的数据一起删掉。

删除表的 SQL 语句为 DROP TABLE，其语法格式为：

```
DROP  TABLE  <表名> { [, <表名> ] … }
```

例 2 删除 test 表，语句为：

```
DROP TABLE test
```

3.3.2　修改表结构

在定义完表之后，如果需求有变化，比如需要添加列、删除列或修改列定义，则可以使用 ALTER TABLE 语句实现。ALTER TABLE 语句可以实现添加列、删除列和修改列定义的功能，也可以实现添加和删除约束的功能。

不同数据库厂商的数据库产品的 ALTER TABLE 语句的格式略有不同，我们这里给出 SQL Server 支持的 ALTER TABLE 语句格式，对于其他的数据库管理系统，可以参考它们的语言参考手册。

ALTER TABLE 语句的部分语法格式如下：

```
ALTER TABLE <表名>
[ ALTER COLUMN <列名> <新数据类型>]      -- 修改列定义
| [ADD  <列名> <数据类型> <约束>]         -- 添加新列
| [DROP COLUMN <列名>]                   -- 删除列
| [ADD [constraint <约束名>] 约束定义]    -- 添加约束
| [DROP [constraint] <约束名>]           -- 删除约束
```

注意：“--”为 SQL 语句的单行注释符。

本节我们介绍添加、删除和修改列定义的例子，下一节介绍添加和删除约束的例子。

例 3　为 Student 表添加“专业”列，此列的定义为：Spec char(10)，允许空。

```
ALTER TABLE Student
  ADD Spec char(10) NULL
```

例 4　将新添加的“专业”列的类型改为 char(20)。

```
ALTER TABLE Student
  ALTER COLUMN Spec char(20)
```

例 5　删除新添加的“专业”列。

```
ALTER TABLE Student
  DROP COLUMN Spec
```

3.4　数据完整性

数据完整性是指数据的正确性和相容性。例如，每个人的身份证号必须是唯一的，人的性别只能是“男”或“女”，人的年龄应该在 0 到 150 岁之间（假设人现在最多能活到 150 岁），学生所在的系必须是学校已有的系等等。

数据完整性约束是为了防止数据库中存在不符合语义的数据，为了维护数据的完整性，数据库管理系统必须提供一种机制来检查数据库中的数据，看其是否满足语义规定的条件。这些加在数据库数据之上的语义约束条件就是数据完整性约束，这些约束条件作为表定义的一部分存储在数据库中。而 DBMS 检查数据是否满足完整性约束条件的机制就称为完整性检查。

3.4.1　完整性约束条件的作用对象

完整性检查是围绕完整性约束条件进行的，因此，完整性约束条件是完整性控制机制的核心。完整性约束条件的作用对象可以是表、元组和列。

1. 列级约束

列级约束主要指对列的类型、取值范围、精度等的约束，具体包括如下内容：

- 对数据类型的约束：包括数据类型、长度、精度等。例如，学生学号的数据类型为普通编码定长字符型，长度为 7。
- 对数据格式的约束：如规定学号的前两位表示学生的入学年份，第 3 位表示系的编号，第 4 位表示专业编号，第 5 位表示班的编号等等。

- 对取值范围或取值集合的约束：如学生的成绩取值范围为 0～100，最低工资要大于 1000 等。
- 对空值的约束：有些列允许有空值（比如成绩），有些列则不允许有空值（比如姓名），在定义列时应指明其是否允许取空值。

2. 元组约束

元组约束指元组中各个字段之间的相互约束，如开始日期小于结束日期，职工的最低工资不能低于规定的最低保障金等。

3. 关系约束

关系约束指若干元组之间、关系之间的联系的约束。比如，学号的取值不能重复也不能取空值，学生修课表中的学号的取值受学生表中的学号取值的约束等。

3.4.2 实现数据完整性

实现数据完整性一般是在服务器端完成的。在服务器端实现数据完整性的方法主要有两种，一种是在定义表时声明数据完整性，另一种是在服务器端编写触发器来实现数据完整性（本书只介绍声明完整性）。不管采用哪种方法，只要用户定义好了数据完整性，后续执行对数据的增加、删除、修改操作时，数据库管理系统都会自动检查用户定义的完整性约束，只有符合约束条件的操作才会被执行。

这里介绍如何使用 SQL 语句实现实体完整性（PRIMARY KEY）、引用完整性（FOREIGN KEY）和用户定义的完整性。在用户定义的完整性中我们介绍默认值（DEFAULT）约束、列值取值范围（CHECK）约束和唯一值（UNIQUE）约束的实现方法。

下面以雇员表和工作表为例，逐步在这两张表上添加约束。这两张表的结构如下：

雇员表：
- 雇员编号：普通编码定长字符型，长度为 7，非空；
- 雇员名：普通编码定长字符型，长度为 10；
- 工作编号：普通编码定长字符型，长度为 8；
- 工资：整型；
- 电话号码：普通编码定长字符型，长度为 8，非空。

工作表：
- 工作编号：普通编码定长字符型，长度为 8，非空；
- 最低工资：整型；
- 最高工资：整型。

其中，"雇员编号"是雇员表的主码，"工作编号"是工作表的主码，而且雇员表中的"工作编号"是引用工作表中的"工作编号"的外码。

假设我们已经按上述要求创建好了这两张表，现在要为这两张表添加需要的约束。

1. 主码约束

添加主码约束要注意如下问题：
- 每个表只能有一个 PRIMARY KEY 约束；
- 用 PRIMARY KEY 约束的列取值不能有重复，而且不允许有空值。

添加主码约束的 ALTER TABLE 语句语法格式如下：

```
ALTER TABLE 表名
  ADD [ CONSTRAINT <约束名> ]
```

```
PRIMARY KEY (<列名> [, … n])
```

例 6　对雇员表和工作表分别添加主码约束。

```
ALTER TABLE 雇员表
  ADD  CONSTRAINT  PK_EMP
  PRIMARY KEY (雇员编号)

ALTER TABLE 工作表
  ADD  CONSTRAINT  PK_JOB
  PRIMARY KEY (工作编号)
```

2. UNIQUE 约束

UNIQUE 约束用于限制在一个列中不能有重复的值。这个约束用在事实上具有唯一性的属性列上，比如每个人的身份证号码、驾驶证号码等均不能有重复值。定义 UNIQUE 约束时需要注意如下事项：

- UNIQUE 约束的列允许有一个空值；
- 在一个表中可以定义多个 UNIQUE 约束；
- 可以在多个列上定义一个 UNIQUE 约束，表示这些列组合起来不能有重复值。

当一个表中存在多个不允许有重复值的属性时，UNIQUE 约束就非常有用，比如雇员表中，雇员编号和电话号码都不允许取值重复（假设雇员的电话号码不能重复），已经在雇员编号上定义了主码约束，因此可以保证雇员编号取值不重复。这时电话号码取值不重复就必须使用 UNIQUE 约束来保证了。

添加 UNIQUE 约束的语法格式如下：

```
ALTER TABLE 表名
  ADD [ CONSTRAINT <约束名> ]
  UNIQUE (<列名> [, …, n])
```

例 7　为雇员表的"电话号码"列添加 UNIQUE 约束。

```
ALTER TABLE 雇员表
  ADD  CONSTRAINT  UK_SID
    UNIQUE (电话号码)
```

3. 外码约束

外码约束实现了引用完整性，添加外码约束时要注意：外码所引用的列必须是有 PRIMARY KEY 约束或 UNIQUE 约束定义的列。

添加 FOREIGN KEY 约束的语法格式如下：

```
ALTER TABLE 表名
  ADD [ CONSTRAINT <约束名> ]
  FOREIGN KEY (<列名>) REFERENCES 引用表名 (<列名>)
```

例 8　为雇员表的工作编号添加外码引用约束，此列引用工作表的工作编号列。

```
ALTER TABLE 雇员表
  ADD CONSTRAINT FK_job_id
  FOREIGN KEY (工作编号) REFERENCES 工作表 (工作编号)
```

4. DEFAULT 约束

DEFAULT 约束用于提供列的默认值。只有在向表中插入数据时系统才检查 DEFAULT 约束。

添加 DEFAULT 约束的语法格式如下：

```
ALTER TABLE 表名
```

```
ADD [ CONSTRAINT <约束名> ]
DEFAULT 默认值 FOR 列名
```

例 9 定义雇员表的工资的默认值为 1000。

```
ALTER TABLE 雇员表
  ADD CONSTRAINT  DF_SALARY
  DEFAULT  1000  FOR 工资
```

5. CHECK 约束

CHECK 约束用于限制列的取值在指定范围内，使数据库中存放的值都是有意义的。例如，人的性别只能是"男"或"女"，工资必须大于等于 1000 元（假设最低工资为 1000 元）。使用 CHECK 约束可以限制一个列的取值范围，也可以约束同一个表中多个列之间的相互取值约束，比如最低工资小于最高工资。

添加 CHECK 约束的语法格式如下：

```
ALTER TABLE 表名
  ADD [CONSTRAINT <约束名>]
  CHECK (逻辑表达式)
```

例 10 在雇员表中，添加限制雇员的工资必须大于等于 1000 的约束。

```
ALTER TABLE 雇员表 (
  ADD CONSTRAINT  CHK_Salary
CHECK (工资 >= 1000)
```

例 11 添加限制工作表的最低工资小于等于最高工资的约束。

```
ALTER TABLE 工作表
  ADD CONSTRAINT  CHK_Job_Salary
    CHECK (最低工资 <= 最高工资)
```

上述这些约束都可以在定义表的同时定义，综合起来如下：

```
CREATE TABLE 工作表 (
  工作编号  char(8) PRIMARY KEY,
  最低工资 int,
  最高工资 int,
  CHECK (最低工资 <= 最高工资)
)

CREATE TABLE 雇员表 (
  雇员编号 char(7) PRIMARY KEY,
  雇员名  char(10),
  工作编号 char(8) REFERENCES 工作表(工作编号),
  工资  int DEFAULT 1000 CHECK (工资 >= 1000),
  电话号码 char(8) NOT NULL UNIQUE
)
```

3.5 小结

本章首先介绍了 SQL 语言的发展、特点以及所支持的数据类型。SQL 支持的数据类型有数值型、字符串型和日期时间类型。

本章还介绍了基本表的创建、删除和修改语句，并详细介绍了实现数据完整性的方法。数据完整性可以在定义表的同时定义，也可以在定义完表之后再通过修改表结构的方法添加。当创建完表而约束又有变化时，就可以使用修改结构的语句来添加数据约束。定义了数据完整性约束之后，每当执行修改数据的操作时，数据库管理系统首先检查所做的操作是否满足数据完整性约束要求，若不满足，则不执行这个修改数据的操作。

对数据完整性约束的检查是由数据库管理系统自动实现的，而且是在数据更改操作执行之前先判断完整性约束。

习题

1. tinyint 数据类型定义的数据的取值范围是多少？
2. 日期时间类型中的日期和时间的输入格式是什么？
3. smalldatetime 类型精确到哪个时间单位？
4. 定点小数类型 numeric 中的 p 和 q 的含义分别是什么？
5. char(10)、nchar(10)的区别是什么？它们各能存放多少个字符？占用多少空间？
6. char(n)和 varchar(n)的区别是什么？其中 n 的含义是什么？各占用多少空间？
7. 数据完整性的含义是什么？
8. 在对数据进行什么操作时，系统检查 DEFAULT 约束？在进行什么操作时，检查 CHECK 约束？
9. UNIQUE 约束的作用是什么？
10. 写出创建如下 3 张表的 SQL 语句，要求在定义表的同时定义数据的完整性约束：

    (1) "图书表"结构如下：

    书号：统一字符编码定长类型，长度为 6，主码；

    书名：统一字符编码可变长类型，长度为 30，非空；

    第一作者：普通编码定长字符类型，长度为 10，非空；

    出版日期：小日期时间型；

    价格：定点小数，小数部分 1 位，整数部分 3 位。

    (2) "书店表"结构如下：

    书店编号：统一字符编码定长类型，长度为 6，主码；

    店名：统一字符编码可变长类型，长度为 30，非空；

    电话：普通编码定长字符类型，8 位长，每一位的取值均是 0~9 的数字；

    地址：普通编码可变长字符类型，40 位长；

    邮政编码：普通编码定长字符类型，6 位长。

    (3) "图书销售表"结构如下：

    书号：统一字符编码定长类型，长度为 6，非空；

    书店编号：统一字符编码定长类型，长度为 6，非空；

    销售日期：小日期时间型，非空；

    销售数量：微整型，大于等于 1；

    主码为（书号，书店编号，销售日期）；

    其中"书号"为引用"图书表"的"书号"的外码；

    "书店编号"为引用"书店表"的"书店编号"的外码。
11. 为图书表添加"印刷数量"列，类型为整数，同时添加约束，要求此列的取值要大于等于 1000。
12. 删除书店表中的"邮政编码"列。
13. 将图书销售表中的"销售数量"列的数据类型改为整型。

第 4 章　数据操作语句

数据存储到数据库中之后，如果不对其进行分析和处理，数据就是没有价值的。最终用户对数据库中数据进行的操作大多是查询和修改，修改包括增加新数据、删除旧数据和更改已有的数据。SQL 语言提供了功能强大的数据查询和修改的功能，本章将详细介绍这些功能。

4.1　数据查询功能

查询功能是 SQL 语言的核心功能，是数据库中使用得最多的操作，查询语句也是 SQL 语句中比较复杂的一个语句。

如果没有特别说明，本章所有的查询均在 3.3 节创建的 3 张表（Student、Course 和 SC 表）上进行。

假设这 3 张表中已经有了数据，数据内容如表 4-1 到表 4-3 所示。

表 4-1　Student 表数据

Sno	Sname	Ssex	Sage	Sdept
9512101	李勇	男	19	计算机系
9512102	刘晨	男	20	计算机系
9512103	王敏	女	20	计算机系
9521101	张立	男	22	信息系
9521102	吴宾	女	21	信息系
9521103	张海	男	20	信息系
9531101	钱小平	女	18	数学系
9531102	王大力	男	19	数学系

表 4-2　Course 表数据

Cno	Cname	Credit	Semester
c01	计算机文化学	3	1
c02	VB	2	3
c03	计算机网络	4	7
c04	数据库基础	5	6
c05	高等数学	8	2
c06	数据结构	5	4

表 4-3　SC 表数据

Sno	Cno	Grade	Sno	Cno	Grade
9512101	c01	90	9521102	c04	92
9512101	c02	86	9521102	c05	50
9512101	c06		9521103	c02	68
9512102	c02	78	9521103	c06	
9512102	c04	66	9531101	c01	80
9521102	c01	82	9531101	c05	95
9521102	c02	75	9531102	c05	85

4.1.1　查询语句的基本结构

　　查询语句是数据库操作中最基本和最重要的语句之一，其功能是从数据库中检索满足条件的数据。查询的数据源可以来自一张表，也可以来自多张表甚至视图，查询的结果是由 0 行（没有满足条件的数据）或多行记录组成的一个记录集合，并允许选择一个或多个字段作为输出字段。SELECT 语句还可以对查询的结果进行排序、汇总等。

　　查询语句的基本结构可描述为：

```
SELECT <目标列名序列>        -- 需要哪些列
  FROM <数据源>             -- 来自于哪些表
[WHERE <检索条件表达式>]      -- 根据什么条件
[GROUP BY <分组依据列>]
[HAVING <组提取条件>]
[ORDER BY <排序依据列>]
```

　　在上述结构中，SELECT 子句用于指定输出的字段；FROM 子句用于指定数据的来源；WHERE 子句用于指定数据的选择条件；GROUP BY 子句用于对检索到的记录进行分组；HAVING 子句用于指定组的选择条件；ORDER BY 子句用于对查询的结果进行排序。在这些子句中，SELECT 子句和 FROM 子句是必须的，其他子句都是可选的。

4.1.2　单表查询

　　本节介绍单表查询，即数据源只涉及一张表的查询。为帮助读者更好地理解各 SQL 语句的执行情况，这里对大部分查询语句均列出了其返回的结果，而且结果均按 SQL Server 2005 数据库管理系统执行后的形式显示。关于 SQL Server 2005 环境的安装和使用我们将在第 9 章介绍。

　　1. 选择表中若干列

　　（1）查询指定的列

　　在很多情况下，用户可能只对表中的一部分属性列感兴趣，这时可通过在 SELECT 子句的<目标列名序列>中指定要查询的列来实现。

　　例 1　查询全体学生的学号与姓名。

　　学号、姓名列均包含在 Student 表中，因此该查询的数据源是 Student 表。

```
SELECT Sno, Sname FROM Student
```

　　查询结果如图 4-1 所示。

	Sno	Sname
1	9512101	李勇
2	9512102	刘晨
3	9512103	王敏
4	9521101	张立
5	9521102	吴宾
6	9521103	张海
7	9531101	钱小平
8	9531102	王大力

图 4-1　例 1 的查询结果

　　例 2　查询全体学生的姓名、学号和所在系。

```
SELECT Sname, Sno, Sdept FROM Student
```

　　查询结果如图 4-2 所示。

　　从该示例我们可以看到，目标列的选择顺序与表中定义的字段顺序没有必然的对应关系，它们的顺序可以不一致。

　　（2）查询全部列

	Sname	Sno	Sdept
1	李勇	9512101	计算机系
2	刘晨	9512102	计算机系
3	王敏	9512103	计算机系
4	张立	9521101	信息系
5	吴宾	9521102	信息系
6	张海	9521103	信息系
7	钱小平	9531101	数学系
8	王大力	9531102	数学系

图 4-2　例 2 的查询结果

　　如果要查询表中的全部列，可以使用两种方法：一种是在<目标列名序列>中列出所有的列名；另一种是如果列的显示顺序与其在表中定义的顺序相同，则可以简单地在<目标列名序列>中写星号"*"。

　　例 3　查询全体学生的详细信息。

```
SELECT Sno, Sname, Ssex, Sage, Sdept FROM Student
```

此句等价于：

```
SELECT * FROM Student
```

查询结果如图 4-3 所示。

（3）查询经过计算的列

SELECT 子句中的<目标列名序列>可以是表中存在的属性列，也可以是表达式、常量或者函数。

例 4 查询全体学生的姓名及出生年份。

在 Student 表中只记录了学生的年龄，而没有记录学生的出生年份，但我们可以根据当前年和学生的年龄计算出出生年份，即用当前年减去年龄，得到出生年份。因此实现此功能的查询语句为：

```
SELECT Sname, 2010 - Sage  FROM Student
```

查询结果如图 4-4 所示。

例 5 查询全体学生的姓名和出生年份，并在"出生年份"列前加一个新列，新列的每行数据均为"出生年份"常量值。

```
SELECT Sname, '出生年份', 2010 - Sage FROM Student
```

查询结果如图 4-5 所示。

注意：选择列表中的常量和计算是对表中的每行数据进行的。

从例 4 和例 5 所显示的查询结果我们看到，经过计算的列、常量列的显示结果都没有列名（图中显示为"（无列名）"）。通过为列起别名的方法可以指定或改变查询结果显示的列名，这个列名就称为列别名。这对于含算术表达式、常量、函数运算等的列尤为有用。

指定列别名的语法格式为：

```
列名 | 表达式 [ AS ] 列别名
```

或

```
列别名 = 列名 | 表达式
```

例如，例 5 的查询可写成：

```
SELECT Sname AS 姓名, '出生年份' AS 常量列, 2010 - Sage
AS 年份
   FROM Student
```

查询结果如图 4-6 所示。

2. 选择表中的若干元组

前面我们介绍的例子都是选择表中的全部记录，而没有对表中的记录行进行任何有条件的筛选。实际上，在查询过程中，除了可以选择列之外，还可以对行进行选择，使查询的结果更加满足用户的要求。

（1）消除取值相同的行

本来在数据库表中并不存在取值全都相同的元组，但在进行了对列的选择后，就有可能在查询结果中出现取值完全相同的行。取值相同的行在结果中是没有意义的，因此应删除这些行。

例 6 在选课表中查询有哪些学生选修了课程，列出选课学生的学号。

```
SELECT  Sno  FROM SC
```

查询结果如图 4-7 所示。

	Sno	Sname	Ssex	Sage	Sdept
1	9512101	李勇	男	19	计算机系
2	9512102	刘晨	男	20	计算机系
3	9512103	王敏	女	20	计算机系
4	9521101	张立	男	22	信息系
5	9521102	吴宾	女	21	信息系
6	9521103	张海	男	20	信息系
7	9531101	钱小平	女	18	数学系
8	9531102	王大力	男	19	数学系

图 4-3　例 3 的查询结果

	Sname	（无列名）
1	李勇	1991
2	刘晨	1990
3	王敏	1990
4	张立	1988
5	吴宾	1989
6	张海	1990
7	钱小平	1992
8	王大力	1991

图 4-4　例 4 的查询结果

	Sname	（无列名）	（无列名）
1	李勇	出生年份	1991
2	刘晨	出生年份	1990
3	王敏	出生年份	1990
4	张立	出生年份	1988
5	吴宾	出生年份	1989
6	张海	出生年份	1990
7	钱小平	出生年份	1992
8	王大力	出生年份	1991

图 4-5　例 5 的查询结果

	姓名	常量列	年份
1	李勇	出生年份	1991
2	刘晨	出生年份	1990
3	王敏	出生年份	1990
4	张立	出生年份	1988
5	吴宾	出生年份	1989
6	张海	出生年份	1990
7	钱小平	出生年份	1992
8	王大力	出生年份	1991

图 4-6　例 5 取列别名后的结果

	Sno
1	9512101
2	9512101
3	9512101
4	9512102
5	9512102
6	9521102
7	9521102
8	9521102
9	9521102
10	9521103
11	9521103
12	9531101
13	9531101
14	9531102

图 4-7　例 6 的查询结果

从图 4-7 显示的结果可以看出，在这个结果中有许多重复的行（实际上一个学生选修了多少门课程，其学号就在结果中重复多少次）。

SQL 语言中的 DISTINCT 关键字可以去掉查询结果中的重复行。DISTINCT 关键字放在 SELECT 词的后边、目标列名序列的前边。

去掉上述查询结果中重复行的语句为：

```
SELECT DISTINCT Sno FROM SC
```

则查询结果如图 4-8 所示。

图 4-8　去掉重复行后的结果

（2）查询满足条件的元组

查询满足条件的元组是通过 WHERE 子句实现的。WHERE 子句常用的查询条件如表 4-4 所示。

表 4-4　常用的查询条件

查询条件	谓　　词
比较（比较运算符）	=, >, >=, <, <=, <>（或!=） NOT+上述比较运算符
确定范围	BETWEEN AND, NOT BETWEEN AND
确定集合	IN, NOT IN
字符匹配	LIKE, NOT LIKE
空值	IS NULL, IS NOT NULL
多重条件（逻辑谓词）	AND, OR

① 比较大小

例 7　查询计算机系全体学生的姓名。

```
SELECT Sname FROM Student WHERE Sdept = '计算机系'
```

查询结果如图 4-9 所示。

图 4-9　例 7 的执行结果

例 8　查询所有年龄在 20 岁以下的学生的姓名和年龄。

```
SELECT Sname, Sage  FROM Student WHERE Sage < 20
```

或

```
SELECT Sname, Sage  FROM Student WHERE NOT Sage >= 20
```

查询结果如图 4-10 所示。

图 4-10　例 8 的执行结果

注意：取反操作（NOT Sage >= 20）比正向操作（Sage < 20）执行效率低，因为系统是先执行正向操作 Sage >= 20，然后再从全体数据中去掉正向操作的结果，以得到 NOT Sage >= 20 的结果，达到取反的目的。因此，取反的操作需要经过两个步骤。

例 9　查询考试成绩有不及格的学生的学号。

当一个学生有多门课程不及格时，应该只列出一次该学生的学号，因此该查询应该用 DISTINCT 去掉 Sno 的重复值。

```
SELECT DISTINCT Sno  FROM SC WHERE Grade < 60
```

② 确定范围

确定范围使用 BETWEEN … AND 和 NOT BETWEEN … AND 运算符，这个运算符可以用来查找属性值在（或不在）指定范围内的元组，其中 BETWEEN 后边指定范围的下限，AND 后边指定范围的上限。使用 BETWEEN … AND 的格式为：

列名 | 表达式 [NOT] BETWEEN 下限值 AND 上限值

BETWEEN … AND 通常用于对数值型数据和日期型数据进行比较。列名或表达式的类型要与下限值或上限值的类型相同。

"BETWEEN 下限值 AND 上限值"的含义是：如果列或表达式的值在下限值和上限值范围内（包括边界值），则结果为 True，表明此记录符合查询条件。

"NOT BETWEEN 下限值 AND 上限值"的含义正好相反：如果列或表达式的值在下限值和上限值范围内（包括边界值），则结果为 False，表明此记录不符合查询条件。

例 10 查询年龄在 20～23 岁之间的学生的姓名、所在系和年龄。

```
SELECT Sname, Sdept, Sage  FROM Student
    WHERE Sage BETWEEN 20 AND 23
```

此句等价于：

```
SELECT Sname, Sdept, Sage  FROM Student
    WHERE Sage >=20 AND Sage<=23
```

查询结果如图 4-11 所示。　　　　　　　　　　　　　　图 4-11　例 10 的查询结果

例 11 查询年龄不在 20～23 之间的学生姓名、所在系和年龄。

```
SELECT Sname, Sdept, Sage  FROM Student
    WHERE Sage NOT BETWEEN 20 AND 23
```

此句等价于：

```
SELECT Sname, Sdept, Sage  FROM Student
    WHERE Sage <20 OR Sage>23
```

查询结果如图 4-12 所示。　　　　　　　　　　　　　　图 4-12　例 11 的查询结果

③ 确定集合

确定某个属性的值是否在一个集合范围内使用 IN 运算符，这个运算符可以用来查找属性值属于指定集合的元组。IN 的语法格式为：

列名 [NOT] IN (常量 1，常量 2，…，常量 n)

用 IN 进行比较的数据多为字符型数据，当然也可以是数值型数据或日期类型的数据。

IN 的含义为：当列中的值与 IN 中的某个常量值相等时，则结果为 True，表明此记录为符合查询条件的记录。

NOT IN 的含义正好相反：当列中的值与某个常量值相等时，结果为 False，表明此记录为不符合查询条件的记录。

例 12 查询信息系、数学系和计算机系学生的姓名和性别。

```
SELECT Sname, Ssex  FROM Student
    WHERE Sdept IN ('信息系', '数学系', '计算机系')
```

此句等价于：

```
SELECT Sname, Ssex  FROM Student
    WHERE Sdept = '信息系' OR Sdept = '数学系' OR Sdept = '
计算机系'
```

查询结果如图 4-13 所示。　　　　　　　　　　　　　　图 4-13　例 12 的查询结果

例 13 查询既不是信息系、数学系，也不是计算机系学生的姓名和性别。

```
SELECT Sname, Ssex  FROM Student
    WHERE Sdept NOT IN ('信息系', '数学系', '计算机系')
```

此句等价于：

```
SELECT Sname, Ssex  FROM Student
  WHERE Sdept!= '信息系' AND Sdept!= '数学系' AND Sdept!= '计算机系'
```

该查询的执行结果为不包含任何数据的空集，表明表中没有满足条件的数据。

④ 字符串匹配

LIKE 用于查找指定列中与匹配串匹配的元组。匹配串是一种特殊的字符串，其特殊之处在于它不仅可以包含普通字符，还可以包含通配符。通配符用于表示任意的字符或字符串。在实际应用中，如果需要从数据库中检索一批记录，但又不能给出精确的字符查询条件，这时就可以使用 LIKE 运算符和通配符来实现模糊查询。在 LIKE 运算符前边也可以使用 NOT 运算符，表示对结果取反。

LIKE 运算符的一般形式为：

```
列名 [NOT ] LIKE <匹配串>
```

匹配串中可以包含字符常量，也可包含如下 4 种通配符：

- _（下划线）：匹配任意一个字符；
- %（百分号）：匹配 0 个或多个字符；
- [ ]：匹配[ ]中的任意一个字符。如[acdg]表示匹配 a、c、d、g 中的任何一个。对于连续字母的匹配，例如匹配[abcd]，则可简写为[a-d]；
- [^]：不匹配[ ]中的任意一个字符。如[^acdg]表示不匹配 a、c、d、g。对于连续字母的比较，例如比较[^abcd]，则可简写为[^a-d]。

例 14 查询姓"张"的学生的详细信息。

```
SELECT * FROM Student WHERE Sname LIKE  '张%'
```

	Sno	Sname	Ssex	Sage	Sdept
1	9521101	张立	男	22	信息系
2	9521103	张海	男	20	信息系

查询结果如图 4-14 所示。

图 4-14 例 14 的查询结果

例 15 查询学生表中姓"张"、姓"李"和姓"刘"的学生的详细信息。

```
SELECT * FROM Student WHERE Sname LIKE  '[张李刘]%'
```

或

```
SELECT * FROM Student WHERE Sname LIKE  '张%'
  OR Sname LIKE  '李%' OR Sname LIKE  '刘%'
```

	Sno	Sname	Ssex	Sage	Sdept
1	9512101	李勇	男	19	计算机系
2	9512102	刘晨	男	20	计算机系
3	9521101	张立	男	22	信息系
4	9521103	张海	男	20	信息系

查询结果如图 4-15 所示。

图 4-15 例 15 的查询结果

例 16 查询名字中第 2 个字为"小"或"大"的学生的姓名和学号。

```
SELECT Sname, Sno FROM Student WHERE Sname LIKE '_[小大]%'
```

查询结果如图 4-16 所示。

例 17 查询所有不姓"王"也不姓"张"的学生姓名。

```
SELECT Sname FROM Student WHERE Sname NOT LIKE '[王张]%'
```

	Sname	Sno
1	钱小平	9531101
2	王大力	9531102

图 4-16 例 16 的查询结果

或

```
SELECT Sname FROM Student WHERE Sname LIKE '[^王张]%'
```

或

```
SELECT Sname FROM Student
  WHERE Sname NOT LIKE '王%' AND Sname NOT LIKE '张%'
```

	Sname
1	李勇
2	刘晨
3	吴宾
4	钱小平

这三个查询语句的结果均如图 4-17 所示。从这三个查询语句

图 4-17 例 17 的查询结果

可以看出，"[]"通配符可以简化字符串匹配的书写。

例18　查询姓"王"且名字是2个字的学生姓名。

```
SELECT Sname FROM Student WHERE Sname LIKE '王_'
```

查询如图4-18所示。

图4-18　例18的查询结果

例19　查询姓王且名字是3个字的学生姓名。

```
SELECT Sname FROM Student WHERE Sname LIKE '王__'
```

则查询如图4-19所示。

图4-19　例19的查询结果

显然这个结果与预想的不一样，这个结果既包括姓"王"的名字是2个字的学生，也包括姓"王"的名字是3个字的学生。造成这种情况的原因是对Sname列我们定义的是普通编码定长字符类型，即char(10)（可参见3.3节），因此系统为Sname列的每个值均固定分配10个字节的空间，不足部分自动用空格填充。即对"王敏"，系统实际存储的是"王敏"后边再加上6个空格（称之为尾随空格）。在用LIKE进行字符串匹配时，系统并不会自动去掉尾随空格，空格是一个字符，也满足"_"通配符。因此在结果中会出现两个字的情况。

如果希望系统在比较时能够去掉尾随空格的干扰，可以使用数据库管理系统（这里指的是SQL Server数据库管理系统，其他系统的函数可能与此不同）提供的去掉尾随空格的函数：RTRIM。RTRIM函数的使用格式为：

```
RTRIM (列名)
```

其功能是去掉指定列中尾随的空格，返回没有尾随空格的数据。例如，将例19的查询改为：

```
SELECT Sname FROM Student WHERE RTRIM(Sname) LIKE '王__'
```

则查询结果如图4-20所示。这是符合查询要求的数据。关于更多的SQL Server提供的系统函数，读者可参考SQL Server联机丛书。

图4-20　例19的改进查询结果

⑤　涉及空值的查询

空值（NULL）在数据库中有特殊的含义，它表示不确定的值。例如，如果某些学生选修课程后还没有参加考试，则这些学生虽然有修课记录，但没有考试成绩，因此考试成绩即为空值。判断某个属性的值是否为NULL，不能使用普通的比较运算符（=、!=等），而只能使用专门的判断NULL值的子句来完成。

判断列取值为空的语句格式为：

```
列名 IS NULL
```

判断列取值不为空的语句格式为：

```
列名 IS NOT NULL
```

例20　查询没有考试成绩的学生的学号和相应的课程号。

```
SELECT Sno, Cno FROM SC WHERE Grade IS NULL
```

查询结果如图4-21所示。

图4-21　例20的查询结果

例21　查询所有有考试成绩的学生的学号和课程号。

```
SELECT Sno, Cno FROM SC WHERE Grade IS NOT NULL
```

查询结果如图 4-22 所示。

⑥ 多重条件查询

在 WHERE 子句中可以使用逻辑运算符 AND 和 OR 来组成多
条件查询。AND 表示必须满足所有的条件表达式结果才为 True，
OR 表示只要满足其中一个条件表达式结果即为 True。

例 22　查询计算机系年龄在 20 岁以下的学生姓名。

```
SELECT Sname FROM Student
  WHERE Sdept = '计算机系' AND Sage < 20
```

查询结果如图 4-23 所示。

例 23　查询计算机系和信息系年龄大于等于 20 岁的学生姓
名、所在系和年龄。

```
SELECT Sname,Sdept, Sage FROM Student
  WHERE (Sdept = '计算机系' OR Sdept = '信息系')
    AND Sage >= 20
```

查询结果如图 4-24 所示。

需要注意的是，由于 AND 的优先级高于 OR，因此这里需要使
用括号来改变运算顺序。该查询也可以写为：

```
SELECT Sname,Sdept, Sage FROM Student
  WHERE Sdept IN ('计算机系', '信息系')
    AND Sage >= 20
```

	Sno	Cno
1	9512101	c01
2	9512101	c02
3	9512102	c02
4	9512102	c04
5	9521102	c01
6	9521102	c02
7	9521102	c04
8	9521102	c05
9	9521103	c02
10	9531101	c01
11	9531101	c05
12	9531102	c05

图 4-22　例 21 的查询结果

	Sname
1	李勇

图 4-23　例 22 的查询结果

	Sname	Sdept	Sage
1	刘晨	计算机系	20
2	王敏	计算机系	20
3	张立	信息系	22
4	吴宾	信息系	21
5	张海	信息系	20

图 4-24　例 23 的查询结果

3. 对查询结果进行排序

有时，我们希望查询的结果能按一定的顺序显示出来，比如按考试成绩从高到低排列学生
的考试情况。SQL 的查询语句具有按用户指定列的值进行排序的功能，而且查询结果可以按一
个列的值排序，也可以按多个列的值进行排序，排序可以是从小到大（升序），也可以是从大
到小（降序）。排序子句的格式为：

```
ORDER BY <列名> [ASC | DESC ] [ , … n ]
```

其中<列名>为排序的依据列，可以是列名或列的别名。ASC 表示按列值进行升序排序，DESC
表示按列值进行降序排序。如果没有指定排序方式，则默认的排序方式为升序排序。

如果在 ORDER BY 子句中使用多个列进行排序，则这些列在该子句中出现的顺序决定了
对结果集进行排序的方式。当指定多个排序依据列时，首先按排在最前面的列进行排序，如果
排序后存在两个或两个以上列值相同的记录，则将值相同的记
录再依据排在第二位的列进行排序，依此类推。

例 24　将学生按年龄的升序排序。

```
SELECT * FROM Student ORDER BY Sage  ASC
```

查询结果如图 4-25 所示。

例 25　查询选修了"c02"号课程的学生的学号及其成绩，
查询结果按成绩降序排列。

```
SELECT Sno, Grade FROM SC
  WHERE Cno='c02' ORDER BY Grade DESC
```

查询结果如图 4-26 所示。

例 26　查询全体学生的信息，查询结果按所在系的系名升

	Sno	Sname	Ssex	Sage	Sdept
1	9531101	钱小平	女	18	数学系
2	9531102	王大力	男	19	数学系
3	9512101	李勇	男	19	计算机系
4	9512102	刘晨	男	20	计算机系
5	9512103	王敏	女	20	计算机系
6	9521103	张海	男	20	信息系
7	9521102	吴宾	女	21	信息系
8	9521101	张立	男	22	信息系

图 4-25　例 24 的查询结果

	Sno	Grade
1	9512101	86
2	9512102	78
3	9521102	75
4	9521103	68

图 4-26　例 25 的查询结果

序排列，同一系的学生按年龄降序排列。

```
SELECT * FROM Student ORDER BY Sdept, Sage DESC
```

查询结果如图 4-27 所示。

	Sno	Sname	Ssex	Sage	Sdept
1	9512102	刘晨	男	20	计算机系
2	9512103	王敏	女	20	计算机系
3	9512101	李勇	男	19	计算机系
4	9531101	王大力	男	19	数学系
5	9531101	钱小平	女	18	数学系
6	9521101	张立	男	22	信息系
7	9521102	吴宾	女	21	信息系
8	9521103	张海	男	20	信息系

图 4-27 例 26 的查询结果

4. 使用聚合函数汇总数据

聚合函数也称为集合函数或统计函数、聚集函数，其作用是对一组值进行计算并返回一个单值。SQL 提供的聚合函数有：

- COUNT(*)：统计表中元组的个数。
- COUNT([DISTINCT] <列名>)：统计本列非空列值个数，DISTINCT 表示不包括列的重复值。
- SUM(<列名>)：计算列值总和（必须是数值型列）。
- AVG(<列名>)：计算列值平均值（必须是数值型列）。
- MAX(<列名>)：求列值最大值。
- MIN(<列名>)：求列值最小值。

上述函数中除 COUNT(*)外，其他函数在计算过程中均忽略 NULL 值。

聚合函数的计算范围可以是满足 WHERE 子句条件的记录（如果是对整个表进行计算），也可以对满足条件的组进行计算（如果进行了分组操作，关于分组我们将在后边介绍）。

例 27 统计学生总人数。

```
SELECT COUNT(*) FROM Student
```

统计结果如图 4-28 所示。

	(无列名)
1	8

图 4-28 例 27 的统计结果

例 28 统计选修了课程的学生人数。

```
SELECT COUNT (DISTINCT Sno) FROM SC
```

由于一个学生可选多门课程，为避免重复计算这样的学生，加 DISTINCT 去掉重复值。

统计结果如图 4-29 所示。

	(无列名)
1	6

图 4-29 例 28 的统计结果

例 29 计算"9512101"学生的选课门数和考试总成绩。

```
SELECT COUNT(*) AS 选课门数, SUM(Grade) AS 总成绩
  FROM SC WHERE Sno = '9512101'
```

统计结果如图 4-30 所示。

	选课门数	总成绩
1	3	176

图 4-30 例 29 的统计结果

例 30 计算"c01"课程的考试平均成绩。

```
SELECT AVG(Grade) AS 平均成绩 FROM SC WHERE Cno = 'c01'
```

统计结果如图 4-31 所示。

	平均成绩
1	84

图 4-31 例 30 的统计结果

例 31 查询"c01"课程的考试最高分和最低分。

```
SELECT MAX(Grade) AS 最高分, MIN(Grade) AS 最低分
  FROM SC WHERE Cno='c01'
```

查询结果如图 4-32 所示。

	最高分	最低分
1	90	80

图 4-32 例 31 的结果

例 32 查询"9512101"学生的选课门数、已考试课程门数以及考试最高分、最低分和平均分。

```
SELECT COUNT(*) AS 选课门数, COUNT(Grade) AS 考试门数,
        MAX(Grade) AS 最高分, MIN(Grade) AS 最低分,
        AVG(Grade) AS 平均分
    FROM SC WHERE Sno = '9512101'
```

图 4-33 显示了"9512101"学生所选的全部课程，从图中我们可以看到该学生共选了三门课，其中有一门课（c06）还没有考试，因此成绩是空值。

例 32 查询的结果如图 4-34 所示，从图中可以看到 MAX、MIN、AVG、COUNT(列名)函数都会去掉空值后再计算，而 COUNT(*)在计算时不考虑空值。

	Sno	Cno	Grade
1	9512101	c01	90
2	9512101	c02	86
3	9512101	c06	NULL

图 4-33 "9512101"学生所选的全部课程

注意：聚合函数不能出现在 WHERE 子句中。

例如，查询年龄最大的学生的姓名，如下写法是错误的：

```
SELECT Sname FROM Student WHERE Sage = MAX(Sage)
```

正确的写法我们将在 4.1.5 节的子查询部分介绍。

	选课门数	考试门数	最高分	最低分	平均分
1	3	2	90	86	88

图 4-34 例 32 的查询结果

5. 对查询结果进行分组统计

前面所举的统计例子都是对全表进行统计，有时我们希望计算的精度更精确些，比如统计每个学生的考试平均成绩，而不是全体学生的考试平均成绩，这时就需要用到查询语句的分组统计功能。

在查询语句中实现分组功能的子句是 GROUP BY 。GROUP BY 可将统计控制在组一级。分组的目的是细化聚合函数的作用对象。在一个查询语句中，可以使用多个列进行分组。需要注意的是，如果使用了分组子句，则查询列表中的每个列必须要么是分组依据列（在 GROUP BY 后边的列），要么是聚合函数。

使用 GROUP BY 子句时，如果在 SELECT 的查询列表中包含聚合函数，则是针对每个组计算出一个汇总值，从而实现对查询结果的分组统计。

分组子句跟在 WHERE 子句的后边，它的一般形式为：

```
GROUP BY <分组依据列> [,…, n ]
[HAVING <组提取条件>]
```

注意：分组依据列不能是 text、ntext、image 和 bit 类型的列。

（1）使用 GROUP BY 子句

例 33 统计每门课程的选课人数，列出课程号和选课人数。

```
SELECT Cno as 课程号, COUNT(Sno) as 选课人数
   FROM SC GROUP BY Cno
```

该语句首先对 SC 表的数据按 Cno 的值进行分组，所有具有相同 Cno 值的元组归为一组，然后再对每一组使用 COUNT 函数进行计算，求得每组的学生人数。查询结果如图 4-35 所示。

	课程号	选课人数
1	c01	3
2	c02	4
3	c04	2
4	c05	3
5	c06	2

图 4-35 例 33 的查询结果

例 34 统计每个学生的选课门数和平均成绩。

```
SELECT Sno 学号, COUNT(*) 选课门数, AVG(Grade) 平均成绩
   FROM SC
   GROUP BY Sno
```

查询结果如图 4-36 所示。

	学号	选课门数	平均成绩
1	9512101	3	88
2	9512102	2	72
3	9521102	4	74
4	9521103	2	68
5	9531101	2	87
6	9531102	1	85

图 4-36 例 34 的查询结果

注意：

- GROUP BY 子句中的分组依据列必须是表中存在的列名，不能使用 AS 子句指派的结果集列别名。例如，例 34 中不能将 GROU PBY 子句写成：GROUP BY 学号。
- 带有 GROUP BY 子句的 SELECT 语句的查询列表中只能出现分组依据列或统计函数，因为分组后每个组只返回一行结果。

例 35 统计每个系的学生人数和平均年龄。

```
SELECT Sdept, COUNT(*) AS 学生人数, AVG(Sage) AS 平均年龄
  FROM Student
  GROUP BY Sdept
```

	Sdept	学生人数	平均年龄
1	计算机系	3	19
2	数学系	2	18
3	信息系	3	21

查询结果如图 4-37 所示。

图 4-37 例 35 的查询结果

（2）使用 WHERE 子句

例 36 带 WHERE 子句的分组。统计每个系的女生人数。

```
SELECT Sdept, Count(*) 女生人数 FROM Student
  WHERE Ssex = '女'
    GROUP BY Sdept
```

	Sdept	女生人数
1	计算机系	1
2	数学系	1
3	信息系	1

该语句是先执行 WHERE 子句，然后再对筛选出的满足 WHERE
条件的数据执行 GROUP BY 操作。查询结果如图 4-38 所示。

图 4-38 例 36 的查询结果

例 37 按多列分组。统计每个系的男生人数和女生人数，以及男生的最大年龄和女生的最大年龄。结果按系名的升序排序。

```
SELECT Sdept, Ssex, Count(*) 人数, Max(Sage) 最大年龄
  FROM Student
  GROUP BY Sdept, Ssex
  ORDER BY Sdept
```

	Sdept	Ssex	人数	最大年龄
1	计算机系	男	2	20
2	数学系	男	1	19
3	信息系	男	2	22
4	计算机系	女	1	20
5	数学系	女	1	18
6	信息系	女	1	21

查询结果如图 4-39 所示。

图 4-39 例 37 的查询结果

（3）使用 HAVING 子句

HAVING 子句用于对分组后的结果再进行筛选，它的功能有点像 WHERE 子句，但它用于组而不是单个记录。在 HAVING 子句中可以使用统计函数，但在 WHERE 子句中则不能。HAVING 通常与 GROUP BY 子句一起使用。

例 38 查询选修了 3 门以上课程的学生的学号和选课门数。

```
SELECT Sno, Count(*) 选课门数 FROM SC
  GROUP BY Sno
  HAVING COUNT(*) > 3
```

	Sno	选课门数
1	9521102	4

查询结果如图 4-40 所示。

图 4-40 例 38 的查询结果

此语句的处理过程为：先执行 GROUP BY 子句对 SC 表数据按 Sno 进行分组，然后再用统计函数 COUNT 分别对每一组进行统计，最后筛选出统计结果满足大于 3 的组。

例 39 查询选课门数大于等于 4 门的学生的平均成绩和选课门数。

```
SELECT Sno, AVG(Grade) 平均成绩, COUNT(*) 选课门数
  FROM SC
  GROUP BY Sno
  HAVING COUNT(*) >= 4
```

	Sno	平均成绩	选课门数
1	9521102	74	4

查询结果如图 4-41 所示。

图 4-41 例 39 的查询结果

正确理解 WHERE、GROUP BY、HAVING 子句的作用及执行顺序，对编写正确、高效的查询语句很有帮助。

- WHERE 子句用来筛选 FROM 子句中指定的数据源所产生的行数据。
- GROUP BY 子句用来对经 WHERE 子句筛选后的结果数据进行分组。
- HAVING 子句用来对分组后的结果数据再进行筛选。

对于可以在分组操作之前应用的搜索条件，在 WHERE 子句中指定它们更有效，这样可以

减少参与分组的数据行。在 HAVING 子句中指定的搜索条件应该是那些必须在执行分组操作之后应用的搜索条件。因此，建议将所有应该在分组之前进行的搜索条件放在 WHERE 子句中而不是 HAVING 子句中。

例如，查询计算机系和信息管理系的学生人数，可以有如下两种写法。

第一种：

```
SELECT Sdept, COUNT(*)  FROM Student
  GROUP BY Sdept
  HAVING Sdept IN ( '计算机系', '信息管理系')
```

第二种：

```
SELECT sdept, COUNT (*)  FROM Student
  WHERE Sdept IN ( '计算机系', '信息管理系')
  GROUP BY Sdept
```

第二种写法比第一种写法执行效率高，因为 WHERE 子句在 GROUP BY 子句之前执行，因此参与分组的数据比较少。

4.1.3　多表连接查询

前面介绍的查询都是针对一个表进行的，但在实际查询中往往需要从多个表中获取信息，这时的查询就会涉及多张表。若一个查询同时涉及两个或两个以上的表，则称之为多表连接查询。连接查询是关系数据库中最主要的查询，主要包括内连接、外连接和交叉连接等。本书介绍内连接和外连接，由于交叉连接使用得很少，且其结果也没有太大的实际语义，因此不作介绍。

1. 内连接

内连接是一种最常用的连接类型。使用内连接时，如果两个表的相关字段满足连接条件，则从这两个表中提取数据并组合成新的记录。

在非 ANSI 标准的实现中，连接操作是在 WHERE 子句中执行的（即在 WHERE 子句中指定表连接条件），在 ANSI SQL-92 中，连接是在 JOIN 子句中执行的。这些连接方式分别被称为 theta 连接方式和 ANSI 连接方式。这里介绍 ANSI 连接方式。

内连接的语法格式为：

```
FROM  表 1 [ INNER ]  JOIN  表 2  ON  <连接条件>
```

在连接条件中指明两个表按什么条件进行连接，连接条件中的比较运算符称为连接谓词。连接条件的一般格式为：

```
[<表名 1.>][<列名 1>] <比较运算符> [<表名 2.>][<列名 2>]
```

注意：连接条件中的连接字段必须是可比的，即必须是语义相同的列，否则比较将是无意义的。

当比较运算符为等号（=）时，称为等值连接，使用其他运算符的连接称为非等值连接。

从概念上讲，DBMS 执行连接操作的过程是：首先取表 1 中的第 1 个元组，然后从头开始扫描表 2，逐一查找满足连接条件的元组，找到后就将表 1 中的第 1 个元组与该元组拼接起来，形成结果表中的一个元组。表 2 全部查找完毕后，再取表 1 中的第 2 个元组，然后再从头开始扫描表 2，逐一查找满足连接条件的元组，找到后就将表 1 中的第 2 个元组与该元组拼接起来，形成结果表中的另一个元组。重复这个过程，直到表 1 中的全部元组都处理完毕。

例 40　查询每个学生及其选课的详细信息。

由于学生基本信息存放在 Student 表中，学生选课信息存放在 SC 表中，因此这个查询涉及两个表，这两个表之间进行连接的连接条件是两个表中的 Sno 相等。

```
SELECT * FROM Student INNER JOIN  SC
   ON Student.Sno = SC.Sno          -- 将 Student 与 SC 连接起来
```

查询结果如图 4-42 所示。

从图 4-42 可以看到，两个表的连接结果中包含了两个表的全部列，其中有两个 Sno 列：一个来自 Student 表，一个来自 SC 表（不同表中的列可以重名），这两个列的值是完全相同的（因为这里的连接条件就是 Student.Sno = SC.Sno）。因此，在写多表连接查询语句时有必要将这些重复的列去掉，方法是在 SELECT 子句中直接列出所需要的列名，而不是写"*"。另外，由于进行多表连接之后，在连接生成的表中可能存在列名相同的列，因此，为了明确需要的是哪个列，可以在列名前添加表名前缀限制，其格式如下：

图 4-42　例 40 的查询结果

```
表名.列名
```

比如在上例中，在 ON 子句中对 Sno 列就加上了表名前缀限制。

从上述结果还可以看到，在 SELECT 子句中列出的列表来自两个表的连接结果中的列，而且在 WHERE 子句中所涉及的列也是连接结果中的列。因此，根据要查询的列以及数据的选择条件涉及的列可以确定这些列所在的表，从而也就确定了进行连接操作的表。

例 41　去掉例 40 中的重复列。

```
SELECTStudent.Sno,Sname,Ssex,Sage,Sdept,Cno,Grade
   FROM Student JOIN SC ON Student.Sno = SC.Sno
```

查询结果如图 4-43 所示。

例 42　查询计算机系学生的修课情况，要求列出学生的名字、所选的课程号和成绩。

```
SELECT Sname, Cno, Grade  FROM Student JOIN SC
   ON Student.Sno = SC.Sno
   WHERE Sdept = '计算机系'
```

图 4-43　例 41 的查询结果

查询结果如图 4-44 所示。

可以为表提供别名，其格式如下：

```
FROM <源表名> [ AS ] <表别名>
```

图 4-44　例 42 的查询结果

为表指定别名可以简化表的书写，而且在有些连接查询（后面介绍的自连接）中要求必须指定别名。

例如，使用别名时例 42 可写为如下形式：

```
SELECT Sname,Cno,Grade FROM Student S JOIN SC
   ON S.Sno = SC.Sno
   WHERE Sdept = '计算机系'
```

注意：当为表指定了别名时，在查询语句中的其他地方，所有用到表名的地方都要使用别名,而不能再使用原表名。

例43 查询"信息系"选修了"计算机文化学"课程的学生的成绩,要求列出学生姓名、课程名和成绩。

```
SELECT Sname,Cname,Grade
  FROM  Student s JOIN SC ON s.Sno = SC. Sno
  JOIN  Course c ON c.Cno = SC.Cno
  WHERE Sdept = '信息系'
    AND Cname = '计算机文化学'
```

图 4-45 例 43 的查询结果

查询结果如图 4-45 所示。

注意:此查询涉及了三张表("信息系"信息在 Student 表中,"计算机文化学"课程信息在 Course 表中,"成绩"信息在 SC 表中)。每连接一张表,就需要加一个 JOIN 子句。

例44 查询所有选修了 VB 课程的学生情况,列出学生姓名和所在系。

```
SELECT Sname, Sdept FROM Student S
  JOIN SC ON S.Sno = SC. Sno
  JOIN Course C ON C.Cno = SC.cno
  WHERE Cname = 'VB'
```

	Sname	Sdept
1	李勇	计算机系
2	刘晨	计算机系
3	吴宾	信息系
4	张海	信息系

查询结果如图 4-46 所示。

图 4-46 例 44 的查询结果

注意:在这个查询语句中,虽然所要查询的列和元组的选择条件均与 SC 表无关,但这里还是用了三张表进行连接,原因是 Student 表和 Course 表没有可以进行连接的列(语义相同的列),因此,这两张表的连接必须借助于第三张表:SC 表。

例45 有分组的多表连接查询。统计每个系的学生的考试平均成绩。

```
SELECT Sdept, AVG(grade) as AverageGrade
  FROM student S JOIN SC ON S.Sno = SC.Sno
  GROUP BY Sdept
```

	Sdept	AverageGrade
1	计算机系	80
2	数学系	86
3	信息系	73

查询结果如图 4-47 所示。

图 4-47 例 45 的查询结果

例46 有分组和行选择条件的多表连接查询。统计计算机系每门课程的选课人数、平均成绩、最高成绩和最低成绩。

```
SELECT Cno, COUNT(*) AS Total, AVG(Grade) as AvgGrade,
  MAX(Grade) as MaxGrade, MIN(Grade) as MinGrade
  FROM Student S JOIN SC ON S.Sno = SC.Sno
  WHERE Sdept = '计算机系'
  GROUP BY Cno
```

	Cno	Total	AvgGrade	MaxGrade	MinGrade
1	c01	1	90	90	90
2	c02	2	82	86	78
3	c04	1	66	66	66
4	c06	1	NULL	NULL	NULL

查询结果如图 4-48 所示。

图 4-48 例 46 的查询结果

2. 自连接

自连接是一种特殊的内连接,它是指相互连接的表在物理上为同一张表,但在逻辑上将其看成是两张表。

要让物理上的一张表在逻辑上成为两个表,必须通过为表取别名的方法实现。例如:

```
FROM 表 1 T1  -- 在内存中生成表名为"T1"的表
JOIN 表 1 T2  -- 在内存中生成表名为"T2"的表
```

因此,在使用自连接时一定要为表取别名。

例 47 查询与刘晨在同一个系学习的学生的姓名和所在系。

分析此查询的实现过程：首先应找到刘晨在哪个系学习（在 Student 表中，不妨将这个表称为 S1 表），然后再找出此系的所有学生（也在 Student 表中，不妨将这个表称为 S2 表），S1 表和 S2 表的连接条件是两个表的系（Sdept）相同。因此，实现此查询的 SQL 语句如下：

```
SELECT S2.Sname, S2.Sdept FROM Student S1 JOIN Student S2
  ON S1.Sdept = S2.Sdept    -- 是同一个系的学生
  WHERE S1.Sname = '刘晨'    -- S1 表作为查询条件表
  AND S2.Sname != '刘晨'     -- S2 表作为结果表，并从中去掉"刘晨"本人
```

查询结果如图 4-49 所示。

例 48 查询与"数据结构"学分相同的课程的课程名和学分。

图 4-49 例 47 的查询结果

这个例子与例 47 类似，只要将 Course 表想像成两张表，一张表作为查询条件的表，另一张表作为结果的表即可。

```
SELECT C1.Cname, C1.Credit
  FROM Course C1 JOIN Course C2
  ON C1.Credit = C2. Credit        -- 学分相同
  WHERE C2.Cname = '数据结构'       -- C2 表作为查询条件表
```

查询结果如图 4-50 所示。

观察例 47 和例 48 可以看到，在自连接查询中，一定要注意区分好查询条件表和查询结果表。在例 47 中，用 S1 表作为查询条件表（WHERE S1.Sname = '刘晨'），S2 表作为查询结果表，因此在查询列表中写的就是：SELECT S2.Sname, ...。在例 48 中，用 C2 表作为查询条件表（ C2.Cname = '数据结构'），C1 表作为查询结果表，因此在查询列表中写的就是：SELECT C1.Cname, ...。

图 4-50 例 48 的查询结果

例 47 和例 48 的另一个区别是，在例 47 的查询结果中去掉了与查询条件相同的数据（S2.Sname != '刘晨'），而在例 48 的查询结果中保留了这个数据。具体是否要保留，由用户的查询要求决定。

3. 外连接

在内连接操作中，只有满足连接条件的元组才能作为结果输出，但有时我们也希望输出那些不满足连接条件的元组信息，比如查看全部课程的被选修情况，包括有学生选的课程和没有学生选的课程。如果用内连接实现（通过 SC 表和 Course 表的内连接），则只能找到有学生选的课程，因为内连接的结果首先是要满足连接条件，SC.Cno = Course.Cno。对于在 Course 表中有，但在 SC 表中没有的课程（没有人选），由于不满足 SC.Cno = Course.Cno 条件，因此是查找不出来的。这种情况就需要使用外连接来实现。

外连接只限制一张表中的数据必须满足连接条件，而另一张表中的数据可以不满足连接条件。ANSI 方式的外连接的语法格式为：

```
FROM 表1 LEFT | RIGHT [OUTER] JOIN 表2 ON <连接条件>
```

LEFT [OUTER] JOIN 称为左外连接，RIGHT [OUTER] JOIN 称为右外连接。左外连接的含义是限制表 2 中的数据必须满足连接条件，而不管表 1 中的数据是否满足连接条件，均输出表 1 中的内容；右外连接的含义是限制表 1 中的数据必须满足连接条件，而不管表 2 中的数据是否满足连接条件，均输出表 2 中的内容。

theta 方式的外连接的语法格式为：

```
左外连接: FROM 表1,表2 WHERE [表1.]列名(+) = [表2.]列名
右外连接: FROM 表1, 表2 WHERE [表1.]列名 = [表2.]列名(+)
```

SQL Server 支持 ANSI 方式的外连接，Oracle 支持 theta 方式的外连接。这里采用 ANSI 方式的外连接格式。

例 49 查询学生的选课情况，包括选了课程的学生和没有选课程的学生。

```sql
SELECT Student.Sno, Sname, Cno, Grade
  FROM Student LEFT OUTER JOIN SC
  ON Student.Sno = SC.Sno
```

查询结果如图 4-51 所示。

需要注意的是，结果中学号为"9512103"、"9521101"的两行数据，它们的 Cno 和 Grade 列的值均为 NULL，表明这两个学生没有选课，即他们不满足表连接条件，但进行左外连接时也将它们显示出来，并将不满足连接条件的结果在相应的列上放置 NULL 值。

	Sno	Sname	Cno	Grade
1	9512101	李勇	c01	90
2	9512101	李勇	c02	86
3	9512101	李勇	c06	NULL
4	9512102	刘晨	c02	78
5	9512102	刘晨	c04	66
6	9512103	王敏	NULL	NULL
7	9521101	张立	NULL	NULL
8	9521102	吴宾	c01	82
9	9521102	吴宾	c02	75
10	9521102	吴宾	c04	92
11	9521102	吴宾	c05	50
12	9521103	张海	c02	68
13	9521103	张海	c06	NULL
14	9531101	钱小平	c01	80
15	9531101	钱小平	c05	95
16	9531102	王大力	c05	85

图 4-51 例 49 的查询结果

此查询也可以用右外连接实现，如下所示：

```sql
SELECT Student.Sno, Sname, Cno, Grade
  FROM SC RIGHT OUTER JOIN Student
  ON Student.Sno = SC.Sno
```

其查询结果同左外连接一样。

例 50 查询哪些课程没有人选，列出其课程名。

分析：如果某门课程没有人选，则必定是在 Course 表中有，但在 SC 表中没出现的课程，即在进行外连接后，没有人选的课程记录在 SC 表中相应的 Sno、Cno 或 Grade 列上必定都是空值，因此我们只要在连接后的结果中选出 SC 表中 Sno 为空或者 Cno 为空的记录即可。（不选 Grade 为空作为筛选条件的原因是，Grade 本身允许有 NULL 值，因此，当以 Grade 是否为空来作为判断条件时，就可能将有人选但还没有考试的课程列出来，而这些记录是不符合查询要求的。）

完成此功能的查询语句如下：

```sql
SELECT Cname FROM Course C LEFT JOIN SC
  ON C.Cno = SC.Cno
  WHERE SC.Cno IS NULL
```

查询结果如图 4-52 所示。

图 4-52 例 50 的查询结果

4.1.4 使用 TOP 限制结果集

在使用 SELECT 语句进行查询时，有时只希望列出结果集中的前几行结果，而不是全部结果。例如，竞赛时，我们希望只取成绩最高的前三名，这时就可以使用 TOP 谓词来限制输出的结果。

使用 TOP 谓词的格式如下：

```
TOP n [ percent ] [WITH TIES ]
```

其中：

- n 为非负整数。
- TOP n：表示取查询结果的前 n 行数据；
- TOP n percnet：表示取查询结果的前 n% 行数据；
- WITH TIES：表示包括并列的结果。

TOP 谓词写在 SELECT 单词的后边（如果有 DISTINCT 的话，则在 DISTINCT 单词之后），查询列表的前边。

例 51　查询年龄最大的三个学生的姓名、年龄及所在系。

```
SELECT TOP 3 Sname, Sage, Sdept
    FROM Student
    ORDER BY Sage DESC
```

	Sname	Sage	Sdept
1	张立	22	信息系
2	吴宾	21	信息系
3	王敏	20	计算机系

图 4-53　例 51 不包括并列情况的查询结果

查询结果如图 4-53 所示。

若要包括年龄并列第 3 名的所有学生，则此句可写为如下形式：

```
SELECT TOP 3 WITH TIES Sname, Sage, Sdept
    FROM Student
    ORDER BY Sage DESC
```

	Sname	Sage	Sdept
1	张立	22	信息系
2	吴宾	21	信息系
3	张海	20	信息系
4	刘晨	20	计算机系
5	王敏	20	计算机系

图 4-54　例 51 包括并列情况的查询结果

查询结果如图 4-54 所示。

注意：如果在 TOP 子句中使用了 WITH TIES 谓词，则要求必须使用 ORDER BY 子句对查询结果进行排序，否则会出现语法错误。但如果没有使用 WITH TIES 谓词，则可以不使用 ORDER BY 子句，但此时要注意这样取的前若干名结果可能与预想的不一样。因此，在使用 TOP 谓词时最好与 ORDER BY 子句一起使用。

例 52　查询 VB 课程考试成绩前三名的学生的姓名、所在系和成绩。

```
SELECT TOP 3 WITH TIES Sname, Sdept, Grade
    FROM Student S JOIN SC on S.Sno = SC.Sno
    JOIN Course C ON C.Cno = SC.Cno
    WHERE Cname = 'VB'
    ORDER BY Grade DESC
```

	Sname	Sdept	Grade
1	李勇	计算机系	86
2	刘晨	计算机系	78
3	吴宾	信息系	75

图 4-55　例 52 的查询结果

查询结果如图 4-55 所示。

4.1.5　子查询

在 SQL 语言中，一个 SELECT-FROM-WHERE 语句称为一个查询块。

如果一个 SELECT 语句嵌套在一个 SELECT、INSERT、UPDATE 或 DELETE 语句中，则称之为子查询或内层查询；而包含子查询的语句则称为主查询或外层查询。一个子查询也可以嵌套在另一个子查询中。为了与外层查询有所区别，总是把子查询写在圆括号中。与外层查询类似，子查询语句中也必须至少包含 SELECT 子句和 FROM 子句，并根据需要选择使用 WHERE 子句、GROUP BY 子句和 HAVING 子句。

子查询语句可以出现在任何能够使用表达式的地方，但通常情况下，子查询语句是用在外层查询的 WHERE 子句或 HAVING 子句中，与比较运算符或逻辑运算符一起构成查询条件。

1. 使用子查询进行基于集合的测试

使用子查询进行基于集合的测试时，通过运算符 IN 或 NOT IN，将一个表达式的值与子查询返回的结果集进行比较。其形式为：

```
WHERE 表达式 [NOT] IN ( 子查询 )
```

这与前边讲的 WHERE 子句中的 IN 运算符的作用完全相同。使用 IN 运算符时，如果表达式的值与集合中的某个值相等，则此测试结果为真；如果表达式的值与集合中的所有值均不相等，则为假。

这种形式的子查询的语句是分步骤实现的，即先执行子查询，然后在子查询的结果基础上再执行外层查询。子查询返回的结果实际上就是一个集合，外层查询就是在这个集合上使用 IN

运算符进行比较。

注意：使用子查询进行基于集合的测试时，由该子查询返回的结果集中的列的个数、数据类型以及语义必须与表达式中的列的个数、数据类型以及语义相同。当子查询返回结果之后，外层查询将用这个结果作为筛选条件。

例 53 查询与"刘晨"在同一个系学习的学生。

```
SELECT Sno, Sname, Sdept FROM Student
  WHERE Sdept IN (
    SELECT Sdept FROM Student WHERE Sname = '刘晨')
```

实际的查询过程为：

1）确定"刘晨"所在的系（执行子查询）：

```
SELECT Sdept FROM Student WHERE Sname = '刘晨'
```

查询结果为"计算机系"。

2）在子查询的结果中查找所有在此系学习的学生：

```
SELECT Sno, Sname, Sdept FROM Student
  WHERE Sdept IN('计算机系')
```

查询结果如图 4-56 所示。

图 4-56 例 53 的查询结果

从查询结果中可以看到其中也包含学生刘晨，如果不希望刘晨出现在查询结果中，可以对上述查询语句添加一个条件，如下所示：

```
SELECT Sno, Sname, Sdept FROM Student
  WHERE Sdept IN (
    SELECT Sdept FROM Student WHERE Sname = '刘晨')
  AND Sname != '刘晨'
```

需要注意的是，这里的"Sname != '刘晨'"不需要使用表名前缀限制，因为对于外层查询来说，这个列名是没有二义的。

之前曾用自连接实现过此查询，从这个例子可以看出，SQL 语言的使用是很灵活的，同样的查询可以用多种形式实现。随着进一步的学习，相信读者会对这一点有更深的体会。

例 54 查询考试成绩大于 90 分的学生的学号和姓名。

```
SELECT Sno, Sname FROM Student
  WHERE Sno IN (
    SELECT Sno FROM SC
      WHERE Grade > 90 )
```

查询结果如图 4-57 所示。

此查询也可以用多表连接实现：

图 4-57 例 54 的查询结果

```
SELECT SC.Sno, Sname FROM Student JOIN SC
  ON Student.Sno = SC.Sno WHERE Grade > 90
```

例 55 查询选修了"VB"课程的学生的学号和姓名。

```
SELECT Sno, Sname FROM Student
  WHERE Sno IN (
    SELECT Sno FROM SC
      WHERE Cno IN (
        SELECT Cno FROM Course
          WHERE Cname = 'VB') )
```

查询结果如图 4-58 所示。

图 4-58 例 55 的查询结果

此查询也可以用多表连接实现：

```
SELECT Student.Sno, Sname FROM Student
   JOIN SC ON Student.Sno = SC.Sno
   JOIN Course ON Course.Cno = SC.Cno
   WHERE Cname = 'VB'
```

例56 统计选修了"VB"课程的这些学生的选课门数和平均成绩。

```
SELECT Sno 学号, COUNT(*) 选课门数, AVG(Grade) 平均成绩
  FROM SC WHERE Sno IN (
    SELECT Sno FROM SC JOIN Course C
    ON C.Cno = SC.Cno
    WHERE Cname = 'VB')
  GROUP BY Sno
```

	学号	选课门数	平均成绩
1	9512101	3	88
2	9512102	2	72
3	9521102	4	74
4	9521103	2	68

图 4-59 例 56 的查询结果

查询结果如图 4-59 所示。

需要注意的是，很多子查询语句都可以用多表连接的形式实现，例如前边的例 53～55，但例 56 这个查询语句就不能用连接查询实现，因为这个查询的语义是要先找出选了"VB"课程的学生，然后再计算这些学生的选课门数和平均成绩。如果用连接查询实现：

```
SELECT Sno 学号, COUNT(*) 选课门数, AVG(Grade) 平均成绩
  FROM SC JOIN Course C ON C.Cno = SC.Cno
  WHERE Cname = 'VB'
  GROUP BY Sno
```

	学号	选课门数	平均成绩
1	9512101	1	86
2	9512102	1	78
3	9521102	1	75
4	9521103	1	68

图 4-60 用连接查询实现例 56 的查询结果

则其执行结果如图 4-60 所示。从这个结果可以看出，每个学生的选课门数均为 1，实际上这个 1 指的是 VB 这一门课程，其平均成绩也是 VB 课程的考试成绩。之所以产生这个结果，是因为连接查询在执行时首先是将所有进行连接操作的表连接成一张大表，这个大表中的数据为全部满足连接条件的数据。之后系统再在这个大表上执行 WHERE 子句，然后是 GROUP BY 子句。显然执行"WHERE Cname = 'VB'"子句后，大表中的数据就只剩下 VB 这一门课程的信息了。这种处理模式显然不符合我们的查询要求。而 IN 这种形式的子查询是先内后外逐层执行的，正好符合此例的查询要求。因此当查询需要分步骤实现时就只能用子查询来实现。

2. 使用子查询进行比较测试

使用子查询进行比较测试时，通过比较运算符（=、<>、<、>、<=、<=），将一个表达式的值与子查询返回的值进行比较。如果比较运算的结果为真，则比较测试返回 True。

使用子查询进行比较测试的语法格式为：

```
WHERE 表达式 比较运算符 （子查询）
```

注意：使用子查询进行比较测试时，要求子查询语句必须是返回单值的查询语句。

我们之前曾经提到，统计函数不能出现在 WHERE 子句中，对于要与统计函数进行比较的查询，应该使用进行比较测试的子查询实现。

同基于集合的子查询一样，用子查询进行比较测试时，也是先执行子查询，然后再根据子查询返回的结果执行外层查询。

例57 查询选了"c04"号课程且成绩高于此课程的平均成绩的学生的学号和成绩。

分析：首先计算"c04"号课程的平均成绩：

```
SELECT AVG(Grade) from SC
```

```
    WHERE Cno = 'c04'
```

执行结果为：79。

然后，查找"c04"号课程所有的考试成绩中，高于 79 分的学生的学号和成绩：

```
SELECT Sno , Grade  FROM SC
    WHERE Cno = 'c04'
      AND Grade > 79
```

将两个查询语句合起来即为满足我们要求的查询语句：

```
SELECT Sno , Grade FROM SC
    WHERE Cno = 'c04' AND Grade > (
      SELECT AVG(Grade) FROM SC
        WHERE Cno = 'c04')
```

查询结果如图 4-61 所示。

图 4-61 例 57 的查询结果

例 58 查询计算机系年龄最大的学生的姓名和年龄。

```
SELECT Sname, Sage FROM Student
  WHERE Sdept = '计算机系'
    AND Sage = (
      SELECT MAX(Sage) FROM Student
        WHERE Sdept = '计算机系')
```

查询结果如图 4-62 所示。

图 4-62 例 58 的查询结果

需要注意的是，在这个例子中，子查询和外层查询的"WHERE Sdept = '计算机系'"子句部分都不能省略。因为，如果在子查询中省略了这个子句，则子查询部分查询的最大年龄是全体学生的最大年龄，而不是计算机系学生的最大年龄。如果在外层查询中省略了此子句，则查询的结果是全体学生中年龄等于计算机系最大年龄的学生。

从上边的例子我们可以看到，用子查询进行基于集合测试和比较测试时，都是先执行子查询，然后再在子查询的结果基础之上执行外层查询。子查询都只执行一次，子查询的查询条件不依赖于外层查询，我们将这样的子查询称为**不相关子查询**或**嵌套子查询**。

也可以将多表连接和子查询混合起来使用。

例 59 查询 VB 考试成绩高于 VB 平均成绩的学生的姓名、所在系和 VB 成绩。

这个查询要列出的信息包含在两张表中："姓名"和"所在系"信息在 Student 表中，"成绩"在 SC 表中。如果在查询中要列出来自多张表的属性，则必须用多表连接实现。由于该查询是和 VB 的平均成绩进行比较，这种形式的查询必须用子查询形式实现，因此该查询需要同时用到子查询和多表连接查询。

```
SELECT Sname, Sdept, Grade
  FROM Student S JOIN SC ON S.Sno = SC.Sno
  JOIN Course C ON C.Cno = SC.Cno
  WHERE Cname = 'VB' AND Grade > (
    SELECT AVG(Grade) FROM SC       -- 统计 VB 平均成绩
      JOIN Course C ON C.Cno = SC.Cno
        WHERE Cname = 'VB')
```

查询结果如图 4-63 所示。

图 4-63 例 59 的查询结果

3. 使用子查询进行存在性测试

使用子查询进行存在性测试时，通常使用 EXISTS 谓词，其形式为：

```
WHERE [NOT] EXISTS (子查询)
```

带 EXISTS 谓词的子查询不返回查询的结果，只产生真值和假值。

- EXISTS 的含义是：当子查询中有满足条件的数据时，EXISTS 返回真值，否则返回假值。
- NOT EXISTS 的含义是：当子查询中有满足条件的数据时，NOT EXISTS 返回假值；当子查询中不存在满足条件的数据时，NOT EXISTS 返回真值。

例 60 查询选修了"c01"号课程的学生姓名。

```
SELECT Sname FROM Student
  WHERE EXISTS (
    SELECT * FROM SC
      WHERE Sno = Student.Sno AND Cno = 'c01')
```

查询结果如图 4-64 所示。

图 4-64 例 60 的查询结果

使用子查询进行存在性测试时需注意以下问题：

1）带 EXISTS 谓词的查询是先执行外层查询，然后再执行内层查询。由外层查询的值决定内层查询的结果；内层查询的执行次数由外层查询的结果决定。

例如，上述查询语句的处理过程如下：

- 无条件执行外层查询语句，在外层查询的结果集中取第一行结果，得到 Sno 的一个当前值，然后根据此 Sno 值处理内层查询。
- 将外层的 Sno 值作为已知值执行内层查询，如果在内层查询中有满足其 WHERE 子句条件的记录存在，则 EXISTS 返回一个真值（True），表示在外层查询结果集中的当前行数据为满足要求的一个结果。如果内层查询中不存在满足 WHERE 子句条件的记录，则 EXISTS 返回一个假值（False），表示在外层查询结果集中的当前行数据不是满足要求的结果。
- 顺序处理外层表 Student 表中的第 2、3、… 行数据，直到处理完所有行。

2）由于 EXISTS 的子查询只能返回真值或假值，因此在子查询中指定列名是没有意义的。所以在有 EXISTS 的子查询中，其目标列名序列通常都用"*"表示。

由于带 EXISTS 的子查询在子查询中要涉及与外层表数据的关联，因此经常将这种形式的子查询称为相关子查询。

例 60 的查询等价于：

```
SELECT Sname FROM Student JOIN SC
  ON SC.Sno = Student.Sno WHERE Cno = 'c01'
```

和

```
SELECT Sname FROM Student
  WHERE Sno IN (
    SELECT Sno FROM SC WHERE Cno = 'c01' )
```

由此也可以看到，同一个查询可以用不同的方式来实现。总体来说，多表连接查询的效率比子查询的效率要高（因为查询优化器可以对多表连接查询进行更多的优化）。

在存在性测试的子查询的 EXISTS 前边也可以使用 NOT。NOT EXISTS（子查询语句）的含义与前面介绍的基于集合的 NOT IN 运算的含义相同，NOT EXISTS 的含义是当子查询中至少存在一个满足条件的记录时，NOT EXISTS 返回假值，当子查询中不存在满足条件的记录时，NOT EXISTS 返回真值。

例 61 查询没有选修"c01"号课程的学生姓名和所在系。

这是一个带否定条件的查询，如果利用多表连接和子查询分别实现这个查询，则一般有如下几种形式。

1）用多表连接实现。

```
SELECT DISTINCT Sname, Sdept
  FROM Student S JOIN SC
  ON  S.Sno = SC.Sno
  WHERE Cno != 'c01'
```

执行结果如图 4-65a 所示。

2）用嵌套子查询实现。

（a）在子查询中否定：

```
SELECT Sname, Sdept FROM Student
  WHERE Sno IN (
    SELECT Sno FROM SC
      WHERE Cno != 'c01' )
```

执行结果与图 4-65a 所示相同。

（b）在外层查询中否定：

```
SELECT Sname, Sdept FROM Student
  WHERE Sno NOT IN (
    SELECT Sno FROM SC
      WHERE Cno = 'c01' )
```

执行结果如图 4-65b 所示。

3）用相关子查询实现。

（a）在子查询中否定：

```
SELECT Sname, Sdept FROM Student
  WHERE EXISTS (
    SELECT * FROM SC
      WHERE Sno = Student.Sno
        AND Cno != 'c01' )
```

执行结果与图 4-65a 所示相同。

（b）在外层查询中否定：

```
SELECT Sname, Sdept FROM Student
  WHERE NOT EXISTS (
    SELECT * FROM SC
      WHERE Sno = Student.Sno
        AND Cno = 'c01' )
```

	Sname	Sdept
1	李勇	计算机系
2	刘晨	计算机系
3	钱小平	数学系
4	王大力	数学系
5	吴宾	信息系
6	张海	信息系

a)

	Sname	Sdept
1	刘晨	计算机系
2	王敏	计算机系
3	张立	信息系
4	张海	信息系
5	王大力	数学系

b)

图 4-65　例 61 的两种查询结果

执行结果与图 4-65b 所示相同。

观察上述 5 种实现方式产生的结果，可以看到，多表连接查询与在子查询中否定的嵌套子查询和在子查询中否定的相关子查询所产生的结果是一样的，在外层查询中否定的嵌套子查询与在外层查询中否定的相关子查询产生的结果是一样的。通过对数据库中的数据进行分析，发现形式 1）与形式 2）中的（a）和形式 3）中的（a）的结果均是错误的。形式 2）中的（b）和形式 3）中的（b）的结果是正确的，即将否定放置在外层查询中时其结果是正确的。其原因就是不同的查询执行的机制是不同的。

- 对于多表连接查询，所有的条件都是在连接之后的结果表上进行的，而且是逐行进行判断，一旦发现满足要求的数据（Cno!='c01'），则此行即作为结果产生。因此，由多表连接产生的结果必然包含没有选修"c01"号课程的学生，也包含选修了"c01"同时又选修了其他课程的学生。

- 对于含有嵌套子查询的查询，是先执行子查询，然后在子查询的结果基础之上再执行外层查询，而在子查询中也是逐行进行判断，当发现有满足条件的数据时，即将此行数据作为外层查询的一个比较条件。分析这个查询，要查的数据是在某个学生所选的全部课程中不包含 "c01" 课程，如果将否定放在子查询中（即形式 2）中的（a）），则查出的结果是既包含没有选修 "c01" 课程的学生，也包含选修了 "c01" 课程同时也选修了其他课程的学生。显然，这个否定的范围不够。如果将否定放在子查询外边（即形式 2）中的（b）），则子查询返回的是所有选了 "c01" 课程的学生，外层查询的 "NOT IN"实际是去掉了子查询返回的结果，因此最终的结果是没有选修 "c01" 课程的学生。

- 对于相关子查询，情况同嵌套子查询类似，这里不再详细分析。

通常情况下，对于否定条件的查询都应该使用子查询来实现，而且应该将否定放在外层。

例 62 查询计算机系没有选修 "VB" 课程的学生的姓名和性别。

分析：对于这个查询，首先应该在子查询中查出全部选修了 "VB" 课程的学生，然后再在外层查询中去掉这些学生（即为没有选修 "VB" 课程的学生），最后从这个结果中筛选出计算机系的学生。语句如下：

```
SELECT Sname, Ssex FROM Student
  WHERE Sno NOT IN (
    SELECT Sno FROM SC JOIN Course   -- 子查询：查询选了 VB 的学生
    ON SC.Cno = Course.Cno
      WHERE Cname = 'VB')
  AND Sdept = '计算机系'
```

	Sname	Ssex
1	王敏	女

图 4-66 例 62 的查询结果

查询结果如图 4-66 所示。

4.2 数据更改功能

前一节我们讨论了如何检索数据库中的数据，通过 SELECT 语句将返回由行和列组成的结果，但查询操作不会使数据库中的数据发生任何变化。如果要对数据进行各种更新操作，包括添加新数据、修改数据和删除数据，则需要使用数据修改语句：INSERT、UPDATE 和 DELETE来完成。数据修改语句修改数据库中的数据，但不返回结果集。

4.2.1 插入数据

在创建完表之后，就可以使用 INSERT 语句在表中添加新数据。

插入数据的 INSERT 语句的格式为：

```
INSERT [INTO] <表名> [(<列名表>)] VALUES (值列表)
```

其中：<列名表>中的列名必须是表定义中已有的列名，值列表中的值可以是常量也可以是 NULL值，各值之间用逗号分隔。

INSERT 语句用来新增一个符合表结构的数据行，将值列表数据按表中列定义顺序（或<列名表>中指定的顺序）逐一赋给对应的列名。

使用插入语句时应注意：

- 值列表中的值与列名表中的列按位置顺序对应，它们的数据类型必须一致。
- 如果<表名>后边没有指明列名，则新插入记录的值的顺序必须与表中列的定义顺序一致，且每一个列均有值（可以为空）。

例 63 将新生记录（9521104，陈冬，男，18 岁，信息系）插入到 Student 表中。

```
INSERT INTO Student VALUES ('9521104', '陈冬', '男', 18, '信息系')
```

例 64　在 SC 表中插入一条新记录，学号为"9521104"，选的课程号为"c01"，成绩暂缺。

```
INSERT INTO SC(Sno, Cno) VALUES('9521104', 'c01')
```

注意：对于例 64，由于提供的值的个数与表中的列个数不一致，因此在插入语句中必须列出列名。而且 SC 表中的 Grade 列必须允许为 NULL，因为此句实际插入的值为：

```
('9521104', 'c01', NULL)
```

4.2.2　更新数据

当用 INSERT 语句向表中添加了记录之后，如果某些数据发生了变化，那么就需要对表中已有的数据进行修改。可以使用 UPDATE 语句对数据进行修改。

UPDATE 语句的语法格式为：

```
UPDATE <表名> SET <列名> = 表达式 [,… n]
[WHERE <更新条件>]
```

参数说明如下：

- <表名>给出了需要修改数据的表的名称。
- SET 子句指定要修改的列，表达式指定修改后的新值。
- WHERE 子句用于指定只修改表中满足 WHERE 子句条件的记录的相应列值。如果省略 WHERE 子句，则是无条件更新表中的全部记录的某列值。UPDATE 语句中 WHERE 子句的作用和写法同 SELECT 语句中的 WHERE 子句一样。

1．无条件更新

例 65　将所有学生的年龄加 1。

```
UPDATE Student SET Sage = Sage + 1
```

2．有条件更新

当用 WHERE 子句指定更改数据的条件时，可以分两种情况。一种是基于本表条件的更新，即要更新的记录和更新记录的条件在同一张表中。例如：将计算机系全体学生的年龄加 1，要修改的表是 Student 表，而更改条件：学生所在的系（这里是计算机系）也在 Student 表中；另一种是基于其他表条件的更新，即要更新的记录在一张表中，而更新的条件来自于另一张表，如将计算机系全体学生的成绩加 5 分，要更新的是 SC 表的 Grade 列，而更新条件：学生所在的系（计算机系）在 Student 表中。基于其他表条件的更新可以用两种方法实现：一种是使用多表连接方法，另一种是使用子查询方法。

（1）基于本表条件的更新

例 66　将"9512101"学生的年龄改为 21 岁。

```
UPDATE Student SET Sage = 21
  WHERE Sno = '9512101'
```

（2）基于其他表条件的更新

例 67　将计算机系全体学生的成绩加 5 分。

- 用子查询实现：

```
UPDATE SC SET Grade = Grade + 5
  WHERE Sno IN
    (SELECT Sno FROM Student
      WHERE Sdept = '计算机系' )
```

- 用多表连接实现：

```
UPDATE SC SET Grade = Grade + 5
    FROM SC JOIN Student ON SC.Sno = Student.Sno
        WHERE Sdept = '计算机系'
```

4.2.3 删除数据

当确定不再需要某些记录时,可以使用删除语句:DELETE 语句,将这些记录删掉。DELETE 语句的语法格式为:

```
DELETE [ FROM ] <表名> [WHERE <删除条件>]
```

其中,<表名>说明了要删除哪个表中的数据。WHERE 子句说明要删除表中的哪些记录,即只删除满足 WHERE 条件的记录。如果省略 WHERE 子句,则是无条件删除,表示要删除表中的全部记录。

1. 无条件删除

无条件删除是删除表中全部数据,但保留表的结构。

例 68 删除所有学生的选课记录。

```
DELETE FROM SC                -- SC 成空表
```

2. 有条件删除

当用 WHERE 子句指定要删除记录的条件时,同 UPDATE 语句一样,也分为两种情况:一种是基于本表条件的删除。例如,删除所有不及格学生的选课记录,要删除的记录与删除的条件都在 SC 表中。另一种是基于其他表条件的删除,如删除计算机系不及格学生的选课记录,要删除的记录在 SC 表中,而删除的条件(计算机系)在 Student 表中。基于其他表条件的删除同样可以用两种方法实现,一种是使用多表连接,另一种是使用子查询。

(1) 基于本表条件的删除

例 69 删除所有不及格学生的选课记录。

```
DELETE FROM SC WHERE Grade < 60
```

(2) 基于其他表条件的删除

例 70 删除计算机系不及格学生的选课记录。

- 用子查询实现:

```
DELETE FROM SC
  WHERE Grade < 60 AND Sno IN (
    SELECT Sno FROM Student
      WHERE Sdept = '计算机系' )
```

- 用多表连接实现:

```
DELETE FROM SC
  FROM SC JOIN Student ON SC.Sno = Student.Sno
    WHERE Sdept = '计算机系' AND Grade < 60
```

4.3 小结

本章主要介绍了 SQL 语言中的数据操作功能:数据的增、删、改、查功能。数据的增、删、改、查,尤其是查询是数据库中使用的最多的操作。

首先介绍的是查询语句,介绍了单表查询和多表连接查询,包括无条件的查询、有条件的查询、分组、排序、选择结果集中的前若干行等功能。多表连接查询介绍了内连接、自连接、左外连接和右外连接。对条件查询介绍了多种实现方法,包括用子查询实现和用连接查询实现。

在综合运用这些方法实现数据查询时,有一些事项需要注意:

- 当查询语句的目标列中包含聚合函数时，若没有分组子句，则目标列中只能写聚合函数，而不能再写其他列名。若包含分组子句，则在查询的目标列中除了可以写聚合函数外，只能写分组依据列。
- 对行的过滤条件一般用 WHERE 子句实现，对组的过滤条件用 HAVING 子句实现。
- 不能将对统计后的结果进行筛选的条件写在 WHERE 子句中，应该写在 HAVING 子句中。
  例如，查询平均年龄大于 20 的系，若将条件写成：

  ```
  WHERE AVG(Sage) > 20
  ```

  则是错误的，应该是：

  ```
  HAVING AVG(Sage) > 20
  ```

- 不能将列值与统计结果值进行比较的条件写在 WHERE 子句中，这种条件一般都用子查询来实现。
  例如，查询年龄大于平均年龄的学生，若将条件写成：

  ```
  WHERE Sage > AVG(Sage)
  ```

  则是错的，应该是：

  ```
  WHERE Sage > ( SELECT AVG(Sage) FROM Student )
  ```

- 当查询目标列来自多个表时，必须用多表连接实现。子查询语句中的列不能用在外层查询中。
- 使用内连接时，必须为表取别名，使其在逻辑上成为两张表。
- 带否定条件的查询一般用子查询实现（NOT IN 或 NOT EIXSTS），不用多表连接实现。
- 当使用 TOP 子句限制选取结果集中的前若干行数据时，一般情况下都要有 ORDER BY 子句和它配合。

对数据的更改操作，介绍了数据的插入、修改和删除。对删除和更新操作，介绍了无条件的操作和有条件的操作，对有条件的删除和更新操作又介绍了用多表连接实现和用子查询实现两种方法。

另外，在介绍这些语句时，主要采用新的 SQL 语法格式，目前大多数新数据库管理系统都支持这些格式。

在进行数据的增、删、改时数据库管理系统自动检查数据的完整性约束，而且这些检查是在对数据进行操作之前进行的，只有当数据完全满足完整性约束条件时才进行数据更改操作。

习题

利用第 3 章定义的 Student、Course 和 SC 表结构实现如下操作。

1. 查询学生选课表中的全部数据。
2. 查询计算机系的学生的姓名、年龄。
3. 查询成绩在 70～80 分之间的学生的学号、课程号和成绩。
4. 查询计算机系年龄在 18～20 之间且性别为"男"的学生的姓名、年龄。
5. 查询课程号为"c01"的课程的最高的分数。
6. 查询计算机系学生的最大年龄和最小年龄。
7. 统计每个系的学生人数。
8. 统计每门课程的选课人数和考试最高分。
9. 统计每个学生的选课门数和考试总成绩，并按选课门数升序显示结果。
10. 查询总成绩超过 200 分的学生，要求列出学号、总成绩。
11. 查询选修了"c02"号课程的学生的姓名和所在系。

12. 查询成绩 80 分以上的学生的姓名、课程号和成绩，并按成绩降序排列结果。
13. 查询哪些学生没有选课，要求列出学号、姓名和所在系。
14. 查询与 VB 在同一学期开设的课程的课程名和开课学期。
15. 查询与李勇年龄相同的学生的姓名、所在系和年龄。
16. 用子查询实现如下查询：
    （1）查询选修了"c01"号课程的学生的姓名和所在系。
    （2）查询数学系成绩 80 分以上的学生的学号、姓名、课程号和成绩。
    （3）查询计算机系考试成绩最高的学生的姓名。
    （4）查询数据结构考试成绩最高的学生的姓名、所在系、性别和成绩。
17. 查询没有选修 VB 课程的学生的姓名和所在系。
18. 查询计算机系没有选课的学生的姓名和性别。
19. 创建一个新表，表名为 test_t，其结构为：（COL1, COL 2, COL 3），其中：
    COL1：整型，允许空值。
    COL2：字符型，长度为 10，不允许空值。
    COL3：字符型，长度为 10，允许空值。
    试写出按行插入如下数据的语句（空白处表示空值）。

COL1	COL2	COL3
	B1	
1	B2	C2
2	B3	

20. 删除考试成绩低于 50 分的学生的选课记录。
21. 删除没有人选的课程记录。
22. 删除计算机系 VB 成绩不及格学生的 VB 选课记录。
23. 将第 2 学期开设的所有课程的学分增加 2 分。
24. 将 VB 课程的学分改为 3 分。
25. 将计算机系学生的年龄增加 1 岁。
26. 将信息系学生的"计算机文化学"课程的考试成绩加 5 分。

第5章 视 图

在第2章介绍数据库三级模式时，可以看到模式（对应到基本表）是数据库中全体数据的逻辑结构，这些数据也是物理存储的，当不同的用户需要基本表中不同的数据时，可以为每类这样的用户建立外模式。外模式中的内容来自于模式，它是模式的部分数据或重构的数据。外模式对应到数据库中的概念就是视图。

视图（View）是数据库中的一个对象，它是数据库管理系统提供给用户的以多种角度观察数据库中的数据的一种重要机制。本章介绍视图的概念和作用。

5.1 视图概念

通常我们把用 CREATE TABLE 语句创建的表叫基本表。基本表中的数据是物理地存储在磁盘上的。在关系模型中有一个重要的特点，那就是由 SELECT 语句得到的结果仍然是二维表，由此引出了视图的概念。视图是查询语句产生的结果，但它有自己的视图名，也有自己的列名。视图在很多方面都与基本表类似。

视图是由从数据库的基本表中选取出来的数据组成的逻辑窗口，是基本表的部分行和列数据的组合。与基本表不同的是，视图是一个虚表。数据库中只存放视图的定义，而不存放视图包含的数据，这些数据仍存放在原来的基本表中。所以基本表中的数据如果发生变化，从视图中查询出的数据也会随之变化。从这个意义上讲，视图就像一个窗口，透过它可以看到数据库中用户自己感兴趣的数据。

视图可以从一个基本表中提取数据，也可以从多个基本表中提取数据，甚至还可以从其他视图中提取数据，构成新视图的内容。但不管怎样，对视图数据的操作最终都会转换为对基本表的操作。图 5-1 显示了视图的基本概念。

图 5-1 视图概念示意图

5.2 定义视图

定义视图的 SQL 语句为 CREATE VIEW，其一般格式为：

```
CREATE VIEW <视图名> [ （视图列名表）]
AS
    查询语句
```

其中查询语句可以是任意的 SELECT 语句，但要注意以下几点：

1）定义视图的查询语句中通常不包含 ORDER BY 和 DISTINCT 子句，这些语句可放在通过视图查询数据的语句中。

2）在定义视图时要么指定全部视图列，要么全部省略不写，不能只写视图的部分属性列。如果省略了视图的属性列名，则视图的列名与查询语句的列名相同。但在如下三种情况下必须明确指定组成视图的所有列名：

- 某个目标列不是单纯的属性名，而是计算函数或列表达式。
- 多表连接时选出了几个同名列作为视图的字段。
- 需要在视图中为某个列选用新的更合适的列名。

1. 定义单源表视图

单源表的行列子集视图指视图的数据取自一个基本表的部分行、列，这样的视图行列与基本表行列对应。用这种方法定义的视图可以对数据进行查询和修改操作。

例 1 建立信息系学生的视图。

```
CREATE VIEW IS_Student
AS
  SELECT Sno, Sname, Sage
    FROM Student WHERE Sdept = '信息系'
```

DBMS 执行 CREATE VIEW 语句的结果只是保存视图的定义，并不执行其中的 SELECT 语句。只有在对视图执行查询时，才按视图的定义从相应基本表中查询数据。

2. 定义多源表视图

多源表视图指定义视图的查询语句所涉及的表可以有多个，这样定义的视图一般只用于查询，不用于修改数据。

例 2 建立查询信息系选了"c01"号课程的学生的视图，列出学号、姓名和年龄。

```
CREATE VIEW V_IS_S1(Sno, Sname, Grade)
AS
  SELECT Student.Sno, Sname, Sage
    FROM Student JOIN  SC ON Student.Sno = SC.Sno
    WHERE Sdept = '信息系'  AND  SC.Cno = 'c01'
```

3. 在已有视图上定义新视图

还可以在视图上再建立视图，这时作为数据源的视图必须是已经建立好的视图。

例 3 利用例 2 所建立的视图，建立信息系选了"c01"号课程且成绩在 90 分以上的学生的学号、姓名和成绩的视图。

```
CREATE VIEW V_IS_S2
AS
  SELECT Sno, Sname, Grade
    FROM V_IS_S1
    WHERE Grade >= 90
```

这里的视图 V_IS_S2 就是建立在 V_IS_S1 视图之上的。

视图的来源不仅可以是单个的视图和基本表，而且还可以是视图和基本表的组合。

例 4 利用例 1 所建的视图，建立查询信息系 VB 考试成绩大于等于 80 分的学生的姓名和成绩的视图。

```
CREATE VIEW V_IS_VB
AS
```

```
SELECT Sname, Grade
  FROM IS_Student V JOIN SC ON V.Sno = SC.Sno
  JOIN Course C ON C.Cno = SC.Cno
  WHERE Cname = 'VB' AND Grade >= 80
```

这里的视图 V_IS_VB 就是建立在 IS_Student 视图以及 SC 和 Course 表之上的。

4．定义带表达式的视图

在定义基本表时，为减少数据库中的冗余数据，表中只存放基本数据，而基本数据经过各种计算派生出的数据一般是不存储的。但由于视图中的数据并不实际存储，所以定义视图时可以根据需要设置一些派生属性列，在这些派生属性列中保存经过计算的值。这些派生属性由于在基本表中并不实际存在，因此，也称它们为虚拟列。包含虚拟列的视图也称为带表达式的视图。

例 5 定义一个查询学生学号、姓名和出生年份的视图。

```
CREATE VIEW V_BirthYear(Sno, Sname, BirthYear)
AS
  SELECT Sno, Sname, 2010-Sage
    FROM Student
```

5．含分组统计信息的视图

含分组统计信息的视图是指定义视图的查询语句中含有 GROUP BY 子句，这样的视图只能用于查询，不能用于修改数据。

例 6 定义一个查询每个学生的学号及考试平均成绩的视图。

```
CREATE VIEW S_G(Sno, AvgGrade)
AS
  SELECT Sno, AVG(Grade) FROM SC
    GROUP BY Sno
```

注意：如果查询语句中的选择列表包含表达式或统计函数，而且在查询语句中也没有为这样的列指定列名，则在定义视图的语句中必须要指定视图属性列的名字。

5.3 通过视图查询数据

视图定义好后，就可以对其进行查询，通过视图查询数据与通过基本表查询数据一样。

例 7 利用 5.2 节例 1 建立的视图，查询信息系年龄小于等于 20 岁的学生的学号、姓名和年龄。

```
SELECT Sno, Sname, Sage
  FROM IS_Student
  WHERE Sage <= 20
```

查询结果如图 5-2 所示。

	Sno	Sname	Sage
1	9521103	张海	20

图 5-2 例 7 的查询结果

数据库管理系统在对视图进行查询时，首先检查要查询的视图是否存在，如果存在，则从数据字典中提取视图的定义，把视图的定义语句与对视图的查询语句结合起来，转换成等价的对基本表的查询，然后再执行转换后的查询。

因此，例 7 的查询最终转换成的实际查询为：

```
SELECT Sno, Sname, Sage
  FROM Student
WHERE Sdept = '信息系' AND Sage <= 20
```

例 8 查询信息系选了"c01"号课程的学生的学号、姓名和年龄。

这个查询可以利用例 1 建立的视图以及 SC 表实现。

```sql
SELECT Sno, Sname, Sage
  FROM IS_Student JOIN SC ON IS.Student.Sno = SC.Sno
  WHERE Cno = 'c01'
```

查询结果如图 5-3 所示。

	Sno	Sname	Sage
1	9521102	吴宾	21

图 5-3　例 8 的查询结果

例 9　查询信息系学生的学号、姓名、所选课程的课程名。

```sql
SELECT v.Sno, Sname, Cname
  FROM IS_Student v JOIN SC ON v.Sno = SC.Sno
  JOIN Course C ON C.Cno = SC.Cno
```

查询结果如图 5-4 所示。

	Sno	Sname	Cname
1	9521102	吴宾	计算机文化学
2	9521102	吴宾	VB
3	9521102	吴宾	数据库基础
4	9521102	吴宾	高等数学
5	9521103	张海	VB
6	9521103	张海	数据结构

图 5-4　例 9 的查询结果

此查询转换成的对最终基本表的查询语句如下：

```sql
SELECT S.Sno, Sname, Cname
  FROM Student S JOIN SC ON S.Sno = SC.Sno
  JOIN Course C ON C.Cno = SC.Cno
  WHERE Sdept = '信息系'
```

有时，将通过视图的查询语句转换为对基本表的查询语句是很直接的，但在有些情况下，这种转换不能直接进行。

例 10　利用 5.2 节例 6 建立的视图，查询考试平均成绩 80 分以上的学生的学号和平均成绩。

```sql
SELECT * FROM S_G WHERE  AvgGrade > 80
```

查询结果如图 5-5 所示。

	Sno	AvgGrade
1	9512101	88
2	9531101	87
3	9531102	85

图 5-5　例 10 的查询结果

如果直接转换的话，将产生如下的查询语句：

```sql
SELECT Sno, AVG(Grade) FROM SC
  WHERE  AVG(Grade) > 80
  GROUP BY Sno
```

这个转换显然是错误的，因为在 WHERE 子句中不能包含聚合函数。正确的转换语句如下：

```sql
SELECT Sno, AVG(Grade) FROM SC
  GROUP BY Sno
  HAVING AVG(Grade) > 90
```

目前大多数关系数据库管理系统对这种含有聚合函数的视图的查询均能进行正确的转换。

视图不仅可用于查询数据，而且也可以通过视图修改基本表中的数据，但并不是所有的视图都可以用于修改数据。比如，经过统计或表达式计算得到的视图就不能用于修改数据的操作。能否通过视图修改数据的基本原则是：如果这个操作能够最终落实到基本表上，成为基本表的正确操作，则可以进行，否则就不能通过视图修改数据。

5.4　修改和删除视图

定义视图后，如果其结构不能满足用户的要求，则可以对其进行修改。如果不需要某个视图了，还可以删除视图。

1. 修改视图

修改视图的 SQL 语句为 ALTER VIEW，其语法格式如下：

```sql
ALTER VIEW 视图名 [ ( 列名 [ ,...n ] ) ]
AS
```

　　　查询语句

我们看到，修改视图的 SQL 语句与定义视图的语句基本是一样的，只是将 CREATE VIEW 改成了 ALTER VIEW。

　　例 11　修改例 6 定义的视图，使其统计每个学生的考试平均成绩和修课总门数。

```
ALTER VIEW S_G(Sno, AvgGrade,Count_Cno)
AS
    SELECT Sno, AVG(Grade), Count(*) FROM SC
      GROUP BY Sno
```

　　2．删除视图

删除视图的 SQL 语句的格式为：

```
DROP VIEW <视图名>
```

　　例 12　删除例 1 定义的 IS_Student 视图。

```
DROP VIEW IS_Student
```

删除视图时需要注意的是，如果被删除的视图是其他视图的数据源，如前面的 V_IS_S2 视图就是定义在 V_IS_S1 视图之上的，那么删除该视图（如删除 V_IS_S1），则其导出视图（如 V_IS_S2）将无法再使用。同样，如果定义视图的基本表被删除了，则视图也将无法使用。因此，在删除基本表和视图时一定要注意是否存在引用被删除对象的视图，如果有应同时删除。

5.5　视图的作用

正如前面所讲的，使用视图可以简化和定制用户对数据的需求。虽然对视图的操作最终都转换为对基本表的操作，视图看起来似乎没什么用处，但实际上，如果合理地使用视图会带来许多好处。

　　1．简化数据查询语句

采用视图机制可以使用户将注意力集中在所关心的数据上。如果这些数据来自多个基本表，或者数据一部分来自基本表，另一部分来自视图，并且所用的搜索条件又比较复杂，需要编写的 SELECT 语句就会很长，这时定义视图就可以简化数据的查询语句。定义视图可以将表与表之间复杂的连接操作和搜索条件对用户隐藏起来，用户只需简单地查询一个视图即可。这在多次执行相同的数据查询操作时尤为有用。

　　2．使用户能从多角度看待同一数据

采用视图机制能使不同的用户以不同的方式看待同一数据，当许多不同类型的用户共享同一个数据库时，这种灵活性是非常重要的。

　　3．提高了数据的安全性

使用视图可以定制用户查看哪些数据并屏蔽敏感数据。比如，不希望员工看到别人的工资，就可以建立一个不包含工资项的职工视图，然后让用户通过视图来访问表中的数据，而不授予他们直接访问基本表的权限，这样就在一定程度上提高了数据库数据的安全性。

　　4．提供了一定程度的逻辑独立性

视图在一定程度上提供了第 2 章介绍的数据的逻辑独立性，因为它对应的是数据库的外模式。

在关系数据库中，数据库的重构是不可避免的。重构数据库的最常见方法是将一个基本表分解成多个基本表。例如，可将学生关系表 Student(Sno, Sname, Ssex, Sage, Sdept)分解为 SX(Sno, Sname, Sage)和 SY(Sno, Ssex, Sdept)两个关系，这时对 Student 表的操作就变成了对 SX 和 SY

的操作，则可定义视图：

```
CREATE VIEW Student (Sno, Sname, Ssex, Sage, Sdept)
AS
  SELECT SX.Sno, SX.Sname, SY.Ssex, SX.Sage, SY.Sdept
    FROM SX JOIN SY ON SX.Sno = SY.Sno
```

这样，尽管数据库的表结构变了，但应用程序可以不必修改，新建的视图保证了用户原来的关系，使用户的外模式未发生改变。

需要注意的是，视图只能在一定程度上提供数据的逻辑独立性，由于视图的更新是有条件的，因此，应用程序在修改数据时可能会因基本表结构的改变而受一些影响。

5.6 小结

视图是定义在数据库基本表上的虚表，它对应数据库的外模式。视图所包含的数据和结构是由使用视图的用户需求决定的，视图本身并不物理地存储数据，它的数据全部来自于基本表。每当通过视图查询数据时，都是转换为对基本表的查询。因此保证了视图数据与基本表数据的一致，也就是说，如果基本表数据变化了，则通过视图查询的数据也会随之变化。

视图提供了数据库的逻辑独立性，当基本表结构发生变化时，通过修改视图定义，可以保证视图不变化，包括视图名、视图所包含的列名等都可以保持不变。视图在一定程度上还增强了数据的安全性，封装了复杂的查询，为用户提供了从不同的角度看待同一数据的方法。对视图的查询语法同基本表的查询语法相同。

习题

1. 试说明使用视图的好处。
2. 使用视图可以加快数据的查询速度，这句话对吗？为什么？
3. 利用第 3 章建立的 Student、Course 和 SC 表，写出创建满足下述要求的视图的 SQL 语句。
   （1）查询学生的学号、姓名、所在系、课程号、课程名、课程学分。
   （2）查询学生的学号、姓名、选修的课程名和考试成绩。
   （3）统计每个学生的选课门数，要求列出学生学号和选课门数。
   （4）统计每个学生的修课总学分，要求列出学生学号和总学分（说明：考试成绩大于等于 60 才可获得此门课程的学分）。
   （5）查询计算机系 VB 考试成绩最高的学生的学号、姓名和 VB 考试成绩。
4. 利用第 3 题建立的视图，完成如下查询：
   （1）查询考试成绩大于等于 90 分的学生的姓名、课程名和成绩。
   （2）查询选课门数超过 3 的学生的学号和选课门数。
   （3）查询计算机系选课门数超过 3 的学生的姓名和选课门数。
   （4）查询修课总学分超过 10 分的学生的学号、姓名、所在系和修课总学分。
   （5）查询年龄大于等于 20 岁的学生中，修课总学分超过 10 分的学生的姓名、年龄、所在系和修课总学分。
5. 修改第 3 题（4）定义的视图，使其查询每个学生的学号、总学分以及总的选课门数。
6. 修改第 3 题（5）定义的视图，使其统计全体学生中 VB 考试成绩最高的学生的学号、姓名、所在系和 VB 考试成绩。

第6章　关系数据库规范化理论

数据库设计是数据库应用领域中的主要研究课题。数据库设计的任务是在给定的应用环境下，创建满足用户需求且性能良好的数据库模式、建立数据库及其应用系统，使之能有效地存储和管理数据，满足某公司或部门各类用户业务的需求。

数据库设计需要理论指导，关系数据库规范化理论就是数据库设计的一个理论指南。规范化理论研究的是关系模式中各属性之间的依赖关系及其对关系模式性能的影响，探讨"好"的关系模式应该具备的性质，以及达到"好"的关系模式的方法。规范化理论提供了判断关系模式好坏的理论标准，帮助我们预测可能出现的问题，是数据库设计人员的有力工具，同时也使数据库设计工作有了严格的理论基础。

本章主要讨论关系数据库规范化理论，讨论如何判断一个关系模式是否是好的关系模式，以及如何将不好的关系模式转换成好的关系模式，并能保证所得到的关系模式仍能表达原来的语义。

6.1　函数依赖

数据的语义不仅表现为完整性约束，对关系模式的设计也提出了一定的要求。针对一个问题，如何构造一个合适的关系模式，应构造几个关系模式，每个关系模式由哪些属性组成等，这些都是数据库设计问题，确切地讲是关系数据库的逻辑设计问题。

我们首先了解一下关系模式中各属性之间的依赖关系。

6.1.1　函数依赖基本概念

函数是我们非常熟悉的概念，对公式

$$Y=f(X)$$

自然也不会陌生，但是大家熟悉的是 X 和 Y 在数量上的对应关系，即给定一个 X 值，都会有一个 Y 值和它对应。也可以说 X 函数决定 Y，或 Y 函数依赖于 X。在关系数据库中讨论函数或函数依赖注重的是语义上的关系，比如：

$$省=f(城市)$$

只要给出一个具体的城市值，就会有唯一一个省值和它对应，如"武汉市"在"湖北省"，这里"城市"是自变量 X，"省"是因变量或函数值 Y。并且，把 X 函数决定 Y 或 Y 函数依赖于 X 表示为：

$$X{\rightarrow}Y$$

根据以上讨论可以写出较直观的函数依赖定义，即如果有一个关系模式 $R(A_1,A_2,\cdots,A_n)$，X 和 Y 为 $\{A_1,A_2,\cdots,A_n\}$ 的子集，那么对于关系 R 中的任意一个 X 值，都只有一个 Y 值与之对应，则称 X 函数决定 Y，或 Y 函数依赖于 X。

例如，对学生关系模式

```
Student (Sno, Sname, Sdept, Sage)
```

有以下依赖关系：

```
Sno→Sname,   Sno→Sdept,   Sno→Sage
```

对学生选课关系模式

```
SC (Sno, Cno, Grade)
```

有以下依赖关系：

```
(Sno, Cno) →Grade
```

显然，函数依赖讨论的是属性之间的依赖关系，它是语义范畴的概念，也就是说关系模式的属性之间是否存在函数依赖只与语义有关。下面对函数依赖给出严格的形式化定义。

定义 6.1 设有关系模式 $R(A_1, A_2, \cdots, A_n)$，X 和 Y 均为 $\{A_1, A_2, \cdots, A_n\}$ 的子集，r 是 R 的任一具体关系，t_1、t_2 是 r 中的任意两个元组。如果由 $t_1[X]=t_2[X]$ 可以推导出 $t_1[Y]=t_2[Y]$，则称 X 函数决定 Y，或 Y 函数依赖于 X，记为 $X \rightarrow Y$。

在以上定义中特别要注意，只要

$$t_1[X]=t_2[X] \Longrightarrow t_1[Y]=t_2[Y]$$

成立，就有 $X \rightarrow Y$。也就是说，只有当 $t_1[X]=t_2[X]$ 为真，而 $t_1[Y]=t_2[Y]$ 为假时，函数依赖 $X \rightarrow Y$ 不成立；而当 $t_1[X]=t_2[X]$ 为假时，不管 $t_1[Y]=t_2[Y]$ 为真或为假，都有 $X \rightarrow Y$ 成立。

6.1.2 一些术语和符号

下面给出本章中使用的一些术语和符号。设有关系模式 $R(A_1, A_2, \cdots, A_n)$，X 和 Y 均为 $\{A_1, A_2, \cdots, A_n\}$ 的子集，则有以下结论：

1）如果 $X \rightarrow Y$，但 Y 不包含于 X，则称 $X \rightarrow Y$ 是非平凡的函数依赖。如不作特别说明，我们总是讨论非平凡函数依赖。

2）如果 Y 不函数依赖于 X，则记作 $X \nrightarrow Y$。

3）如果 $X \rightarrow Y$，则称 X 为决定因子。

4）如果 $X \rightarrow Y$，并且 $Y \rightarrow X$，则记作 $X \leftrightarrow Y$。

5）如果 $X \rightarrow Y$，并且对于 X 的一个任意真子集 X' 都有 $X' \nrightarrow Y$，则称 Y 完全函数依赖于 X，记作 $X \xrightarrow{f} Y$；如果 $X' \rightarrow Y$ 成立，则称 Y 部分函数依赖于 X，记作 $X \xrightarrow{p} Y$。

6）如果 $X \rightarrow Y$（非平凡函数依赖，并且 $Y \nrightarrow X$）、$Y \rightarrow Z$，则称 Z 传递函数依赖于 X。

例 1 假设有关系模式 SC(Sno, Sname, Cno, Credit, Grade)，其中各属性分别为：学号、姓名、课程号、学分、成绩。主码为 (Sno, Cno)，则函数依赖关系有：

Sno→Sname	姓名函数依赖于学号
(Sno, Cno) $\xrightarrow{p}$ Sname	姓名部分函数依赖于学号和课程号
(Sno, Cno) $\xrightarrow{f}$ Grade	成绩完全函数依赖于学号和课程号

例 2 假设有关系模式 S(Sno, Sname, Dept, Dept_master)，其中各属性分别为：学号、姓名、所在系和系主任（假设一个系只有一个主任）。主码为 Sno，则函数依赖关系有：

Sno $\xrightarrow{f}$ Sname　　　　　　　　姓名完全函数依赖于学号

由于：

Sno $\xrightarrow{f}$ Dept　　　　　　　　　所在系完全函数依赖于学号

Dept $\xrightarrow{f}$ Dept_master　　　　　系主任完全函数依赖于系

所以有：

Sno $\xrightarrow{传递}$ Dept_master　　　　系主任传递函数依赖于学号

函数依赖是数据的重要性质，关系模式应能反映这些性质。

6.1.3 为什么要讨论函数依赖

讨论属性之间的关系以及讨论函数依赖有什么必要呢？让我们通过例子看一下。

假设有描述学生选课及住宿情况的关系模式：

S-L-C(Sno,Sname,Ssex,Sdept,Sloc,Cno,Grade)

其中各属性分别为：学号、姓名、性别、学生所在系、学生所住宿舍楼、课程号和考试成绩。假设每个系的学生都住在一栋楼里，(Sno,Cno)为主码。

看一看这个关系模式存在什么问题？假设有如表 6-1 所示的数据。

表 6-1　S-L-C 模式的部分数据示例

Sno	Sname	Ssex	Sdept	Sloc	Cno	Grade
9512101	李勇	男	计算机系	2 公寓	c01	90
9512101	李勇	男	计算机系	2 公寓	c02	86
9512101	李勇	男	计算机系	2 公寓	c06	NULL
9512102	刘晨	男	计算机系	2 公寓	c02	78
9512102	刘晨	男	计算机系	2 公寓	c04	66
9521102	吴宾	女	信息系	1 公寓	c01	82
9521102	吴宾	女	信息系	1 公寓	c02	75
9521102	吴宾	女	信息系	1 公寓	c04	92
9521102	吴宾	女	信息系	1 公寓	c05	50
9521103	张海	男	信息系	1 公寓	c02	68
9521103	张海	男	信息系	1 公寓	c06	NULL
9531101	钱小平	女	数学系	1 公寓	c01	80
9531101	钱小平	女	数学系	1 公寓	c05	95

观察这个表的数据，会发现有如下问题：

- 数据冗余问题：在这个关系中，有关学生所在系和其所对应的宿舍楼的信息有冗余，因为一个系有多少个学生，这个系所对应的宿舍楼的信息就要重复存储多少遍。而且学生基本信息（包括学生学号、姓名、性别、所在系）也有重复，一个学生修了多少门课，他的基本信息就重复多少遍。

- 数据更新问题：如果某一学生从计算机系转到了信息管理系，那么不但要修改此学生的 Sdept 列的值，而且还要修改其 Sloc 列的值，从而使修改复杂化。

- 数据插入问题：如果新成立了某个系，并且也确定好了此系学生的宿舍楼，即已经有了 Sdept 和 Sloc 信息，但也不能将这个信息插入到 S-L-C 表中，因为这个系还没有招生，其 Sno 和 Cno 列的值均为空，而 Sno 和 Cno 是这个表的主属性，因此不能为空。

- 数据删除问题：如果一个学生只选了一门课，而后来又不选了，则应该删除此学生选此门课程的记录。但由于这个学生只选了一门课，则删掉此学生的选课记录的同时也删掉了此学生的其他基本信息。

类似的问题统称为操作异常。为什么会出现以上种种操作异常现象呢？是因为这个关系模式没有设计好，这个关系模式的某些属性之间存在着"不良"的函数依赖关系。如何改造这个关系模式并克服以上种种问题是关系规范化理论要解决的问题，也是我们讨论函数依赖的原因。

解决上述种种问题的方法就是进行模式分解，即把一个关系模式分解成两个或多个关系模式，在分解的过程中消除那些"不良"的函数依赖，从而获得良好的关系模式。

6.2　关系规范化

关系规范化是指导将有"不良"函数依赖的关系模式转换为良好的关系模式的理论。这里涉及范式的概念，不同的范式表示关系模式遵守的不同的规则。本节介绍常用的第一范式、第二范式和第三范式的概念。在介绍范式的概念之前，先介绍一下关系模式中的码的概念。

6.2.1　关系模式中的码

设用 U 表示关系模式 R 的属性全集，即 $U=\{A_1, A_2, \cdots, A_n\}$，用 F 表示关系模式 R 上的函数依赖集，则关系模式 R 可表示为 $R(U, F)$。

1. 候选码

设 K 为 $R(U, F)$ 中的属性或属性组，若 $K \xrightarrow{f} U$，则 K 为 R 的候选码。（K 为决定 R 中全部属性值的最小属性组。）

主码：关系 $R(U, F)$ 中可能有多个候选码，则选其中一个作为主码。

全码：候选码为整个属性组。

主属性与非主属性：在 $R(U, F)$ 中，包含在任一候选码中的属性称为主属性，不包含在任一候选码中的属性称为非主属性。

例3　有关系模式：学生（学号，姓名，性别，身份证号，年龄，所在系）。

候选码为：学号，身份证号。

主码可以为"学号"或者是"身份证号"。

主属性为：学号，身份证号。

非主属性为：姓名，性别，年龄，所在系。

例4　有关系模式：选课（学号，课程号，考试次数，成绩）。

设一个学生对一门课程可以有多次考试，每一次考试有一个考试成绩。

候选码为：（学号，课程号，考试次数），也为主码。

主属性为：学号，课程号，考试次数。

非主属性为：成绩。

例5　有关系模式：授课（教师号，课程号，学年）。

其语义为：一个教师在一个学年可以讲授多门不同的课程，可以在不同学年对同一门课程讲授多次，但不能在同一个学年对同一门课程讲授多次。一门课程在一个学年可以由多个不同的教师讲授，同一个学年可以开设多门课程，同一门课程可以在不同学年开设多次。

其候选码为：（教师号，课程号，学年），因为只有（教师号，课程号，学年）三者才能唯一地确定一个元组。

这里的候选码也是主码。

主属性为：教师号，课程号，学年。

没有非主属性。

称这种候选码为全部属性的表为全码表。

2. 外码

用于建立关系表之间关联关系的属性（组）称为外码。

定义 6.2　若 $R(U, F)$ 的属性（组）X（X 属于 U）是另一个关系 S 的主码，则称 X 为 R 的外码。（X 必须先被定义为 S 的主码。）

6.2.2　范式

在 6.1.3 节已经介绍了设计"不好"的关系模式会带来的问题，本节将讨论"好"的关系模式应具备的性质，即关系规范化问题。

关系数据库中的关系要满足一定的要求，满足不同程度要求的为不同的范式。满足最低要求的关系称为是第一范式的，简称 1NF（First Normal Form）。在第一范式中进一步满足一些要求的关系称为第二范式，简称 2NF，依此类推，还有 3NF、BCNF、4NF、5NF。

所谓"第几范式"是表示关系模式满足的条件，所以经常称某一关系模式为第几范式的关系模式。也可以把这个概念模式理解为符合某种条件的关系模式的集合，因此，R 为第二范式的关系模式也可以写为：$R \in 2NF$。

对关系模式的属性间的函数依赖加以不同的限制，就形成了不同的范式。这些范式是递进的，如果一个表是 1NF 的，它比不是 1NF 的表要好；同样，2NF 的表要比 1NF 的表好……使用这种方法的目的是从一个表或表的集合开始，逐步产生一个和初始集合等价的表的集合（指提供同样的信息）。范式越高、规范化的程度越高，关系模式越好。

规范化的理论首先由 E. F. Codd 于 1971 年提出，目的是设计"好的"关系数据库模式。关系规范化实际上就是对有问题（操作异常）的关系进行分解，从而消除这些异常。

1. 第一范式

定义 6.3 不包含重复组的关系（即不包含非原子项的属性）是第一范式的关系。

图 6-1 所示的表就不是第一范式的关系，因为在这个表中，"高级职称人数"不是基本的数据项，它是由两个基本数据项（"教授"和"副教授"）组成的一个复合数据项。非第一范式的关系转换成第一范式的关系非常简单，只需要将所有数据项都表示为不可再分的最小数据项即可。图 6-1 所示的关系转换成第一范式的关系如图 6-2 所示。

系名称	高级职称人数	
	教授	副教授
计算机系	6	10
信息管理系	3	5
电子与通信系	4	8

系名称	教授人数	副教授人数
计算机系	6	10
信息管理系	3	5
电子与通信系	4	8

图 6-1 非第一范式的关系　　　　　　图 6-2 第一范式的关系

2. 第二范式

定义 6.4 如果 $R(U,F) \in 1NF$，并且 R 中的每个非主属性都完全函数依赖于主码，则 $R(U,F) \in 2NF$。

从定义可以看出，若某个 1NF 的关系的主码只由一个列组成，那么这个关系就是 2NF 关系。但如果主码是由多个属性共同构成的复合主码，并且存在非主属性对主码的部分函数依赖，则这个关系就不是 2NF 关系。

例如，前面所示的 S-L-C(Sno,Sname,Ssex,Sdept,Sloc,Cno,Grade) 就不是 2NF 的。

因为 (Sno,Cno) 是主码，而又有 Sno→Sname，因此有：

(Sno, Cno) $\xrightarrow{P}$ Sname

即存在非主码属性对主码的部分函数依赖关系，所以，此 S-L-C 关系不是 2NF 的。前面已经介绍过这个关系存在操作异常，而这些操作异常就是由于它存在部分函数依赖造成的。

可以用模式分解的办法将非 2NF 的关系模式分解为多个 2NF 的关系模式。去掉部分函数依赖关系的分解过程为：

1）用组成主码的属性集合的每一个子集作为主码构成一个关系模式。

2）将依赖于这些主码的属性放置到相应的关系模式中。

3）最后去掉只由主码的子集构成的关系模式。

例如，对 S-L-C 表，首先分解为如下的三个关系模式（下划线部分表示主码）：

S-L(Sno, …)

C(Cno, …)

S-C(Sno, Cno, …)

然后，将依赖于这些主码的属性放置到相应的关系模式中，形成如下三个关系模式：

S-L(Sno, Sname, Ssex, Sdept, Sloc)

C(Cno)

S-C(Sno, Cno, Grade)

最后，去掉只由主码的子集构成的关系模式，也就是去掉 C（Cno）关系模式。S-L-C 关系模式最终被分解的形式为：

S-L(Sno, Sname, Ssex, Sdept, Sloc)

S-C(Sno, Cno, Grade)

现在对分解后的关系模式再进行分析。

首先分析 S-L 关系模式，这个关系模式的主码是（Sno），并且有如下函数依赖：

Sno $\xrightarrow{f}$ Sname

Sno $\xrightarrow{f}$ Ssex, Sno $\xrightarrow{f}$ Sdept

Sno $\xrightarrow{f}$ Sloc

由于只存在完全依赖关系，因此 S-L 关系模式是 2NF 的。

然后分析 S-C 关系模式，这个关系模式的主码是（Sno，Cno），并且有函数依赖：

(Sno, Cno) $\xrightarrow{f}$ Grade

因此 S-C 关系模式也是 2NF 的。

下面看一下分解之后的 S-L 关系模式和 S-C 关系模式是否还存在问题，先讨论 S-L 关系模式，现在这个关系包含的数据如表 6-2 所示。

表 6-2　S-L 关系的部分数据示例

Sno	Sname	Ssex	Sdept	Sloc
9512101	李勇	男	计算机系	2公寓
9512102	刘晨	男	计算机系	2公寓
9521102	吴宾	女	信息系	1公寓
9521103	张海	男	信息系	1公寓
9531101	钱小平	女	数学系	1公寓

从表 6-2 所示的数据可以看到，一个系有多少个学生，就会重复描述每个系和其所在的宿舍楼多少遍，因此还存在数据冗余，也就存在操作异常。比如，当新组建一个系时，如果此系还没有招收学生，但已分配了宿舍楼，则还是无法将此系的信息插入到数据库中，因为这时的学号为空。

由此看到，第二范式的关系模式同样还可能存在操作异常情况，因此还需要对此关系模式进行进一步的分解。

3．第三范式

定义 6.5　如果 $R(U,F) \in$ 2NF，并且所有的非主属性都不传递依赖于主码，则 $R(U,F) \in$ 3NF。

从定义可以看出，如果存在非主属性对主码的传递依赖，则相应的关系模式就不是

3NF 的。

以关系模式 S-L（Sno, Sname, Ssex, Sdept, Sloc）为例，因为有：

Sno→Sdept, Sdept→Sloc

因此有：

Sno ——传递→ Sloc

从前边的分析可以知道，当关系模式中存在传递函数依赖时，这个关系模式仍然有操作异常，因此，还需要对其进行进一步的分解，使其成为 3NF 的关系。

去掉传递函数依赖关系的分解过程为：

1）对于不是候选码的每个决定因子，从关系模式中删去依赖于它的所有属性。

2）新建一个关系模式，新关系模式中包含在原关系模式中所有依赖于该决定因子的属性。

3）将决定因子作为新关系模式的主码。

S-L 分解后的关系模式为：

S-D（Sno, Sname, Ssex, Sdept），主码为 Sno。

S-L（Sdept, Sloc），主码为 Sdept。

对 S-D，有：Sno $\xrightarrow{f}$ Sname, Sno $\xrightarrow{f}$ Ssex, Sno $\xrightarrow{f}$ Sdept，因此 S-D 是 3NF 的。

对 S-L，有：Sdept $\xrightarrow{f}$ Sloc，因此 S-L 也是 3NF 的。

对 S-C（Sno, Cno, Grade）关系，这个关系的主码是（Sno, Cno），并且有：

（Sno, Cno）$\xrightarrow{f}$ Grade

因此 S-C 也是 3NF 的。

至此，S-L-C（Sno, Sname, Ssex, Sdept, Sloc, Cno, Grade）关系模式共分解为如下三个关系模式，每个关系模式都是 3NF 的：

S-D（Sno, Sname, Ssex, Sdept），Sno 为主码，Sdept 为引用 S-L 关系模式的外码。

S-L（Sdept, Sloc），Sdept 为主码，没有外码。

S-C（Sno, Cno, Grade），（Sno, Cno）为主码，并且 Sno 为引用 S-D 关系模式的外码。

由于模式分解之后，使原来在一张表中表达的信息现在被分解在多张表中表达，因此，为了能够表达分解前关系的语义，在分解完之后除了要标识主码之外，还要标识相应的外码。

由于 3NF 关系模式中不存在非主属性对主码的部分依赖和传递依赖关系，因而在很大程度上消除了数据冗余和操作异常，因此在通常的数据库设计中，一般要求达到 3NF 即可。

规范化的过程实际是通过把范式程度低的关系模式分解为若干个范式程度高的关系模式来实现的，分解的最终目的是使每个规范化的关系模式只描述一个主题。如果某个关系模式描述了两个或多个主题，则它就应该被分解为多个关系模式，使每个关系模式只描述一个主题。

规范化的过程是进行模式分解，但要注意的是分解后产生的关系模式应与原关系模式等价，即模式分解不能破坏原来的语义，同时还要保证不丢失原来的函数依赖关系。

6.3　小结

关系规范化理论是设计没有操作异常的关系数据库表的基本原则，规范化理论主要是研究关系表中各属性之间的依赖关系，根据函数依赖关系的不同，我们介绍了从各个属性都是不能再分的原子属性的第一范式，到消除了非主属性对主码的部分依赖关系的第二范式，再到消除了非主属性对主码的传递依赖关系的第三范式。范式的每一次升级都是通过模式分解实现的，在进行模式分解时应注意保持分解后的关系能够具有无损连接性并能保持原有的函数依赖关系。

　　关系规范化理论的根本目的是指导我们设计没有数据冗余和操作异常的关系模式。对于一般的数据库应用来说，设计到第三范式就足够了。因为规范化程度越高，表的个数也就越多，相应的就有可能会降低数据的操作效率。

习题

1. 关系规范化中的操作异常有哪些？它是由什么引起的？解决的办法是什么？
2. 第一范式、第二范式和第三范式关系的定义分别是什么？
3. 什么是部分依赖？什么是传递依赖？请举例说明。
4. 第三范式的关系模式是否一定不包含部分依赖关系？
5. 对于主码只由一个属性组成的关系模式，如果它是第一范式关系模式，则它是否一定也是第二范式关系模式？
6. 设有关系模式：学生修课（学号，姓名，所在系，性别，课程号，课程名，学分，成绩）。设一个学生可以选多门课程，一门课程可以被多名学生选。一个学生有唯一的所在系，每门课程有唯一的课程名和学分。请指出此关系模式的候选码，判断此关系模式是第几范式的，若不是第三范式的，请将其规范化为第三范式关系模式，并指出分解后的每个关系模式的主码和外码。
7. 设有关系模式：学生（学号，姓名，所在系，班号，班主任，系主任），其语义为：一个学生只在一个系的一个班学习，一个系只有一个系主任，一个班只有一名班主任，一个系可以有多个班。请指出此关系模式的候选码，判断此关系模式是第几范式的，若不是第三范式的，请将其规范化为第三范式关系模式，并指出分解后的每个关系模式的主码和外码。
8. 设有关系模式：教师授课（课程号，课程名，学分，授课教师号，教师名，授课时数），其语义为：一门课程（由课程号决定）有确定的课程名和学分，每名教师（由教师号决定）有确定的教师名，每门课程可以由多名教师讲授，每名教师也可以讲授多门课程，每名教师对每门课程有确定的授课时数。指出此关系模式的候选码，判断此关系模式属于第几范式，若不属于第三范式，请将其规范化为第三范式关系模式，并指出分解后的每个关系模式的主码和外码。

第 7 章　数据库保护

数据库保护包括数据的一致性和并发控制、安全性、备份和恢复等内容，事务是保证数据一致性的基本手段。本章将介绍事务、并发控制、数据库备份和恢复机制，安全性管理将在第 11 章介绍。事务是数据库中一系列的操作，这些操作是一个完整的执行单元。事务处理技术主要包括数据库恢复技术和并发控制技术。数据库是一个多用户的共享资源，因此在多个用户同时操作数据时，保证数据的正确性是并发控制要解决的问题。如果数据库在使用过程中出现了故障，比如硬件损坏，那么保证数据库信息不丢失就是备份和恢复要解决的问题。

本章主要介绍事务的基本概念、并发控制方法以及数据库的备份和恢复技术。

7.1　事务

数据库中的数据是共享的资源，因此，允许多个用户同时访问相同的数据。当多个用户同时操作相同的数据时，如果不采取任何措施，则会造成数据异常。事务是为防止这种情况发生而产生的一个概念。

7.1.1　事务的基本概念

事务（Transaction）是用户定义的数据操作系列，这些操作可作为一个完整的工作单元，一个事务内的所有语句被作为一个整体，要么全部执行，要么全部不执行。

例如：A 账户转账给 B 账户 n 元钱，这个活动包含两个动作：

第一个动作：A 账户 $-n$

第二个动作：B 账户 $+n$

我们可以这样设想，假设第一个动作成功了，但第二个动作由于某种原因没有成功（比如突然停电等）。那么在系统恢复运行后，A 账户的金额是减 n 之前的值还是减 n 之后的值呢？如果 B 账户的金额没有变化（没有加上 n），则正确的情况是 A 账户的金额也应该是没有做减 n 操作之前的值（如果 A 账户是减 n 之后的值，则 A 账户中的金额和 B 账户中的金额就对不上了，这显然是不正确的）。怎样保证在系统恢复之后，A 账户中的金额是减 n 前的值呢？这就需要用到事务的概念。事务可以保证在一个事务中的全部操作或者全部成功，或者全部失败。也就是说，当第二个动作没有成功时，系统自动将第一个动作也撤销掉，使第一个动作不成功。这样当系统恢复正常时，A 账户和 B 账户中的数值就是正确的。

要让系统知道哪几个动作属于一个事务，必须要显式地告诉系统，这可以通过标记事务的开始与结束来实现。不同的事务处理模型中，事务的开始标记不完全一样（我们将在 7.2.3 节介绍事务处理模型），但不管是哪种事务处理模型，事务的结束标记都是一样的。事务的结束标记有两个，一个是正常结束，用 COMMIT（提交）表示，也就是事务中的所有操作都会物理的保存到数据库中，成为永久的操作；另一个是异常结束，用 ROLLBACK（回滚）表示，也就是事务中的全部操作被全部撤销，数据库回到事务开始之前的状态。事务中的操作一般是对数据的更新操作。

7.1.2　事务的特征

事务具有四个特征，即原子性（Atomicity）、一致性（Consistency）、隔离性（Isolation）和持续性（Durability）。这四个特征也简称为事务的 ACID 特征。

1. 原子性

事务的原子性是指事务是数据库的逻辑工作单位，事务中的操作要么都做，要么都不做。

2. 一致性

事务一致性是指事务执行的结果必须是使数据库从一个一致性状态变到另一个一致性状态。如前所述的转账事务。因此，当事务成功提交时，数据库就从事务开始前的一致性状态转到了事务结束后的一致性状态。同样，如果由于某种原因，在事务尚未完成时就出现了故障，那么就会出现事务中的一部分操作已经完成，而另一部分操作还没有做，这样就有可能使数据库产生不一致的状态（参考前面转账实例），因此，事务中的操作如果有一部分成功，一部分失败，为避免数据库产生不一致状态，系统会自动将事务中已完成的操作撤销，使数据库回到事务开始前的状态。因此，事务的一致性和原子性是密切相关的。

3. 隔离性

事务的隔离性是指数据库中一个事务的执行不能被其他事务干扰。即一个事务内部的操作及使用的数据对其他事务是隔离的，并发执行的各个事务不能相互干扰。

4. 持久性

事务的持久性也称为永久性（Permanence），指事务一旦提交，则其对数据库中数据的改变就是永久的，以后的操作或故障不会对事务的操作结果产生任何影响。

事务是数据库并发控制和恢复的基本单位。

保证事务的 ACID 特性是事务处理的重要任务。事务的 ACID 特性可能由于以下情况而遭到破坏：

1）多个事务并行运行时，不同事务的操作有交叉情况。

2）事务在运行过程中被强迫停止。

在第一种情况下，数据库管理系统必须保证多个事务在交叉运行时不影响这些事务的原子性。在第二种情况下，数据库管理系统必须保证被强迫终止的事务对数据库和其他事务没有任何影响。

以上这些工作都由数据库管理系统中恢复和并发控制机制完成。

7.1.3　SQL 事务处理模型

事务有两种类型，一种是显式事务，一种是隐式事务。隐式事务是每一条数据操作语句都自动地成为一个事务，显式事务是有显式的开始和结束标记的事务。对于显式事务，不同的数据库管理系统又有不同的形式，一类是采用国际标准化组织（ISO）制定的事务处理模型，另一类是采用 Transact-SQL 的事务处理模型。下面分别介绍这两种模型。

1. ISO 事务处理模型

ISO 的事务处理模型是明尾暗头，即事务的开始是隐式的，而事务的结束有明确的标记。在这种事务处理模型中，程序的首条 SQL 语句或事务结束符后的第一条语句自动作为事务的开始。而在程序正常结束处或在 COMMIT 或 ROLLBACK 语句处是事务的终止。

如前面的 A 账户转账给 B 账户 n 元钱的事务，用 ISO 事务处理模型可描述为：

```
UPDATE 支付表 SET 账户总额 = 账户总额 - n
    WHERE 账户名 = 'A'
UPDATE 支付表 SET 账户总额 = 账户总额 + n
    WHERE 账户名 = 'B'
COMMIT
```

2．Transact-SQL 事务处理模型

Transact-SQL 使用的事务处理模型对每个事务都有显式的开始和结束标记。事务的开始标记是 BEGIN TRANSACTION（TRANSACTION 可简写为 TRAN），事务的结束标记为：

正常结束：COMMIT　［TRANSACTION | TRAN］

异常结束：ROLLBACK　［TRANSACTION | TRAN］

如前面的转账例子用 Transact-SQL 事务处理模型可描述为：

```
BEGIN TRANSACTION
  UPDATE 支付表 SET 账户总额 = 账户总额 - n
    WHERE 账户名 = 'A'
  UPDATE 支付表 SET 账户总额 = 账户总额 - n
    WHERE 账户名 = 'B'
COMMIT
```

7.2　并发控制

数据库系统一个明显的特点是多个用户共享数据库资源，尤其是多用户可以同时存取相同数据，飞机订票系统的数据库、银行系统的数据库等都是典型多用户共享的数据库。在这样的系统中，在同一时刻同时运行的事务可达数百个。若对多用户的并发操作不加控制，就会造成数据存、取的错误，破坏数据的一致性和完整性。

如果事务是顺序执行的，即一个事务完成之后，再开始另一个事务，则称这种执行方式为串行执行，串行执行的示意图如图 7-1a 所示。如果数据库管理系统可以同时接受多个事务，并且这些事务在时间上可以重叠执行，则称这种执行方式为**并发执行**。在单CPU 系统中，同一时间只能有一个事务占据 CPU。各个事务交叉地使用 CPU，这种并发方式称为**交叉并发**。在多 CPU 系统中，多个事务可以同时占有 CPU，这种并发方式称为**同时并发**，交叉并行执行的示意图如图 7-1b 所示。我们这里主要讨论的是单 CPU 中的交叉并发的情况。

a）串行执行　　b）交叉并行执行

图 7-1　多个事务的执行情况

7.2.1　并发控制概述

数据库中的数据是可以共享的资源，因此会有很多用户同时使用数据库中的数据，也就是说，在多用户系统中，可能同时运行着多个事务，而事务的运行需要时间，并且事务中的操作需要一定的数据。那么当系统中同时有多个事务运行时，特别是当这些事务使用同一段数据时，彼此之间就有可能产生相互干扰的情况。

上一节我们说过，事务是并发控制的基本单位，保证事务的 ACID 特性是事务处理的重要任务，而事务的 ACID 特性会因多个事务对数据的并发操作而遭到破坏。为保证事务之间的隔离性和一致性，数据库管理系统应该对并发操作进行正确的调度。

下面我们看一下并发事务之间可能的相互干扰情况。

假设有两个飞机订票点 A 和 B，如果 A、B 两个订票点恰巧同时办理同一架航班的飞机订

票业务。其操作过程及顺序如下:

① A 订票点（事务 A）读出航班目前的机票余额数，假设为 10 张;

② B 订票点（事务 B）读出航班目前的机票余额数，也为 10 张;

③ A 订票点订出 6 张机票，修改机票余额为 10 - 6 = 4，并将 4 写回到数据库中;

④ B 订票点订出 5 张机票，修改机票余额为 10 - 5 = 5，并将 5 写回到数据库中。

由此可见，这两个事务不能反映出飞机票数不够的情况，而且 B 事务还覆盖了 A 事务对数据库的修改，使数据库中的数据不可信。这种情况就称为数据的不一致，这种不一致是由并发操作引起的。在并发操作情况下，会产生数据的不一致，是因为系统对 A、B 两个事务的操作序列的调度是随机的。这种情况在现实当中是不允许发生的，因此，数据库管理系统必须想办法避免出现这种情况，这就是数据库管理系统在并发控制中要解决的问题。

并发操作所带来的数据不一致情况大致可以概括为四种，即丢失数据修改、不可重复读、读"脏"数据和产生"幽灵"数据，下面分别介绍这四种情况。

1. 丢失数据修改

丢失数据修改是指两个事务 T_1 和 T_2 读入同一数据并进行修改，T_2 提交的结果破坏了 T_1 提交的结果，导致 T_1 的修改被 T_2 覆盖掉了。上述飞机订票系统就属于这种情况。丢失修改的情况如图 7-2 所示。

图 7-2　丢失数据修改

2. 读"脏"数据

读"脏"数据是指一个事务读了某个失败事务运行过程中的数据。即事务 T_1 修改了某一数据，并将修改结果写回到磁盘，然后事务 T_2 读取了同一数据（是 T_1 修改后的结果），但 T_1 后来由于某种原因撤销了它所做的操作，这样被 T_1 修改过的数据又恢复为原来的值，那么 T_2 读到的值就与数据库中实际的数据值不一致了。这时就说 T_2 读的数据为 T_1 的"脏"数据，或不正确的数据。读"脏"数据的情况如图 7-3 所示。

3. 不可重复读

不可重复读是指事务 T_1 读取数据后，事务 T_2 执行了更新操作，修改了 T_1 读取的数据，T_1 操作完数据后，又重新读取了同样的数据，但这次读完之后，当 T_1 再对这些数据进行相同操作时，所得的结果与前一次不一样。不可重复读的情况如图 7-4 所示。

4. 产生"幽灵"数据

产生"幽灵"数据实际属于不可重复读的范畴。它是指当事务 T_1 按一定条件从数据库中读取了某些数据记录后，事务 T_2 删除了其中的部分记录，或者在其中添加了部分记录，那么当

T_1 再次按相同条件读取数据时，发现其中莫名其妙地少了（删除）或多了（插入）一些记录。这样的数据对 T_1 来说就是"幽灵"数据或称"幻影"数据。

图 7-3 读"脏"数据

图 7-4 不可重复读

产生这四种数据不一致现象的主要原因是并发操作破坏了事务的隔离性。并发控制就是要用正确的方法来调度并发操作，使一个事务的执行不受其他事务的干扰，避免造成数据的不一致情况。

7.2.2 并发控制措施

在数据库环境下，进行并发控制的主要方式是使用封锁机制，即加锁（Locking），加锁是一种并行控制技术，是用来调整对共享目标（如数据库中共享记录）的并行存取的技术。事务通过向封锁管理程序的系统组成部分发出请求而对记录加锁。

以飞机订票系统为例，若甲事务要修改订票数时，在读出订票数前先封锁此数据，然后再对数据进行读取和修改操作。这时其他事务就不能读取和修改订票数，直到甲事务修改完成并将数据写回到数据库，并解除对此数据的封锁之后才能由其他事务使用这些数据。

加锁就是限制事务内和事务外对数据的操作。加锁是实现并发控制的一个非常重要的技术。所谓加锁就是事务 T 在对某个数据操作之前，先向系统发出请求，封锁其所要使用的数据。加锁后事务 T 对其要操作的数据具有了一定的控制权，在事务 T 释放它的锁之前，其他事务不能操作这些数据。

具体的控制由锁的类型决定。基本的锁类型有两种：排它锁（也称为 X 锁或写所）和共享锁（也称 S 锁或读锁）。

- 共享锁：若事务 T 给数据对象 A 加了 S 锁，则事务 T 可以读 A，但不能修改 A，其他事务只能再给 A 加 S 锁，而不能加 X 锁，直到 T 释放了 A 上的 S 锁为止。即对于读操作（检索）来说，可以有多个事务同时获得共享锁，但阻止其他事务对已获得共享锁的数据进行排它封锁。

  共享锁的操作基于这样的事实：检索操作并不破坏数据的完整性，而修改操作（I、D、U）才会破坏数据的完整性。加锁的真正目的在于防止更新带来的失控操作破坏数据的一致性，而对检索操作则可放心地并行进行。

- 排它锁：若事务 T 给数据对象 A 加了 X 锁，则允许 T 读取和修改 A，但不允许其他事务再给 A 加任何类型的锁和进行任何操作。即一旦一个事务获得了对某一数据的排它锁，则任何其他事务均不能对该数据进行排它封锁，其他事务只能进入等待状态，直到第一个事务撤销了对该数据的封锁。

排它锁和共享锁的控制方式可以用表 7-1 所示的相容矩阵来表示。

表 7-1 锁的相容矩阵

T_1 \ T_2	X	S	无锁
X	否	否	是
S	否	是	是
无锁	是	是	是

在表 7-1 的加锁类型相容矩阵中，最左边一列表示事务 T_1 已经获得的数据对象上的锁的类型，最上面一行表示另一个事务 T_2 对同一数据对象发出的加锁请求。T_2 的加锁请求能否被满足在矩阵中分别用"是"和"否"表示，"是"表示事务 T_2 的加锁请求与 T_1 已有的锁兼容，加锁请求可以满足；"否"表示事务 T_2 的加锁请求与 T_1 已有的锁冲突，加锁请求不能满足。

7.2.3 封锁协议

在运用 X 锁和 S 锁给数据对象加锁时，还需要约定一些规则，如何时申请 X 锁或 S 锁、持锁时间、何时释放锁等。我们称这些规则为**封锁协议**或**加锁协议**（Locking Protocel）。对封锁方式规定不同的规则，就形成了各种不同级别的封锁协议。不同级别的封锁协议所能达到的系统一致性级别是不同的。

1. 一级封锁协议

一级封锁协议：对事务 T 要修改的数据加 X 锁，直到事务结束（包括正常结束和非正常结束）时才释放。

一级封锁协议可以防止丢失修改，并保证事务 T 是可恢复的，如图 7-5 所示。在图 7-5 中，事务 T_1 要对 A 进行修改，因此，它在读 A 之前先对 A 加了 X 锁，当 T_2 要对 A 进行修改时，它也申请给 A 加 X 锁，但由于 A 已经被加了 X 锁，因此 T_2 申请对 A 加 X 锁的请求被拒绝，T_2 只能等待，直到 T_1 释放了对 A 加的 X 锁为止。当 T_2 能够读取 A 时，它所得到的已经是 T_1 更新后的值了。因此，一级封锁协议可以防止丢失修改。

在一级封锁协议中，如果事务 T 只是读数据而不对其进行修改，则不需要加锁，因此，不能保证可重复读和不读"脏"数据。

事务 T_1	时间	事务 T_2
① 对 A 加 X 锁 获得	t_1	
② 读 A=16	t_2	
③	t_3	要对 A 加 X 锁 等待
④ 修改 A=A−1 写回 A=15	t_4	等待
⑤ 释放对 A 的 X 锁	t_5	等待
⑥	t_6	获得对 A 的 X 锁
⑦	t_7	读 A=15
⑧	t_8	修改 A=A−4，写回 A=11
⑨		释放对 A 的 X 锁

图 7-5 没有丢失数据修改

2. 二级封锁协议

二级封锁协议：一级封锁协议加上事务 T 对要读取的数据加 S 锁，读完后即释放 S 锁。

二级封锁协议除了可以防止丢失修改外，还可以防止读"脏"数据。图 7-6 所示的为使用二级封锁协议防止读"脏"数据的情况。

在图 7-6 中，事务 T_1 要对 C 进行修改，因此，先对 C 加了 X 锁，修改完后将值写回数据库。这时 T_2 要读 C 的值，因此，申请对 C 加 S 锁，由于 T_1 已在 C 上加了 X 锁，因此 T_2 只能等待。当 T_1 由于某种原因撤销了它所做的操作时，C 恢复为原来的值 50，然后 T_1 释放对 C 加的 X 锁，因而 T_2 获得了对 C 的 S 锁。当 T_2 能够读 C 时，C 的值仍然是原来的值，即 T_2 读到的是 50。因此避免了读"脏"数据。

在二级封锁协议中，由于事务 T 读完数据即释放 S 锁，因此，不能保证可重复读数据。

3. 三级封锁协议

三级封锁协议：一级封锁协议加上事务 T 对要读取的数据加 S 锁，并直到事务结束才释放。

三级封锁协议除了可以防止丢失修改和不读"脏"数据之外，还进一步防止了不可重复读。如图 7-7 所示为使用三级封锁协议防止不可重复读的情况。

图 7-6 不读"脏"数据

图 7-7 可重复读

在图 7-7 中，事务 T_1 要读取 A、B 的值，因此先对 A、B 加了 S 锁，这样其他事务只能再对 A、B 加 S 锁，而不能加 X 锁，即其他事务只能对 A、B 进行读取操作，而不能进行修改操作。因此，当 T_2 为修改 B 而申请对 B 加 X 锁时被拒绝，T_2 只能等待。T_1 为验算再读 A、B 的值，这时读出的值仍然是 A、B 原来的值，因此求和的结果也不会变，即可重复读。直到 T_1 释放了在 A、B 上加的锁，T_2 才能获得对 B 的 X 锁。

三个封锁协议的主要区别在于读操作是否需要申请封锁，以及何时释放锁。三个级别的封锁协议的总结如表 7-2 所示。

表 7-2　不同级别的封锁协议

封锁协议	X 锁（对写数据）	S 锁（对只读数据）	不丢失修改（写）	不读脏数据（读）	可重复读（读）
一级	事务全程加锁	不加	✓		
二级	事务全程加锁	事务开始加锁，读完即释放锁	✓	✓	
三级	事务全程加锁	事务全程加锁	✓	✓	✓

7.2.4　死锁

如果事务 T_1 封锁了数据 R_1，T_2 封锁了数据 R_2，然后 T_1 又请求封锁 R_2，由于 T_2 已经封锁了 R_2，因此 T_1 等待 T_2 释放 R_2 上的锁。然后 T_2 又请求封锁 R_1，由于 T_1 已经封锁了 R_1，因此 T_2 也只能等待 T_1 释放 R_1 上的锁。这样就会出现 T_1 等待 T_2 先释放 R_2 上的锁，而 T_2 又等待 T_1 先释放 R_1 上的锁的局面，此时 T_1 和 T_2 都在等待对方先释放锁，因而形成死锁，如图 7-8 所示。

死锁问题在操作系统和一般并行处理中已经有了深入的阐述，这里不作过多解释。目前在数据库中解决死锁问题的方法主要有两类，一类是采取一定的措施来预防死锁的发生，另一类是允许死锁的发生，但采用一定的手段定期诊断系统中有无死锁，若有则解除之。

预防死锁的方法有多种，常用的方法有一次封锁法和顺序封锁法。一次封锁法是每个事务一次将所有要使用的数据全部加锁。这种方法的问题是封锁范围过大，降低了系统的并发性。而且，由于数据库中的数据不断变化，使原来可以不加锁的数据，在执行过程中可能变成了被封锁对象，进一步扩大了封锁范围，从而更进一步降低了并发性。顺序封锁法是预先对数据对象规定一个封锁顺序，所有事务都按这个顺序封锁。这种方法的

图 7-8　死锁情景

问题是若封锁对象较多，则随着插入、删除等操作的不断变化，使维护这些资源的封锁顺序很困难，另外事务的封锁请求可随事务的执行而动态变化，因此很难事先确定每个事务的封锁事务及其封锁顺序。

7.2.5　并发调度的可串行性

计算机系统对并发事务中的操作的调度是随机的，而不同的调度会产生不同的结果，那么哪个结果是正确的，哪个是不正确的？直观地说，如果多个事务在某个调度下的执行结果与这些事务在某个串行调度下的执行结果相同，那么这个调度就一定是正确的。因为所有事务的串行调度策略一定是正确的调度策略。虽然以不同的顺序串行执行事务可能会产生不同的结果，但都不会将数据库置于不一致的状态，因此都是正确的。

多个事务的并发执行是正确的，当且仅当其结果与按某一顺序的串行执行的结果相同，就称这种调度为可串行化的调度。

可串行性是并发事务正确性的准则，根据这个准则可知，一个给定的并发调度，当且仅当它是可串行化的调度时，才认为是正确的调度。

例如，假设有两个事务，分别包含如下操作：

事务 T_1：A=B+1

事务 T_2：B=A+1

假设 A、B 的初值均为 4，则按 $T_1 \rightarrow T_2$ 的顺序执行，其结果为 A=5，B=6；如果按 $T_2 \rightarrow T_1$ 的顺序执行，则其结果为 A=6，B=5。当并发调度时，如果执行的结果是这两者之一，则认为都是正确的结果。

图 7-9 给出了这两个事务的几种不同的调度策略。

为了保证并发操作的正确性，数据库管理系统的并发控制机制必须提供一定的手段来保证调度是可串行化的。

T₁	T₂	T₁	T₂	T₁	T₂	T₁	T₂
B 加 S 锁			A 加 S 锁	B 加 S 锁		B 加 S 锁	
Y=B=4			X=A=4	Y=B=4		Y=B=4	
B 释放 S 锁			A 释放 S 锁		A 加 S 锁	B 释放 S 锁	
A 加 X 锁			B 加 X 锁		X=A=4	A 加 X 锁	
A=Y+1			B=X+1	B 释放 S 锁			A 加 S 锁
写回 A(5)			写回 B(5)		A 释放 S 锁	A=Y+1	等待
A 释放 X 锁			B 释放 X 锁	A 加 X 锁		写回 A(5)	等待
	A 加 S 锁	B 加 S 锁		A=Y+1		A 释放 X 锁	等待
	X=A=5	Y=B=5		写回 A(5)			X=A=5
	A 释放 S 锁	B 释放 S 锁			B 加 X 锁		A 释放 S 锁
	B 加 X 锁	A 加 X 锁			B=X+1		B 加 X 锁
	B=X+1	A=Y+1		A 释放 X 锁			B=X+1
	写回 B(6)	写回 A(6)			写回 B(5)		写回 B(6)
	B 释放 X 锁	A 释放 X 锁			B 释放 X 锁		B 释放 X 锁
a)串行调度		b)串行调度		c)不可串行化调度		d)可串行化调度	

图 7-9　并发事务的不同调度

从理论上讲，若在某一事务执行过程中禁止执行其他事务，则这种调度策略一定是可串行化的，但这种方法实际上是不可取的，因为这样不能让用户充分共享数据库资源，降低了事务的并发性。目前的数据库管理系统普遍采用封锁方法来实现并发操作的可串行性，从而保证调度的正确性。

两段锁（Two-Phase Locking，2PL）协议是保证并发调度的可串行性的封锁协议。除此之外还有一些其他的方法，比如乐观方法等来保证调度的正确性。我们这里只介绍两段锁协议。

7.2.6　两段锁协议

两段锁协议是指所有的事务必须分为两个阶段对数据进行加锁和解锁，具体内容如下：

- 在对任何数据进行读、写操作之前，首先要获得对该数据的封锁。
- 在释放一个封锁之后，事务不再申请和获得任何其他封锁。

两段锁协议是实现可串行化调度的充分条件。

两段锁的含义是，可以将每个事务分成两个时期：申请封锁期（开始对数据操作之前）和释放封锁期（结束对数据操作之后），申请期申请要进行的封锁，释放期释放所占有的封锁。在申请期不允许释放任何锁，在释放期不允许申请任何锁，这就是两段式封锁。

若某事务遵守两段锁协议，则其封锁序列如图 7-10 所示。

图 7-10　两段锁协议示意图

可以证明，若并发执行的所有事务都遵守两段锁协议，则这些事务的任何并发调度策略都是可串行化的。

事务遵守两段锁协议是可串行化调度的充分条件，而不是必要条件。也就是说，如果并发事务都遵守两段锁协议，则对这些事务的任何并发调度策略都是可串行化的。但若对并发事务的一个调度是可串行化的，并不意味着这些事务都遵守两段锁协议，如图 7-11 所示。图 7-11a 遵守两段锁协议，图 7-11b 没有遵守两段锁协议，但它们都是可串行化调度的。

T_1	T_2	T_1	T_2
B 加 S 锁		B 加 S 锁	
Y=B=4		Y=B=4	
	A 加 S 锁	B 释放 S 锁	
	等待	A 加 X 锁	
A 加 X 锁	等待		A 加 S 锁
A=Y+1	等待		等待
写回 A(5)	等待	A=Y+1	等待
B 释放 S 锁	等待	写回 A(5)	等待
A 释放 X 锁	等待	A 释放 X 锁	等待
	A 加 S 锁		X=A=5
	X=A=5		A 释放 S 锁
	B 加 X 锁		B 加 X 锁
	B=X+1		B=X+1
	写回 B(6)		写回 B(6)
	A 释放 S 锁		B 释放 X 锁
	B 释放 X 锁		
a）遵守两段锁协议		b）不遵守两段锁协议	

图 7-11　可串行化调度

7.3　数据库备份与恢复

计算机同其他任何设备一样，都有可能发生故障。故障的原因有多种多样，包括磁盘故障、电源故障、软件故障、灾害故障以及人为破坏等。这些情况一旦发生，就有可能造成数据的丢失。因此，数据库系统必须采取必要的措施，以保证故障发生时可以把数据库恢复起来。数据库管理系统的备份和恢复机制就是保证当数据库系统出现故障时，能够将数据库系统还原到正确状态。

7.3.1　数据库故障的种类

数据库故障是指导致数据库值出现错误描述状态的情况。数据库系统中可能发生的故障种类很多，大致可以分为如下几类。

1. 事务内部的故障

事务内部的故障有些是可以预见到的，这样的故障可以通过事务程序本身发现。如在银行转账事务中，当把一笔金额从 A 账户转给 B 账户时，如果 A 账户中的金额不足，则应该不能进行转账，否则可以进行转账。这个对金额的判断就可以在事务的程序代码中进行判断。如果发现不能转账的情况，对事务进行回滚即可。这种事务内部的故障就是可预见的。

但事务内部的故障有很多是非预见性的，这样的故障就不能由应用程序来处理。如运算溢出或因并发事务死锁而被撤销的事务等。我们以后所讨论的事务故障均指这类非预见性的故障。

事务故障意味着事务没有达到预期的终点（COMMIT 或 ROLLBACK），因此，数据库可能处于不正确的状态。数据库的恢复机制要在不影响其他事务运行的情况下，强行撤销该事务中的全部操作，使得该事务就像没发生过一样。这类恢复操作称为事务撤销（UNDO）。

2. 系统故障

系统故障是指造成系统停止运转、要重启的故障。例如，硬件错误（CPU 故障）、操作系统故障、突然停电等都是系统故障。这样的故障会影响正在运行的所有事务，但不破坏数据库。这时内存中的内容全部丢失，这时可能会出现两种情况：第一种是：一些未完成事务的结果可能已经送入物理数据库中，从而造成数据库可能处于不正确的状态；另一种是：有些已经提交的事务可能有一部分结果还保留在缓冲区中，尚未写到物理数据库中，这样系统故障会丢失这些事务对数据的修改，也使数据库处于不一致状态。

因此，恢复子系统必须在系统重新启动时撤销（UNDO）所有未完成的事务，并重做（REDO）所有已提交的事务，以保证将数据库恢复到一致状态。

3．其他故障

介质故障或由计算机病毒引起的故障或破坏可以归为其他故障。

介质故障指外存故障，如磁盘损坏等。这类故障会对数据库造成破坏，并影响正在操作的数据库的所有事务。这类故障虽然发生的可能性很小，但破坏性很大。

计算机病毒的破坏性很大，而且极易传播，它也可能对数据库造成毁灭性的破坏。

不管是哪类故障，都可能对数据库造成以下影响：一种是数据库本身被破坏；另一种是数据库本身没有被破坏，但数据可能不正确（由事务非正常终止引起）。

如果数据库被破坏，则需要使用数据库的恢复技术将数据库恢复到正确和一致的状态。数据库恢复的原理很简单，就是冗余。即数据库中任何一部分被破坏的或不正确的数据均可根据存储在系统别处的冗余数据来重建。尽管恢复的原理很简单，但实现的技术细节却很复杂。

7.3.2　数据库备份

数据的恢复涉及两个关键问题：第一，如何建立冗余数据；第二，如何利用这些冗余数据实施数据库恢复。本小节介绍如何建立冗余数据，即如何进行数据备份，下一小节介绍如何利用备份的数据进行恢复。

数据备份是指定期或不定期地对数据库数据进行复制，可以将数据复制到本地机器上，也可以复制到其他机器上。备份的介质可以是磁带也可以是磁盘，但通常选用磁带。数据备份是保证系统安全的一项重要措施。

由于外界原因而引起的数据库系统故障，人们还没有很好的预防措施，只能依靠数据备份来恢复。所以为了保证系统安全，应综合使用多种安全措施。

在制定备份策略时，应考虑如下几个方面：

1．备份的内容

备份数据库应备份数据库中的表（结构）、数据库用户（包括用户和用户操作权）、用户定义的数据库对象和数据库中的全部数据。表应包含系统表、用户定义的表，而且还应该备份数据库日志等内容。

2．备份频率

确定备份频率要考虑两个因素：

- 存储介质出现故障或其他故障时，允许丢失的数据量的大小。
- 数据库的事务类型（读多还是写多）以及事故发生的频率（经常发生还是不经常发生）。

不同的数据库管理系统提供的备份种类也不尽相同。通常情况下，数据库可以每周备份一次，事务日志可以每日备份一次。对于一些重要的联机事务处理数据库，数据库也可以每日备份，事务日志则每隔数小时备份一次。

日志的备份速度比数据库备份快，且在联机情况下，对数据库的性能影响小，但在出现故障时，采用日志备份的恢复时间较长。

7.3.3　数据库恢复

恢复数据库是指将数据库从错误描述状态恢复到正确的描述状态（最近的正确时刻）的过程。

1．恢复策略

（1）事务故障的恢复

事务故障是指事务在运行到正常结束前被终止，这时恢复子系统可以利用日志文件撤销（Undo）此事务对数据库已进行的修改。

事务故障的恢复是由系统自动完成的，对用户是透明的。恢复的过程为：反向扫描日志文件并执行相应操作的逆操作，比如如果日志中记录的是"删除"操作，则进行"插入"；若是修改操作，就用更新前的值替换更新后的值。

（2）系统故障的恢复

系统故障造成数据库不一致状态的原因有两个，一个是未完成事务对数据库的更新可能已写入数据库，二是已提交事务对数据库的更新可能还留在缓冲区中未写入数据库。因此恢复系统故障的操作就是撤销故障发生时未完成的事务，重做已完成的事务。

系统故障的恢复是系统在重新启动时自动完成的，不需要用户干预。

系统故障的恢复过程为：正向扫描日志文件，找出故障发生前已提交的事务，将其重做；同时找出故障发生时未完成的事务（已执行了 BEGIN TRANSACTION 语句，而没有执行相应的 COMMIT 或 ROLLBACK 语句），并撤销这些事务。

（3）介质故障的恢复

介质故障发生后，磁盘上的物理数据和日志文件均遭到破坏，这是最严重的一种故障，恢复的方法是首先重装数据库，使数据库管理系统能正常运行，然后利用介质损坏前对数据库已做的备份或利用镜像设备恢复数据库。

2．恢复方法

利用数据库备份、事务日志备份可以将数据库从出错状态恢复到最近的正确状态。

（1）利用备份技术

由 DBA 定期对数据库进行备份，生成数据库瞬时正确状态的副本（备份）。当发生错误时，利用备份（文件）可以将数据库恢复到备份完成时的数据库状态。

（2）利用事务日志

事务日志记录了对数据库数据的全部更新操作（插入、删除、修改），日志内容包括事务标识、操作类型、操作前后的数据值等。利用事务日志可以恢复执行不完整的事务，即从不完整的事务的当前值按事务日志记录的顺序反做（Undo），直到事务开始时的数据库值为止。利用事务日志的恢复一般是系统自动完成的。

（3）利用镜像技术

所谓镜像就是在不同的设备上同时存有两份数据库，我们把其中的一个设备称为主设备，把另一个称为镜像设备。主设备与镜像设备互为镜像关系。每当主数据库更新时，DBMS 自动把更新后的数据复制到另一个镜像设备上，保证主设备上的数据库与镜像设备上的数据库一致。

数据库镜像功能可用于有效地恢复磁盘介质的故障。

镜像技术也可用于数据的并发操作，即当一个用户给数据加排它锁修改数据时，其他用户可读镜像数据库上的数据，而不必等待释放锁。一般情况下，主数据库主要用于修改，镜像数据库主要用于查询。

在第 13 章会结合 SQL Server 的具体环境介绍如何实现数据库的备份和恢复。

7.4　小结

本章我们介绍了事务、并发控制和数据库的备份和恢复三个概念。事务在数据库中是非常主要的概念，它是保证数据并发性的重要方面，事务的特点是事务中的操作是作为一个完整的工作单元，这些操作或者全部成功，或者全部不成功。并发控制指当同时执行多个事务时，为了保证一个事务的执行不受其他事务的干扰所采取的措施。并发控制的主要方法是加锁，根据对数据操作的不同，锁分为共享锁和排它锁两种。为了保证并发执行的事务是正确的，一般要求事务遵守两段锁协议，即在一个事务中明显地分为锁申请期和释放期，它是保证并发事务执行正确的充分条件。

数据库的备份和恢复是保证当数据库出现故障时能够将数据库尽可能地恢复到正确状态的技术。备份数据库时不仅备份数据，而且还备份与数据库有关的所有对象、用户和权限。对于大型数据库来说，数据库备份是一项必不可少的任务。

习题

1. 试说明事务的概念及四个特征。
2. 事务处理模型有哪两种？
3. 在数据库中为什么要有并发控制机制？
4. 并发控制的措施是什么？
5. 设有 3 个事务：T_1、T_2 和 T_3，其所包含的动作为：

   T_1：$A = A + 2$

   T_2：$A = A * 2$

   T_3：$A = A ** 2$

   设 A 的初值为 1，若这三个事务运行并行执行，则可能的调度策略有几种？A 最终的结果分别是什么？
6. 当某个事务对某段数据加了 S 锁之后，在此事务释放锁之前，其他事务还可以对此段数据添加什么锁？
7. 什么是死锁？如何预防死锁？
8. 三级封锁协议分别是什么？各级封锁协议的主要区别是什么？每一级封锁协议能保证什么？
9. 什么是可串行化调度？如何判断一个并行执行的结果是否是正确的？
10. 两段锁的含义是什么？
11. 怎样保证多个事务的并发执行是正确的？
12. 数据库故障大致分为几类？
13. 数据库备份的作用是什么？

第 8 章　数据库设计

数据库设计是指利用现有的数据库管理系统，针对具体的应用对象构建适合的数据库模式，建立数据库及其应用系统，使之能有效地收集、存储、操作和管理数据，满足企业中各类用户的应用需求（信息需求和处理需求）。

从本质上讲，数据库设计是将数据库系统与现实世界进行密切的、有机的、协调一致的结合的过程。因此，数据库设计者必须非常清晰地了解数据库系统本身及其实际应用对象这两方面的知识。

本章将介绍数据库设计的全过程，从需求分析、结构设计到数据库的实施和维护。

8.1　数据库设计概述

数据库设计虽然是一项应用课题，但它涉及的内容很广泛，所以设计一个性能良好的数据库并不容易。数据库设计的质量与设计者的知识、经验和水平有密切的关系。

数据库设计中面临的主要困难和问题有：

1）懂得计算机与数据库的人一般都缺乏应用业务知识和实际经验，而熟悉应用业务的人又往往不懂计算机和数据库，同时具备这两方面知识的人很少。

2）在开始时往往不能明确应用业务的数据库系统的目标。

3）缺乏很完善的设计工具和方法。

4）用户的要求往往不是一开始就明确的，而是在设计过程中不断提出新的要求，甚至在数据库建立之后还会要求修改数据库结构和增加新的应用。

5）应用业务系统千差万别，很难找到一种适合所有应用业务的工具和方法，这就增加了研究数据库自动生成工具的难度。因此，研制适合一切应用业务的全自动数据库生成工具是不可能的。

在进行数据库设计时，必须确定系统的目标，这样可以确保开发工作进展顺利，并能提高工作效率，保证数据模型的准确和完整。数据库设计的最终目标是数据库必须能够满足客户对数据的存储和处理需求，同时定义系统的长期和短期目标，能够提高系统的服务以及新数据库的性能期望值——客户对数据库的期望也是非常重要的。新的数据库能在多大程度上方便最终用户？新数据库的近期和长期发展计划是什么？是否所有的手工处理过程都可以自动实现？现有的自动化处理是否可以改善？这些都只是定义一个新的数据库设计目标时所必须考虑的一部分问题或因素。

成功的数据库系统应具备如下一些特点：

- 功能强大。
- 能准确地表示业务数据。
- 使用方便，易于维护。
- 对最终用户操作的响应时间合理。
- 便于数据库结构的改进。
- 便于数据的检索和修改。
- 维护数据库的工作较少。

- 有效的安全机制以确保数据安全。
- 冗余数据最少或不存在。
- 便于数据的备份和恢复。
- 数据库结构对最终用户透明。

8.1.1　数据库设计的特点

数据库设计的工作量大且比较复杂，是一项数据库工程，也是一项软件工程。数据库设计的很多阶段都可以对应于软件工程的阶段，软件工程的某些方法和工具同样也适合于数据库工程。但由于数据库设计是与用户的业务需求紧密相关的，因此，它还有很多自己的特点。

1．综合性

数据库设计涉及的范围很广，包含了计算机专业知识及业务系统的专业知识，同时它还要解决技术及非技术两方面的问题。

非技术问题包括组织机构的调整，经营方针的改变，管理体制的变更等。这些问题都不是设计人员所能解决的，但新的管理信息系统要求必须有与之相适应的新的组织机构、新的经营方针、新的管理体制，这就是一个较为尖锐的矛盾。另一方面，由于同时具备数据库和业务两方面知识的人很少，因此，数据库设计者一般都需要花费相当多的时间去熟悉应用业务系统知识，这一过程有时很麻烦，可能会使设计人员产生厌烦情绪，从而影响系统的最后成功。而且，由于承担部门和应用部门是一种委托雇佣关系，在客观上存在着一种对立的势态，当在某些问题上意见不一致时会使双方关系比较紧张。这在 MIS（管理信息系统）中尤为突出。

2．结构设计与行为设计相分离

结构设计是指数据库的模式结构设计，包括概念结构、逻辑结构和存储结构；行为设计是指应用程序设计，包括功能组织、流程控制等方面的设计。在传统的软件工程中，比较注重处理过程的设计，不太注重数据结构的设计。在一般的应用程序设计中只要可能就尽量推迟数据结构的设计，这种方法对于数据库设计就不太适用。

数据库设计与传统的软件工程的做法正好相反。数据库设计的主要精力首先是放在数据结构的设计上，比如数据库的表结构、视图等。

8.1.2　数据库设计方法概述

为了使数据库设计更合理、更有效，需要有效的指导原则，这种原则就称为数据库设计方法。

首先，一个好的数据库设计方法，应该能在合理的期限内，以合理的工作量，产生一个有实用价值的数据库结构。这里的"实用价值"是指满足用户关于功能、性能、安全性、完整性及发展需求等方面的要求，同时又服从特定 DBMS 的约束，可以用简单的数据模型来表达。其次，数据库设计方法还应具有足够的灵活性和通用性，不但能够使具有不同经验的人使用，而且不受数据模型及 DBMS 的限制。最后，数据库设计方法应该是可再生的，即不同的设计者使用同一方法设计同一问题时，可以得到相同或相似的设计结果。

多年来，经过人们不断的努力和探索，提出了各种数据库设计方法。运用软件工程的思想和方法提出的各种设计准则和规程都属于规范设计方法。

新奥尔良（New Orleans）方法是一种比较著名的数据库设计方法，这种方法将数据库设计分为四个阶段：需求分析、概念结构设计、逻辑结构设计和物理结构设计，如图 8-1 所示。这种方法注重数据库的结构设计，而不太考虑数据库的行为设计。

其后，S. B. Yao 等人又将数据库设计分为五个阶段，主张数据库设计应包括设计系统开发的全过程，并在每一阶段结束时进行评审，以便及早发现设计错误，及早纠正。各阶段也不是严格线性的，而是采取"反复探寻、逐步求精"的方法。在设计时从数据库应用系统设计和开发的全过程来考察数据库设计问题，既包括数据库模型的设计，也包括围绕数据库展开的应用处理的设计。在设计过程中努力把数据库设计和系统其他成分的设计紧密结合，把数据和处理的需求、分析、抽象、设计和实现在各个阶段同时进行，相互参照，相互补充，以完善两方面的设计。

图 8-1   新奥尔良方法的数据库设计步骤

基于 E-R 模型的数据库设计方法、基于第三范式的设计方法、基于抽象语法规范的设计方法等都是在数据库设计的不同阶段上使用的具体技术和方法。

数据库设计方法从本质上看仍然是手工设计方法，其基本思想是过程迭代和逐步求精。

8.1.3 数据库设计的基本步骤

按照规范设计的方法，同时考虑数据库及其应用系统开发的全过程，可以将数据库设计分为如下几个阶段。

- 需求分析。
- 结构设计，包括概念结构设计、逻辑结构设计和物理结构设计。
- 行为设计，包括功能设计、事务设计和程序设计。
- 数据库实施，包括加载数据库数据和调试运行应用程序。
- 数据库运行和维护阶段。

图 8-2 说明了数据库设计的全过程，从这个图我们也可以看到数据库的结构设计和行为设计是分离进行的。

需求分析阶段主要是收集信息并进行分析和整理，为后续的各个阶段提供充足的信息。这个过程是整个设计过程的基础，也是最困难、最耗时间的一个阶段，需求分析做得不好，会导致整个数据库设计重新返工。概念结

图 8-2   数据库设计的全过程

构设计是整个数据库设计的关键，此过程对需求分析的结果进行综合、归纳，形成一个独立于具体的 DBMS 的概念模型。逻辑结构设计是将概念结构设计的结果转换为某个具体的 DBMS 所支持的数据模型，并对其进行优化。物理结构设计是为逻辑结构设计的结果选取一个最适合应用环境的数据库物理结构。数据库的行为设计是设计数据库所包含的功能、这些功能间的关联关系以及一些功能的完整性要求。数据库实施是人们运用 DBMS 提供的数据语言以及数据库开发工具，根据结构设计和行为设计的结果建立数据库，编制应用程序，组织数据入库并进行试运行。数据库运行和维护阶段是指将已经试运行的数据库应用系统投入正式使用，在数据库应用系统的使用过程中不断对其进行调整、修改和完善。

设计一个完善的数据库应用系统不可能一蹴而就，往往要经过上述几个阶段的不断反复才能设计成功。

8.2　数据库需求分析

简单地说，需求分析就是分析用户的要求。需求分析是数据库设计的起点，其结果将直接影响后续阶段的设计，并影响最终的数据库系统能否被合理地使用。

8.2.1　需求分析的任务

需求分析阶段的主要任务是对现实世界要处理的对象（公司、部门、企业）进行详细调查，在了解现行系统的概况、确定新系统功能的过程中，收集支持系统目标的基础数据及其处理方法。需求分析是在用户调查的基础上，通过分析，逐步明确用户对系统的需求，包括数据需求和围绕这些数据的业务处理需求。

用户调查的重点是"数据"和"处理"。通过调查要从用户那里获得对数据库的下列要求：

1）信息需求。定义所设计数据库系统用到的所有信息，明确用户将向数据库中输入什么样的数据，从数据库中要求获得哪些内容，将要输出什么信息。也就是明确在数据库中需要存储哪些数据，对这些数据将做哪些处理等，同时还要描述数据间的联系等。

2）处理需求。定义系统数据处理的操作功能，描述操作的优先次序，包括操作的执行频率和场合，操作与数据间的联系。还要明确用户要完成哪些处理功能，每种处理的执行频度，用户需求的响应时间以及处理的方式（比如是联机处理还是批处理），等等。

3）安全性与完整性要求。安全性要求描述系统中不同用户对数据库的使用和操作情况，完整性要求描述数据之间的关联关系以及数据的取值范围要求。

在需求分析中，通过自顶向下、逐步分解的方法分析系统，任何一个系统都可以抽象为图 8-3 所示的数据流图的形式。

数据流图是从"数据"和"处理"两方面表达数据处理的一种图形化表示方法。在需求分析阶段，不必确定数据的具体存储方式，这

图 8-3　数据处理流图

些问题留待进行物理结构设计时考虑。数据流图中的"处理"抽象地表达了系统的功能需求，系统的整体功能要求可以分解为系统的若干子功能要求，通过逐步分解的方法，可以将系统的工作过程细分，直至表达清楚为止。

需求分析是整个数据库设计（严格讲是管理信息系统设计）中最重要的一步，是其他各步骤的基础。如果把整个数据库设计当成一个系统工程看待，那么需求分析就是这个系统工程的最原始的输入信息。如果这一步做得不好，那么后续的设计即使再优化也只能前功尽弃。所以这一步特别重要。

需求分析也是最困难最麻烦的一步，其困难之处不在于技术上，而在于要了解、分析、表达客观世界并非易事，这也是数据库自动生成工具的研究中最困难的部分。目前，许多自动生成工具都绕过这一步，先假定需求分析已经有结果，这些自动工具就以这一结果作为后面几步的输入。

8.2.2　需求分析的方法

需求分析首先要调查清楚用户的实际需求，与用户达成共识，然后再分析和表达这些需求。

调查用户的需求的重点是"数据"和"处理"，为达到这一目的，在调查前要拟定调查提纲。调查时要抓住两个"流"，即"信息流"和"处理流"，而且调查中要不断地将这两个"流"结合起来。调查的任务是调研现行系统的业务活动规则，并提取描述系统业务的现实系统模型。

通常情况下，调查用户的需求包括三方面内容，即系统的业务现状、信息源流及外部要求。

1）业务现状。业务现状包括：业务方针政策，系统的组织机构，业务内容，约束条件和各种业务的全过程。

2）信息源流。信息源流包括：各种数据的种类、类型及数据量，各种数据的源头、流向和终点，各种数据的产生、修改、查询及更新过程和频率以及各种数据与业务处理的关系。

3）外部要求。外部要求包括：对数据保密性的要求，对数据完整性的要求，对查询响应时间的要求，对新系统使用方式的要求，对输入方式的要求，对输出报表的要求，对各种数据精度的要求，对吞吐量的要求，对未来功能、性能及应用范围扩展的要求。

在进行需求调查时，实际上就是发现现行业务系统的运作事实。常用的发现事实的方法有检查文档、面谈、观察操作中的业务、研究和问卷调查等。

1. 检查文档

当要深入了解为什么客户需要数据库应用时，检查用户的文档是非常有用的。检查文档有助于提供与问题相关的业务信息（或者业务事务的信息）。如果问题与现存系统相关，则一定有与该系统相关的文档。检查与目前系统相关的文档、表格、报告和文件是一种非常好的快速理解系统的方法。

2. 面谈

面谈是最常用的，通常也是最有用的事实发现方法，通过面对面谈话获取有用信息。面谈还有其他用处，比如找出事实，确认、澄清事实，得到所有最终用户，标识需求，集中意见和观点。但是，使用面谈这种技术需要良好的交流能力，面谈的成功与否依赖于谈话者的交流技巧，而且，面谈也有它的缺点，比如非常消耗时间。为了保证谈话成功，必须选择合适的谈话人选，准备的问题涉及范围要广，要引导谈话有效地进行。

3. 观察业务的运转

观察是用来理解一个系统的最有效的事实发现方法之一。使用这个技术可以参与或者观察做事的人以了解系统。当用其他方法收集的数据的有效性值得怀疑或者系统特定方面的复杂性阻碍了最终用户做出清晰的解释时，这种技术尤其有用。

与其他事实发现技术相比，成功的观察要求做非常多的准备。为了确保成功，要尽可能多地了解要观察的人和活动。例如，所观察的活动的低谷、正常以及高峰期分别是什么时候？

4. 研究

研究是通过计算机行业的杂志、参考书和因特网来查找是否有类似的解决此问题的方法，甚至可以查找和研究是否存在解决此问题的软件包。但这种方法也有很多缺点。比如，如果存在解决此问题的方法，则可以节省很多时间，但如果没有，则可能会非常浪费时间。

5. 问卷调查

另一种事实发现方法是通过问卷来调查。问卷是一种有着特定目的的小册子，这样可以在控制答案的同时，集中一大群人的意见。当和大批用户打交道，其他的事实发现技术都不能有效地把这些事实列成表格时，就可以采用问卷调查的方式。问卷有两种格式，自由形式和固定形式。

在自由格式问卷上，答卷人提供的答案有更大的自由。问题提出后，答卷人在题目后的空白地方写答案。例如："你当前收到的是什么报表，它们有什么用"，"这些报告是否存在问题？如果有，请说明"。自由格式问卷存在的问题是答卷人的答案可能难以列成表格，而且，有时答卷人可能答非所问。

在固定格式问卷上，包含的问题答案是特定的。给定一个问题，回答者必须从提供的答案中选择一个。因此，结果容易列表。但另一方面，答卷人不能提供一些有用的附加信息。例如：

现在的业务系统的报告形式非常理想，不必改动。答卷人可以选择的答案有"是"或"否"，或者一组选项，包括"非常赞同"、"同意"、"没意见"、"不同意"和"强烈反对"等。

8.3 数据库结构设计

数据库设计主要分为数据库结构设计和数据库行为设计。数据库结构设计包括概念结构设计、逻辑结构设计和物理结构设计。行为设计包括设计数据库的功能组织和流程控制。

数据库结构设计是在数据库需求分析的基础上，逐步形成对数据库概念、逻辑、物理结构的描述。概念结构设计的结果是形成数据库的概念层数据模型，用语义层模型描述，如 E-R 模型。逻辑结构设计的结果是形成数据库的模式与外模式，用结构层模型描述，如基本表、视图等。物理结构设计的结果是形成数据库的内模式，用文件级术语描述，例如数据库文件或目录、索引等。

8.3.1 概念结构设计

概念结构设计的重点在于信息结构的设计，它将需求分析得到的用户需求抽象为信息结构即概念层数据模型，是整个数据库系统设计的关键，独立于逻辑结构设计和数据库管理系统。

1. 概念结构设计的特点和策略

概念结构设计的任务是产生反映企业组织信息需求的数据库概念结构，即概念层数据模型。

（1）概念结构的特点

概念结构应具备如下特点：

- 有丰富的语义表达能力。能表达用户的各种需求，包括描述现实世界中各种事物和事物与事物之间的联系，能满足用户对数据的处理需求。
- 易于交流和理解。概念结构是数据库设计人员和用户之间的主要交流工具，因此必须能通过概念模型和不熟悉计算机的用户交换意见，用户的积极参与是数据库成功的关键。
- 易于更改。当应用环境和应用要求发生变化时，能方便地对概念结构进行修改，以反映这些变化。
- 易于向各种数据模型转换，易于导出与 DBMS 有关的逻辑模型。

描述概念结构的一个有力工具是 E-R 模型。有关 E-R 模型的概念已经在第 2 章中介绍过，本章在介绍概念结构设计时也采用 E-R 模型。

（2）概念结构设计的策略

概念结构设计的策略主要有如下几种：

- 自底向上。先定义每个局部应用的概念结构，然后按一定的规则把它们集成起来，从而得到全局概念结构。
- 自顶向下。先定义全局概念结构，然后再逐步细化。
- 由里向外。先定义最重要的核心结构，然后再逐步向外扩展。
- 混合策略。将自顶向下和自底向上方法结合起来使用。先用自顶向下方法设计一个概念结构的框架，然后以它为框架再用自底向上策略设计局部概念结构，最后把它们集成起来。

最常用的设计策略是自底向上策略。

从这一步开始，需求分析所得到的结果按"数据"和"处理"分开考虑。概念结构设计重点在于信息结构的设计，而"处理"则由行为设计来考虑。这也是数据库设计的特点，即"行为"设计与"结构"设计分离进行。但由于两者原本是一个整体，因此在设计概念结构和逻辑结构时，要考虑如何有效地为"处理"服务，而设计应用模型时，也要考虑如何有效地利用结构设计提供的条件。

概念结构设计使用集合概念，抽取现实业务系统的元素及其应用语义关联，最终形成 E-R 模型。

2. 采用 E-R 模型方法的概念结构设计

设计数据库概念结构的最著名、最常用的方法是 E-R 方法。采用 E-R 方法的概念结构设计可分为如下 3 步：

- 设计局部 E-R 模型。局部 E-R 模型的设计内容包括确定局部 E-R 模型的范围，定义实体、联系以及它们的属性。
- 设计全局 E-R 模型。这一步是将所有局部 E-R 图集成为一个全局 E-R 图，即全局 E-R 模型。
- 优化全局 E-R 模型。

下面分别介绍这 3 个步骤的内容。

(1) 设计局部 E-R 模型

概念结构是对现实世界的一种抽象。所谓抽象是对实际的人、物、事和概念进行人为处理，抽取所关心的共同特性，忽略非本质细节，并把这些特性用各种概念准确地加以描述。

抽象方法一般包括如下 3 种。

1) 分类 (classification)。定义某一类概念作为现实世界中一组对象的类型，这些对象具有某些共同的特性和行为。它抽象的是对象值和型之间的"is a member of"（是……的成员）的语义。在 E-R 模型中，实体就是这种

图 8-4　分类示例

抽象（是对具有相同特征的实例的抽象）。例如，"张三"是学生（见图 8-4），表示"张三"是"学生"（实体）中的一员（实例），即"张三是学生的一个成员"，这些学生具有系统的特性和行为。

2) 概括 (generalization)。定义了实体之间的一种子集联系，它抽象了实体之间的"is a subset of"（是……的子集）的语义。例如，"学生"是一个实体，"本科生"、"研究生"也是实体。而"本科生"和"研究生"均为"学生"实体的子集。如果把"学生"称为超类，那么"本科生"和"研究生"就是"学生"的子类，如图 8-5 所示。

图 8-5　概括示例

3) 聚簇 (aggregation)。定义某一类型的组成成分，它抽象了对象内部类型和成分之间的"is a part of"（是……的一部分）语义。在 E-R 模型中，若干个属性的聚簇就组成了一个实体。聚簇的示例如图 8-6 所示。

(2) 设计全局 E-R 模型

把局部 E-R 模型集成为全局 E-R 模型时，

图 8-6　聚簇示例

可以采用一次将所有的 E-R 模型集成在一起的方式，也可以用逐步集成、进行累加的方式，即一次只集成少量几个 E-R 模型，这样实现起来比较容易。

当将局部 E-R 模型集成为全局 E-R 模型时，需要消除各分 E-R 模型合并时产生的冲突。解决冲突是合并 E-R 模型的主要工作和关键所在。

各分 E-R 模型之间的冲突主要有三类：属性冲突、命名冲突和结构冲突。

1) 属性冲突。属性冲突包括如下几种情况：

- 属性域冲突。即属性的类型、取值范围和取值集合不同。例如，部门编号有的定义为字

符型，有的定义为数字型。又如，年龄有的定义为出生日期，有的定义为整数。

- 属性取值单位冲突。例如，学生的身高，有的用"米"为单位，有的用"厘米"为单位。

2）命名冲突。命名冲突包括同名异义和异名同义，即不同意义的实体名、联系名或属性名在不同的局部应用中具有相同的名字，或者具有相同意义的实体名、联系名和属性名在不同的局部应用中具有不同的名字。如科研项目，在财务部门称为项目，在科研处称为课题。

属性冲突和命名冲突通常可以通过讨论、协商等方法解决。

3）结构冲突。结构冲突有如下两种情况：

- 同一对象在不同应用中具有不同的抽象。例如，"职工"可能在某一局部应用中作为实体，而在另一局部应用中却作为属性。

解决这种冲突的方法通常是把属性转换为实体或者把实体转换为属性，使同样对象具有相同的抽象。但在转换时要进行认真的分析。

- 同一实体在不同的局部 E-R 模型中所包含的属性个数和属性的排列次序不完全相同。

这是很常见的一类冲突，原因是不同的局部 E-R 模型关心的实体的侧面不同。解决的方法是让该实体的属性为各局部 E-R 模型中的属性的并集，然后再适当调整属性的顺序。

（3）优化全局 E-R 模型

一个好的全局 E-R 模型除了能反映用户功能需求外，还应满足如下条件：

- 实体个数尽可能少；
- 实体所包含的属性尽可能少；
- 实体间联系无冗余。

优化的目的就是使 E-R 模型满足上述 3 个条件。要使实体个数尽可能少，可以进行相关实体的合并，一般是把具有相同主键的实体进行合并，另外，还可以考虑将 1∶1 联系的两个实体合并为一个实体，同时消除冗余属性和冗余联系。但也应该根据具体情况，有时候适当的冗余可以提高数据查询效率。

图 8-7 所示是将两个局部 E-R 模型合并成一个全局 E-R 模型的示例。

a）局部 E-R 模型

b）全局 E-R 模型

图 8-7　将局部 E-R 模型合并为全局 E-R 模型

8.3.2　逻辑结构设计

逻辑结构设计的任务是把在概念结构设计中设计的基本 E-R 模型转换为具体的数据库管理系统支持的组织层数据模型，也就是导出特定的 DBMS 可以处理的数据库逻辑结构（数据库的模式和外模式），这些模式在功能、性能、完整性和一致性约束方面满足应用要求。

特定 DBMS 可以支持的组织层数据模型包括层次模型、网状模型、关系模型和面向对象模型等。下面仅讨论从概念模型向关系模型的转换。

逻辑结构设计一般包含两个步骤：

1）将概念结构转换为某种组织层数据模型。

2）对组织层数据模型进行优化。

1. E-R 模型向关系模型的转换

E-R 模型向关系模型的转换要解决的问题，是如何将实体以及实体间的联系转换为关系模式，如何确定这些关系模式的属性和主码。

关系模型的逻辑结构是一组关系模式的集合。E-R 模型由实体、实体的属性以及实体之间的联系三部分组成，因此将 E-R 模型转换为关系模型实际上就是将实体、实体的属性和实体间的联系转换为关系模式，转换的一般规则如下：

一个实体转换为一个关系模式。实体的属性就是关系的属性，实体的码就是关系的主码。

对于实体间的联系有以下不同的情况：

1）一个 1：1 联系可以转换为一个独立的关系模式，也可以与任意一端所对应的关系模式合并。如果可以转换为一个独立的关系模式，则与该联系相连的各实体的码以及联系本身的属性均转换为此关系模式的属性，每个实体的码均是该关系模式的候选码。如果是与联系的任意一端实体所对应的关系模式合并，则需要在该关系模式的属性中加入另一个实体的码和联系本身的属性。

2）一个 1：n 联系可以转换为一个独立的关系模式，也可以与 n 端所对应的关系模式合并。如果转换为一个独立的关系模式，则与该联系相连的各实体的码以及联系本身的属性均转换为此关系模式的属性，且关系模式的码为 n 端实体的码。如果与 n 端对应的关系模式合并，则需要在该关系模式中加入 1 端实体的码以及联系本身的属性。

3）一个 m：n 联系必须转换为一个独立的关系模式。与该联系相连的各实体的码以及联系本身的属性均转换为此关系模式的属性，且关系模式的主码包含各实体的码。

4）三个或三个以上实体间的一个多元联系可以转换为一个关系模式。与该多元联系相连的各实体的码以及联系本身的属性均转换为此关系模式的属性，而此关系模式的主码包含各实体的码。

5）具有相同主码的关系模式可以合并。

例 1 有 1：1 联系的 E-R 模型如图 8-8 所示，如果将联系与某一端的关系模式合并，则转换后的结果为如下两个关系模式：

图 8-8 1：1 联系示例

部门（部门号，部门名，经理号），其中"部门号"为主码，"经理号"为引用"经理"关系模式的外码。

经理（经理号，经理名，电话），其中"经理号"为主码。

或者也可以转换为以下两个关系模式：

部门（部门号，部门名），其中"部门号"为主码。

经理（经理号，部门号，经理名，电话），"经理号"为主码，"部门号"为引用"部门"关系模式的外码。

如果将联系转换为一个独立的关系模式，则该 E-R 模型可以转换成三个关系模式：

部门（部门号，部门名），其中"部门号"为主码。

经理（经理号，经理名，电话），其中"经理号"为主码。

部门_经理（经理号，部门号），其中"经理号"和"部门号"为候选码，同时也都为外码。

在 1：1 联系中一般不将联系单独作为一个关系模式，因为这样转换出来的关系模式个数太多，相应的关系表也就越多。查询时涉及的表个数越多，查询效率就越低。

例 2 有 1：n 联系的 E-R 模型如图 8-9 所示，如果与 n 端的关系模式合并，则可以转换成两个关系模式，如下所示：

部门（部门号，部门名），其中"部门号"为主码。

职工（职工号，部门号，职工名，工资），其中"职工号"为主码，"部门号"为引用"部门"关系模式的"部门号"的外码。

如果将联系转换为一个独立的关系模式，则该 E-R 模型可以转换为以下三个关系模式：

部门（部门号，部门名），其中"部门号"为主码。

职工（职工号，职工名，工资），其中"职工号"为主码。

部门_职工（部门号，职工号），其中"职工号"为主码，同时也为引用"职工"关系模式的"职工号"的外码，"部门号"为引用"部门"关系模式的"部门号"的外码。

同 1:1 联系一样，在 1:n 联系中，一般也不将联系转换为一张独立的关系模式。

例 3　有 $m:n$ 联系的 E-R 模型如图 8-10 所示，对 $m:n$ 联系，必须将联系转换为一个独立的关系模式。转换后的结果为：

教师（教师号，教师名，职称），"教师号"为主码。

课程（课程号，课程名，学分），"课程号"为主码。

授课（教师号，课程号，授课时数），（教师号，课程号）为主码，同时"教师号"为引用"教师"关系模式的教师号的外码，"课程号"为引用"课程"关系模式的课程号的外码。

图 8-9　1:n 联系示例

图 8-10　m:n 示例

2．数据模型的优化

逻辑结构设计的结果并不是唯一的，为了进一步提高数据库应用系统的性能，还应该根据应用的需要对逻辑数据模型进行适当的修改和调整，这就是数据模型的优化。关系数据模型的优化通常以关系规范化理论为指导，并考虑系统的性能。具体方法为：

1）确定各属性间的函数依赖关系。根据需求分析阶段得出的语义，分别写出每个关系模式的各属性之间的函数依赖以及不同关系模式中各属性之间的数据依赖关系。

2）对各个关系模式之间的数据依赖进行极小化处理，消除冗余的联系。

3）判断每个关系模式的范式，根据实际需要确定最合适的范式。

4）根据需求分析阶段得到的处理要求，分析这些模式对于这样的应用环境是否合适，确定是否要对某些模式进行分解或合并。

需要注意的是，如果系统的查询操作比较多，而且对查询响应速度的要求也比较高，则可以适当地降低规范化的程度，即将几个表合并为一个表，以减少查询时的表的连接个数。甚至可以在表中适当增加冗余数据列，比如把一些经过计算得到的值作为表中的一个列也保存在表中。但这样做时要考虑可能引起的潜在的数据不一致的问题。

对于一个具体的应用来说，到底规范化到什么程度，需要权衡响应时间和潜在问题两者的利弊，做出最佳的决定。

5）对关系模式进行必要的分解，以提高数据的操作效率和存储空间的利用率。常用的分解方法是水平分解和垂直分解。

水平分解是以时间、空间、类型等范畴属性取值为条件，满足相同条件的数据行为一个子表。分解的依据一般以范畴属性取值范围划分数据行。这样在操作同表数据时，时空范围相对集中，便于管理。水平分解过程如图 8-11 所示，其中 $K^{\#}$ 代表关系模式的主键。

原表中的数据内容相当于分解后各表数据内容的并集。例如，对于管理学校学生情况的"学生"关系模式，可以将其分解为"历史学生"和"在册学生"两个关系模式。"历史学生"中存放已毕业学生的数据，"在册学生"存放目前在校学生的数据。因为经常需要了解当前在校学生的情况，而对已毕业学生的情况关心较少。因此将历年学生的信息存放在两个关系模式中，可以提高对在校学生的处理速度。当一届学生毕业时，就将这些学生从"在册学生"关系中删除，同时插入到"历史学生"关系中。

垂直分解是以非主属性所描述的数据特征为条件，描述一类相同特征的属性划分在一个子表中。这样操作同表数据时属性范围相对集中，便于管理。垂直分解过程如图 8-12 所示，其中 $K^{\#}$ 代表关系模式的主键。

图 8-11　水平分解示意图　　　　　　　图 8-12　垂直分解示意图

垂直分解后原关系中的数据内容相当于分解后各关系数据内容的连接。例如，可以将"学生"关系模式垂直拆分为"学生基本信息"和"学生家庭信息"两个关系模式。

垂直分解方法还可以解决包含很多列或者列占用空间比较多的表创建问题。一般在数据库管理系统中，表中一行数据的大小（即各列所占的空间总和）都是有限制的（一般受数据页大小的限制，数据页的概念我们在第 10 章有简单介绍），当表中一行数据的大小超过了数据页大小时，就可以使用垂直分解方法，将一个关系模式拆分为多个关系模式。

3．设计外模式

将概念模型转换为逻辑数据模型之后，还应该根据局部应用需求，并结合具体的数据库管理系统的特点，设计用户的外模式。

外模式概念对应关系数据库的视图，设计外模式是为了更好地满足各个用户的需求。

定义数据库的模式主要是从系统的时间效率、空间效率、易维护等角度出发。由于外模式与模式是相对独立的，因此在定义用户外模式时可以从满足每类用户的需求出发，同时考虑数据的安全和用户的操作方便。在定义外模式时应考虑如下问题。

（1）使用更符合用户习惯的别名

在概念模型设计阶段，当合并各 E-R 图时，曾进行了消除命名冲突的工作，以使数据库中的同一个关系和属性具有唯一的名字。这在设计数据库的全局模式时是非常必要的。但在修改了某些属性或关系的名字之后，可能会不符合某些用户的习惯，因此在设计用户模式时，可以利用视图的功能，对某些属性重新命名。视图的名字也可以命名成符合用户习惯的名字，使用户的操作更方便。

（2）对不同级别的用户定义不同的视图，以保证数据的安全

假设有关系模式：职工（职工号，姓名，工作部门，学历，专业，职称，联系电话，基本工资，浮动工资）。在这个关系模式上建立了两个视图：

职工 1（职工号，姓名，工作部门，专业，联系电话）

职工 2（职工号，姓名，学历，职称，联系电话，基本工资，浮动工资）

职工 1 视图中只包含一般职工可以查看的基本信息，职工 2 视图中包含允许领导查看的信息。这样就可以防止用户非法访问不允许他们访问的数据，从而在一定程度上保证了数据的安全。

（3）简化用户对系统的使用

如果某些局部应用经常要使用某些很复杂的查询，为了方便用户，可以将这些复杂查询定义为一个视图，这样用户每次只需对定义好的视图查询，而不必再编写复杂的查询语句，从而简化了用户的使用。

8.3.3 物理结构设计

数据库的物理结构设计是利用数据库管理系统提供的方法、技术，对已经确定的数据库逻辑结构，以较优的存储结构、数据存取路径、合理的数据存储位置以及存储分配，设计出一个高效的、可实现的物理数据库结构。

由于不同的数据库管理系统提供的硬件环境和存储结构、存取方法不同，提供给数据库设计者的系统参数以及变化范围也不同，因此，物理结构设计一般没有一个通用的准则，它只能提供一个技术和方法供参考。

数据库的物理结构设计通常分为两步：

1）确定数据库的物理结构，在关系数据库中主要指存取方法和存储结构；

2）对物理结构进行评价，评价的重点是时间和空间效率。

如果评价结果满足原设计要求，则可以进入到数据库实施阶段；否则，需要重新设计或修改物理结构，有时甚至要返回到逻辑设计阶段修改数据模式。

1. 物理结构设计的内容和方法

物理数据库设计得好，可以使各事务的响应时间短、存储空间利用率高、事务吞吐量大。因此，在设计数据库时首先要对经常用到的查询和对数据进行更新的事务进行详细的分析，获得物理结构设计所需的各种参数。其次，要充分了解所使用的 DBMS 的内部特征，特别是系统提供的存取方法和存储结构。

对于数据查询，需要得到如下信息：

- 查询所涉及的关系；
- 查询条件所涉及的属性；
- 连接条件所涉及的属性；
- 查询列表中涉及的属性。

对于更新数据的事务，需要得到如下信息：

- 更新所涉及的关系；
- 每个关系上的更新条件所涉及的属性；
- 更新操作所涉及的属性。

除此之外，还需要了解每个查询或事务在各关系上的运行频率和性能要求。例如，假设某个查询必须在 1s 之内完成，则数据的存储方式和存取方式就非常重要。

需要注意的是，在数据库上运行的操作和事务是不断变化的，因此需要根据这些操作的变化不断调整数据库的物理结构，以获得最佳的数据库性能。

通常关系数据库的物理结构设计主要包括如下内容：

- 确定数据的存取方法；
- 确定数据的存储结构。

（1）确定存取方法

存取方法是快速存取数据库中数据的技术，数据库管理系统一般都提供多种存取方法。具体采取哪种存取方法由系统根据数据的存储方式决定，一般用户不能干预。

一般用户可以通过建立索引的方法来加快数据的查询效率，如果建立了索引，系统就可以利用索引查找数据。

索引方法实际上是根据应用要求确定在关系的哪个属性或哪些属性上建立索引，在哪些属性上建立复合索引以及哪些索引要设计为唯一索引，哪些索引要设计为聚簇索引。聚簇索引是将数据按索引列在物理上进行有序排列。

建立索引的一般原则为：

- 如果某个（或某些）属性经常作为查询条件，则考虑在这个（或这些）属性上建立索引；
- 如果某个（或某些）属性经常作为表的连接条件，则考虑在这个（或这些）属性上建立索引；
- 如果某个属性经常作为分组的依据列，则考虑在这个属性上建立索引；
- 对经常进行连接操作的表建立索引。

一个表可以建立多个非聚簇索引，但只能建立一个聚簇索引。

需要注意的是，索引一般可以提高数据查询性能，但会降低数据修改性能。因为在进行数据修改时，系统要同时对索引进行维护，使索引与数据保持一致。维护索引需要占用相当多的时间，而且存放索引信息也会占用空间资源。因此在决定是否建立索引时，要权衡数据库的操作。如果查询多，并且对查询的性能要求比较高，则可以考虑多建一些索引；如果数据更改多，并且对更改的效率要求比较高，则应该考虑少建一些索引。

（2）确定存储结构

物理结构设计中一个重要的考虑就是确定数据记录的存储方式。常用的存储方式有：

- 顺序存储。这种存储方式的平均查找次数为表中记录数的 1/2。
- 散列存储。这种存储方式的平均查找次数由散列算法决定。
- 聚簇存储。为了提高某个属性（或属性组）的查询速度，可以把这个或这些属性（称为聚簇码）上具有相同值的元组集中存放在连续的物理块上，这样的存储方式称为聚簇存储。聚簇存储可以极大提高对聚簇码的查询效率。

一般用户可以通过建立索引的方法来改变数据的存储方式。但其他情况下，数据是采用顺序存储还是散列存储，或是采用其他的存储方式是由数据库管理系统根据数据的具体情况决定的，一般它都会为数据选择一种最合适的存储方式，而用户并不能对此进行干预。

2．物理结构设计的评价

物理结构设计过程中要对时间效率、空间效率、维护代价和各种用户要求进行权衡，其结果可以产生多种方案，数据库设计者必须对这些方案进行细致的评价，从中选择一个较优的方案作为数据库的物理结构。

评价物理结构设计的方法完全依赖于具体的 DBMS，主要考虑操作开销，即为使用户获得及时、准确的数据所需的开销和计算机资源的开销。具体可分为如下几类。

（1）查询和响应时间

响应时间是从查询开始到查询结果开始显示之间所经历的时间。一个好的应用程序设计可以减少 CUP 时间和 I/O 时间。

（2）更新事务的开销

主要是修改索引、重写物理块或文件以及写校验等方面的开销。

（3）生成报告的开销

主要包括索引、重组、排序和结果显示的开销。

（4）主存储空间的开销

包括程序和数据所占用的空间。对数据库设计者来说，一般可以对缓冲区进行适当的控制，如缓冲区个数和大小。

（5）辅助存储空间的开销

辅助存储空间分为数据块和索引块两种，设计者可以控制索引块的大小、索引块的充满度等。

实际上，数据库设计者只能对 I/O 和辅助空间进行有效控制。其他方面都是有限的控制或者根本就不能控制。

8.4 数据库行为设计

到目前为止，我们详细讨论了数据库的结构设计问题，这是数据库设计中最重要的任务。前面已经说过，数据库设计的特点是结构设计和行为设计是分离的。行为设计与一般的传统程序设计区别不大，软件工程中的所有工具和手段几乎都可以用到数据库行为设计中，因此，一些数据库教科书都没有讨论数据库行为设计问题。考虑到数据库应用程序设计毕竟有它特殊的地方，而且不同的数据库应用程序设计也有许多共性，因此，这里介绍一下数据库的行为设计。

数据库行为设计一般分为如下几个步骤：

1）功能分析。

2）功能设计。

3）事务设计。

4）应用程序设计与实现。

我们主要讨论前 3 个步骤。

8.4.1 功能分析

在进行需求分析时，我们实际上进行了两项工作，一项是"数据流"的调查分析，另一项是"事务处理"过程的调查分析，也就是应用业务处理的调查分析。数据流的调查分析为数据库的信息结构提供了最原始的依据，而事务处理的调查分析则是行为设计的基础。

对于行为特性要进行如下分析：

1）标识所有的查询、报表、事务及动态特性，指出对数据库所要进行的各种处理。

2）指出对每个实体所进行的操作（增、删、改、查）。

3）给出每个操作的语义，包括结构约束和操作约束，通过下列条件，可定义下一步的操作：

- 执行操作要求的前提；
- 操作的内容；
- 操作成功后的状态。

例如，教师退休行为的操作特征为：

- 该教师没有未讲授完的课程；
- 从当前在职教师表中删除此教师的记录；

- 将此教师信息插入到退休教师表中。
4）给出每个操作（针对某一对象）的频率。
5）给出每个操作（针对某一应用）的响应时间。
6）给出该系统总的目标。

功能需求分析是在需求分析之后功能设计之前的一个步骤。

8.4.2　功能设计

系统目标的实现是通过系统的各功能模块来达到的。由于每个系统功能又可以划分为若干个更具体的功能模块，因此，可以从目标开始，一层一层分解下去，直到每个子功能模块只执行一个具体的任务。子功能模块是独立的，具有明显的输入信息和输出信息。当然，也可以没有明显的输入和输出信息，只是动作产生后的一个结果。通常我们按功能关系画成的图叫功能结构图，如图 8-13 所示。

例如，"学籍管理"的功能结构图如图 8-14 所示。

图 8-13　功能结构图　　　　　图 8-14　学籍管理的功能结构图

8.4.3　事务设计

事务处理是计算机模拟人处理事务的过程，它包括输入设计、输出设计等。

1．输入设计

系统中的很多错误都是由于输入不当引起的，因此设计好输入是减少系统错误的一个重要方面。在进行输入设计时需要完成如下几方面工作：

- 原始单据的设计格式。对于原有的单据，表格要根据新系统的要求重新设计，其设计的原则是：简单明了，便于填写，尽量标准化，便于归档，简化输入工作。
- 制成输入一览表。将全部功能所用的数据整理成表。
- 制作输入数据描述文档。包括数据的输入频率、数据的有效范围和出错校验。

2．输出设计

输出设计是系统设计中的重要一环。虽然用户看不出系统内部的设计是否科学、合理，但输出报表是直接与用户见面的，而且输出格式的好坏会给用户留下深刻的印象，它甚至是衡量一个系统好坏的重要标志。因此，要精心设计好输出报表。

在输出设计时要考虑如下因素。

- 用途。区分输出结果是给客户还是用于内部或报送上级领导。
- 输出设备的选择。是仅仅显示出来，还是要打印出来或需要永久保存。
- 输出量。
- 输出格式。

8.5　数据库实施

完成了数据库的结构设计和行为设计并编写了实现用户需求的应用程序之后，就可以利用DBMS 提供的功能实现数据库逻辑结构设计和物理结构设计的结果。然后将一些数据加载到数据库中，运行已编好的应用程序，以查看数据库设计以及应用程序是否存在问题。这就是数据库的实施阶段。

数据库实施阶段包括两项重要的工作，一项是加载数据，一项是调试和运行应用程序。

8.5.1 加载数据

在一般的数据库系统中，数据量都很大，而且数据来源于多个部门，数据的组织方式、结构和格式都与新设计的数据库系统可能有很大的差别，组织数据的录入就是将各类数据从各个局部应用中抽取出来，输入到计算机中，然后再分类转换，最后综合成符合新设计的数据库结构的形式，输入到数据库中。这样的数据转换、组织入库的工作相当耗费人力、物力和财力，特别是原来用手工处理数据的系统，各类数据分散在各种不同的原始表单、凭据和单据之中。在向新的数据库系统中输入数据时，需要处理大量的纸质数据，工作量就更大。

由于各应用环境差异很大，很难有通用的数据转换器，DBMS 也很难提供一个通用的转换工具。因此，为提高数据输入工作的效率和质量，应该针对具体的应用环境设计一个数据录入子系统，专门用来解决数据转换和输入问题。

为了保证数据库中的数据正确、无误，必须十分重视数据的校验工作。在将数据输入系统进行数据转换的过程中，应该进行多次校验。对于重要数据的校验更应该反复进行，确认无误后再输入到数据库中。

如果新建数据库的数据来自已有的文件或数据库，那么应该注意旧的数据模式结构与新的数据模式结构之间的对应关系，然后再将旧的数据导入到新的数据库中。

目前，很多 DBMS 都提供了数据导入的功能，有些 DBMS 还提供了功能强大的数据转换功能，比如 SQL Server 就提供了功能强大、方便易用的数据导入和导出功能。

8.5.2 调试和运行应用程序

一部分数据加载到数据库之后，就可以开始对数据库系统进行联合调试了，这个过程又称为数据库试运行。

这一阶段要实际运行数据库应用程序，执行对数据库的各种操作，测试应用程序的功能是否满足设计要求。如果不满足，则要对应用程序进行修改、调整，直到达到设计要求为止。

在数据库试运行阶段，还要对系统的性能指标进行测试，分析其是否达到设计目标。在对数据库进行物理结构设计时已经初步确定了系统的物理参数，但一般情况下，设计时的考虑在很多方面只是一个近似的估计，和实际系统的运行还有一定的差距，因此必须在试运行阶段实际测量和评价系统的性能指标。事实上，有些参数的最佳值往往是经过调试后找到的。如果测试的结果与设计目标不符，则要返回到物理结构设计阶段，重新调整物理结构、修改系统参数，某些情况下甚至要返回到逻辑结构设计阶段，对逻辑结构进行修改。

特别要强调的是，首先，由于组织数据入库的工作十分费力，如果试运行后要修改数据库的逻辑结构设计，则需要重新组织数据入库。因此在试运行时应该先输入小批量数据，试运行基本合格后，再大批量输入数据，以减少不必要的工作浪费。其次，在数据库试运行阶段，由于系统还不稳定，随时可能发生软硬件故障，而且系统的操作人员对系统也还不熟悉，误操作不可避免，因此应该首先调试运行 DBMS 的恢复功能，做好数据库的备份和恢复工作。一旦出现故障，可以尽快地恢复数据库，以减少对数据库的破坏。

8.6 数据库的运行和维护

数据库投入运行标志着开发工作的基本完成和维护工作的开始，数据库只要存在一天，就需要不断地对它进行评价、调整和维护。

在数据库运行阶段，对数据库的经常性维护工作主要由数据库系统管理员完成，其主要工作包括如下几个方面：

- 数据库的备份和恢复。要对数据库进行定期的备份，一旦出现故障，要能及时地将数据库恢复到尽可能的正确状态，以减少数据库损失。
- 数据库的安全性和完整性控制。随着数据库应用环境的变化，对数据库的安全性和完整性要求也会发生变化。比如，要收回某些用户的权限，或增加、修改某些用户的权限，增加、删除用户，或者某些数据的取值范围发生变化等，这都需要系统管理员对数据库进行适当的调整，以反映这些新的变化。
- 监视、分析、调整数据库性能。监视数据库的运行情况，并对检测数据进行分析，找出能够提高性能的可行性，并适当地对数据库进行调整。目前有些 DBMS 产品提供了性能检测工具，数据库系统管理员可以利用这些工具很方便地监视数据库。
- 数据库的重组。数据库经过一段时间的运行后，随着数据的不断添加、删除和修改，会使数据库的存取效率降低，这时数据库管理员可以改变数据库数据的组织方式，通过增加、删除或调整部分索引等方法，改善系统的性能。注意数据库的重组并不改变数据库的逻辑结构。

数据库的结构和应用程序设计的好坏只是相对的，它并不能保证数据库应用系统始终处于良好的性能状态。这是因为数据库中的数据随着数据库的使用而发生变化，随着这些变化的不断增加，系统的性能就有可能会日趋下降，所以即使在不出现故障的情况下，也要对数据库进行维护，以便数据库始终能够获得较好的性能。总之，数据库的维护工作与一台机器的维护工作类似，花的功夫越多，它服务得就越好。因此，数据库的设计工作并非一劳永逸，一个好的数据库应用系统同样需要精心的维护方能使其保持良好的性能。

8.7　小结

本章介绍了数据库设计的全部过程，数据库设计的特点是行为设计和结构设计相分离，而且在需求分析的基础上是先进行结构设计，再进行行为设计，其中结构设计是关键。结构设计又分为概念结构设计、逻辑结构设计、物理结构设计。概念结构设计是用概念结构来描述用户的业务需求，这里介绍的是 E-R 模型，它与具体的数据库管理系统无关；逻辑结构设计是将概念结构设计的结果转换成组织层数据模型，对于关系数据库来说，是转换为关系表。根据实体之间的不同的联系方式，转换的方式也有所不同。逻辑结构设计与具体的数据库管理系统有关。物理结构设计是设计数据的存储方式和存储结构，一般来说，数据的存储方式和存储结构对用户是透明的，用户只能通过建立索引来改变数据的存储方式。

数据库的行为设计是对系统的功能的设计，一般的设计思想是将大的功能模块划分为功能相对专一的小的功能模块，这样便于用户的使用和操作。

数据库设计完成后，就要进行数据库的实施和维护工作。数据库应用系统不同于一般的应用软件，它在投入运行后必须要有专人对其进行监视和调整，以保证应用系统能够保持持续的高效率。

数据库设计的成功与否与许多具体因素有关，但只要掌握了数据库设计的基本方法，就可以设计出可行的数据库系统。

习题

1. 试说明数据库设计的特点。

2. 简述数据库的设计过程。

3. 数据库结构设计包含哪几个过程？

4. 需求分析中发现事实的方法有哪些？

5. 概念结构应该具有哪些特点？

6. 概念结构设计的策略是什么？

7. 什么是数据库的逻辑结构设计？简述其设计步骤。

8. 把 E-R 模型转换为关系模式的转换规则有哪些？

9. 数据模型的优化包含哪些方法？

10. 设有如图 8-15 所示的两个 E-R 模型，分别将它们转换为合适的关系模式，并指出每个关系模式的主码和外码。

a)   b)

图 8-15 E-R 模型

第二部分　SQL Server 基础及使用

本部分主要介绍 SQL Server 数据库管理系统，我们以 SQL Server 2005 版本为例，介绍在 SQL Server 2005 中创建数据库的方法、定义表及视图的方法、实现安全性和完整性的方法以及备份和恢复数据库的方法。SQL Server 是 Microsoft 公司的数据库产品，也是 Microsoft 公司鼎力推出的数据库管理系统，SQL Server 2005 版本无论在功能上还是性能上都较以前版本有较大的改进。

第 9 章　SQL Server 2005 基础

SQL Server 是 Microsoft 公司推出的适用于大型网络环境的数据库产品，它一经推出后，很快得到了广大用户的积极响应并迅速占领了 NT 环境下的数据库领域，成为数据库市场上的一个重要产品。Microsoft 公司经过对 SQL Server 的不断更新换代，目前已经推出到 SQL Server 2008 版本，我们这里以 SQL Server 2005 版本为基础介绍这个数据库管理系统的基本功能，这些基本功能在 SQL Server 2005 和 SQL Server 2008 中基本是一样的。

本章首先介绍 SQL Server 2005 的安装要求、安装选项以及安装后的配置，然后介绍其中常用工具的使用。

9.1 SQL Server 2005 平台构成

SQL Server 2005 是微软推出的比较新的数据库管理系统，这个版本较之前的 SQL Server 2000 有了很大的改进，它已经不是传统意义上的数据库，而是整合了数据库、商业智能、报表服务、分析服务等多种技术的数据库平台。

SQL Server 与其他数据库厂商在数据存储能力、并行访问能力、安全管理等关键性指标上并没有太大的差别，但在多功能集成、操作速度、数据仓库构建、数据挖掘方面，有其他数据库厂商所没有的优势。SQL Server 2005 数据库平台的构成比 SQL Server 2000 更加完善。

　1. 数据库引擎

数据库引擎实际上就是我们在第一部分所介绍的数据库管理系统，它是存储、处理、管理数据的核心模块。SQL Server 2005 的数据库引擎引入了新的可编程性增强功能，比如与微软的.NET Framework 集成，增强了 Transact-SQL（SQL Server 访问数据库的语言）功能等。同时 SQL Server 2005 增加了新的 XML 功能和新的数据类型，并改进了数据库的可伸缩性和可用性。数据库引擎是 SQL Server 2005 系统的核心组成部分，也是绝大多数数据库应用系统的后台支撑。

　2.分析服务（Analysis Services）

SQL Server 2005 不仅具有一般传统的数据处理能力，而且还拥有多维分析、数据挖掘等功能，使用户可以在不购买其他商业智能（Business Intelligence，BI）软件产品的情况下，将数据按数据分析的要求进行组织，并进行多维分析和数据挖掘等工作。此外，在数据挖掘方面 SQL

Server 2005 也比 SQL Server 2000 有了非常大的改进。

3．集成服务（Integration Services）

SQL Server 2005 用集成服务代替了 SQL Server 2000 中的数据转换服务（DTS），它是一种用于构建高性能数据集成解决方案的平台，解决了很多 DTS 的限制。这个服务为构建数据仓库平台提供了强大的数据清理、转换和加载功能。

4．复制技术

复制是一组技术，它将数据和数据库对象从一个数据库复制和分发到另一个数据库，然后在数据库间进行同步，以维护数据的一致性。复制可以通过局域网和广域网、拨号连接、无线连接和 Internet 将数据分发到不同位置上的用户，并且可以分发给移动用户。

5．通知服务（Notification Services）

通知服务是一种应用程序，它可以向上百万的订阅者及时发送个性化的消息，还可以向各种各样的设备传递这些消息。通知服务最早发布于 2002 年，现在它是 SQL Server 2005 版本中的一个可下载组件。在 SQL Server 2005 中，这个服务被集成到 SQL Server Management Studio 中，并新增加了数据库独立性，可驻留执行引擎等功能。

6．报表服务（Reporting Services）

报表服务是 SQL Server 2005 之前的版本所没有的服务，它是一种基于服务器的解决方案，用于生成企业报表，该报表可从多种关系数据源和多维数据源中提取数据。所创建的报表可以通过基于 Web 的连接进行查看，也可以通过 Windows 应用程序进行查看。

7．服务代理（Service Broker）

服务代理是一项全新的技术，是一种分布式异步数据库应用程序，具有可靠、可伸缩以及安全等特点。在需要异步执行处理程序，或者是需要跨多个计算机处理应用程序时，这个服务起着非常重要的作用。Service Broker 的典型使用包括：异步触发器、可靠地查询处理、可靠地数据收集等。在实际工作中，进程利用此服务完成分布式数据库的事务一致性。

8．全文搜索

全文搜索是通过建立全文索引实现的，普通的索引基本上是建立在身份证号、职工编号等数值字段或者是长度比较短的字符字段上的，而不是建立在个人简历、产品简介等比较长的字段上。全文索引可以在大文本上建立索引，进行快速定位并提取数据。其功能不是简单的模糊查询，而是根据特定的语言规则对词和短语进行搜索。

9.2 安装 SQL Server 2005

同其他 Microsoft 产品一样，Microsoft 也为 SQL Server 2005 的安装过程提供了一个很友好的安装向导。但在实际安装之前，我们还是应该先熟悉一下 SQL Server 2005 所提供的版本以及其对软、硬件的需求。

9.2.1　SQL Server 2005 的版本

SQL Server 2005 有多个版本，具体需要安装哪个版本和哪些组件，与具体的应用需求有关。不同版本的 SQL Server 2005 在价格、功能、存储能力、支持的 CPU 等很多方面都不同。当前微软发行的 SQL Server 2005 版本有如下几种。

1．企业版（32 位和 64 位）

支持超大型企业进行联机事务处理（OLTP）、高度复杂的数据分析、数据仓库系统和网站所需的性能要求。企业版的全面商业智能和分析能力及其高可用性功能（如故障转移群集），使它可以处理大多数关键业务的工作负荷，它是最全面的 SQL Server 版本，能够满足最复杂的要求。

2．标准版（32 位和 64 位）

适合中小型企业的数据管理和分析平台。它包括电子商务、数据仓库和业务流解决方案所需的基本功能。标准版的集成商业智能和高可用性功能可以为企业提供支持其运营所需的基本功能，它是需要全面的数据管理和分析平台的中小型企业的理想选择。

3．工作组版（仅适用于 32 位）

对于那些需要使用在大小和用户数量上没有限制的数据库的小型企业，工作组版是理想的数据管理解决方案。工作组版可以用作前端 Web 服务器，也可以用于部门或分支机构的运营。它包括 SQL Server 产品系列的核心数据库功能，并且可以轻松地升级至标准版或企业版。工作组版是理想的入门级数据库，具有可靠、功能强大且易于管理的特点。

4．开发版（32 位和 64 位）

开发版使开发人员可以在 SQL Server 上生成任何类型的应用程序。它包括 SQL Server 2005 企业版的所有功能，但有许可限制，只能用于开发和测试系统，而不能用作生产服务器。开发版是独立软件供应商 (ISV)、咨询人员、系统集成商、解决方案供应商以及创建和测试应用程序的企业开发人员的理想选择。开发版可以根据生产需要升级至 SQL Server 2005 企业版。

5．简易版（仅适用于 32 位）

简易版是一个免费、易用且便于管理的数据库管理系统。简易版与 Microsoft Visual Studio 2005 集成在一起，可以轻松地开发功能丰富、存储安全、可快速部署的数据驱动应用程序。

SQL Server 简易版是免费的，可以再分发（受制于协议），还可以起到客户端数据库以及基本服务器数据库的作用。该版本通常只适合于非常小的数据集。如果开发人员开发的应用程序只需要一个小型的数据存储库，则可以考虑使用简易版本。简易版本也适合于替换 Microsoft Access 数据库。

表 9-1 列出了 SQL Server 2005 各版本所支持的主要功能上的差异。由于开发版和企业版的功能相同，因此表 9-1 没有列出开发版功能。

表 9-1　SQL Server 2005 各种版本的主要功能差异

功　　能	简　易　版	工　作　组　版	标　准　版	企　业　版
支持的 CPU 数	1 个。包括对多核处理器的支持	2 个。包括对多核处理器的支持	4 个。包括对多核处理器的支持	无限制。包括对多核处理器的支持
内存需求	1GB	3GB	因操作系统而异	因操作系统而异
最大数据库大小	4GB	无限制	无限制	无限制
Management Studio 工具	没有	有	有	有
企业管理工具	没有	有	有	有
Analysis Service	不支持	不支持	支持	支持

9.2.2　安装 SQL Server 2005 需要的软硬件环境

安装 SQL Server 2005 有一定的软硬件要求，而且不同的 SQL Server 2005 版本对操作系统及软硬件的要求也不完全相同。下面仅介绍 32 位 SQL Server 2005 对操作系统以及硬件的一些要求。

1．操作系统要求

除了硬件要求之外，安装 SQL Server 2005 还需要一定的操作系统支持。不同版本的 SQL

Server 2005 要求不同的 Windows 操作系统版本和补丁(Service Pack)。表 9-2 列出了 32 位 SQL Server 2005 各个版本对操作系统的要求。

表 9-2 32 位 SQL Server 2005 各版本需要的操作系统

SQL Server 2005 版本	需要的常用操作系统
企业版	• Windows Server 2003 Standard Edition、Enterprise Edition 和 Datacenter Edition 版本，同时安装了 SP1 或更高版本 • Windows 2000 的 Server、Advanced Server 和 Datacenter Server 版本，同时安装了 SP4
标准版	• 满足企业版的全部操作系统 • Windows 2000 Professional，同时安装 SP4 • Windows XP Professional，同时安装 SP2 或更高版本
工作组版	• 满足企业版和标准版的全部操作系统 • Windows 2000 Professional SP4
简易版	• 满足企业版、标准版和工作组版的全部操作系统 • Windows XP Home Edition，同时安装 SP2 或更高版本 • Windows Server 2003 Web Edition，同时安装 SP1 或更高版本
开发版	• 满足企业版、标准版和工作组版的全部操作系统 • Windows XP Home Edition，同时安装 SP2 或更高版本

2. 内存要求

与操作系统要求一样，不同版本的 SQL Server 2005 要求有不同数量的内存才能有效执行。表 9-3 列出了 32 位的 SQL Server 2005 各个版本对内存的要求。

表 9-3 32 位 SQL Server 2005 各版本对内存的要求

SQL Server 2005 版本	内 存 要 求
企业版	最少 512MB，建议使用 1GB 或更多的内存
标准版	最少 512MB，建议使用 1GB 或更多的内存
工作组版	最少 512MB，建议使用 1GB 或更多的内存(最多 3GB)
简易版	最少 192MB，建议使用 512MB 或更多的内存(最多 1GB)
开发版	最少 512MB，建议使用 1GB 或更多的内存

3. 硬盘空间要求

SQL Server 2005 比 SQL Server 2000 需要更多的硬盘空间。不考虑用户数据库所占用的空间，所有版本的完全安装都需要 350MB 左右的硬盘空间，若要安装示例数据库则还需要 390MB 空间。当然，具体占用空间的多少与所选择的安装选项有关。通过不选择某些安装选项，可以减少对硬盘空间的要求。

除了预留安装 SQL Server 2005 所需要的空间外，还需要预留其他的额外空间，以备 SQL Server 和数据库的扩展需要。另外，还需要为开发过程中用到的临时文件准备足够的硬盘空间。

9.2.3 实例

在安装 SQL Server 之前，我们首先需要理解一个概念——实例。各个数据库厂商对实例的解释不完全一样，在 SQL Server 中可以这样理解实例：当在一台计算机上安装一次 SQL Server 时，就形成了一个实例。

1．默认实例和命名实例

如果是在计算机上第一次安装 SQL Server 2005（并且此计算机上也没有安装其他的 SQL Server 版本），则 SQL Server 2005 安装向导会提示用户选择把这次安装的 SQL Server 实例作为默认实例还是命名实例（通常默认选项是默认实例）。命名实例只是表示在安装过程中为实例指定了一个名称，然后就可以用该名称访问该实例。默认实例是用当前使用的计算机的网络名作为其实例名。

在客户端访问默认实例的方法是：在 SQL Server 客户端工具中输入"计算机名"或者是计算机的"IP 地址"。访问命名实例的方法是：在 SQL Server 客户端工具中输入"计算机名/命名实例名"。

在一台计算机上只能安装一个默认实例，但可以有多个命名实例。

注意：在第一次安装 SQL Server 2005 时，建议选择使用默认实例，这样便于初级用户理解和操作。

2．多实例

数据库管理系统的一个实例代表一个独立的数据库管理系统，SQL Server 2005 支持在同一台服务器上安装多个 SQL Server 2005 实例，或者在同一个服务器上同时安装有 SQL Server 2005 和 SQL Server 的早期版本。在安装过程中，数据库管理员可以选择安装一个不指定名称的实例（默认实例），在这种情况下，实例名将采用服务器的机器名作为默认实例名。在一台计算机上除了安装 SQL Server 的默认实例外，如果还要安装多个实例，则必须给其他实例取不同的名称，这些实例均是命名实例。在一台服务器上安装 SQL Server 的多个实例，使不同的用户可以将自己的数据放置在不同的实例中，从而避免不同用户数据之间的相互干扰。多实例的功能使用户不仅能够使用计算机上已经安装的 SQL Server 的早期版本，而且还能够测试开发软件，并且可以互相独立地使用 SQL Server 数据库管理系统。

但并不是在一台服务器上安装的 SQL Server 2005 实例越多越好，因为安装多个实例会增加管理开销，导致组件重复。SQL Server 和 SQL Server Agent 服务的多个实例需要额外的计算机资源，包括内存和处理能力。

9.2.4　安装及安装选项

本节我们以在 Windows XP + SP2 的操作系统上安装 SQL Server 2005 中文开发版为例，说明 SQL Server 2005 的安装过程及安装过程中的选项。

1）将包含 SQL Server 2005 软件的光盘插入光驱后，系统将自动启动 SQL Server 2005 的安装程序，也可以在资源管理器中通过运行 SQL Server 2005 的 Setup.exe 程序来启动安装程序。启动安装程序后，第一个窗口如图 9-1 所示。在这个窗口中说明了正在安装的 SQL Server 2005 的版本（图中是"Developer Edition"，即开发版）。

2）安装程序在第一个窗口上停留很短的时间后自动进入如图 9-2 所示的第二个窗口，在这个窗口上单击"基于 X86 的操作系统"选项，进入如图 9-3 所示的"选择安装内容"窗口。

3）在图 9-3 所示窗口上，单击"服务器组件、工具、联机丛书和示例"选项进入如图 9-4 所示的安装程序中的"最终用户许可协议"窗口。

4）在如图 9-4 所示的窗口上，勾选"我接受

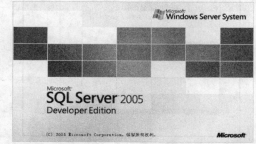

图 9-1　SQL Server 2005 安装的第一个窗口

许可条款和条件"复选框，然后单击"下一步"按钮，进入如图 9-5 所示的"安装必备组件"窗口。

　　5）在图 9-5 所示的窗口上单击"安装"按钮，即开始安装必备组件，这需要花费一些时间。安装完毕后显示的窗口如图 9-6 所示。

　　6）在图 9-6 所示窗口上单击"下一步"按钮，进入如图 9-7 所示的"系统配置检查"窗口。检查完系统配置后自动进入如图 9-8 所示的"欢迎使用 Microsoft SQL Server 安装向导"窗口。

图 9-2　选择安装 SQL Server 2005 的操作系统类型

图 9-3　选择安装内容

图 9-4　"选择用户许可协议"窗口

图 9-5　"安装必备组件"窗口

图 9-6　安装完所需组件后的窗口

图 9-7　"系统配置检查"窗口

7）在图 9-8 所示窗口上单击"下一步"按钮，开始检查系统配置情况，如图 9-9 所示。

检查完成后，会在"状态"栏显示检查的结果。如果出现一些错误和警告，对警告可以不处理，但对错误则必须将其排除后才能进行下一步的安装。

图 9-9 窗口所显示的系统配置检查状态均为"成功"，因此可以单击"下一步"按钮继续安装。

图 9-8 欢迎使用安装向导窗口

图 9-9 检查系统配置

8）单击"下一步"按钮后将弹出图 9-10 所示的"准备继续安装"窗口，准备完成后自动进入图 9-11 所示的"注册信息"窗口。

9）在图 9-11 中的"姓名"文本框中填入合适的用户名（这里输入的是：HYJ），在"公司"文本框中填入合适的公司名（这里输入的是：BITI），如图 9-11 所示。然后单击"下一步"按钮进入如图 9-12 所示的选择"要安装的组件"的窗口。

图 9-10 "准备继续安装"窗口

图 9-11 填写"注册信息"窗口

10）用户可根据自己的实际需要指定要安装的组件，这里我们至少要选中图 9-12 上的"SQL Server Database Services"复选框，因为这个组件是 SQL Server 2005 数据库管理系统的核心，是运行 SQL Server 所需的主要引擎。同时可以选中"工作组组件、联机丛书和开发工具"复选框，以便安装在 SQL Server 中使用的图形用户界面（GUI），也可以安装帮助和联机丛书。

单击"下一步"按钮，进入如图 9-13 所示的安装实例窗口。

图 9-12　选择"要安装的组件"窗口

图 9-13　选择安装实例

实例的概念我们在 9.2.3 节已做过介绍。在初次安装时建议使用默认实例，以便于以后的学习和操作。如果对 SQL Server 之前的版本比较熟悉，可以使用命名实例。

11）在图 9-13 上选中"默认实例"，单击"下一步"按钮进入如图 9-14 所示的确定"服务帐户"窗口。

SQL Server 服务和 SQL Server Agent 服务有两种帐户类型可供选择：内置系统帐户和域用户帐户，对内置系统帐户又包含"本地系统"和"网络服务"两类帐户供选择，如图 9-15 所示。

"网络服务"帐户是一个特殊的内置系统帐户，类似于已验证的用户帐户。该帐户对系统资源和对象的访问权限与 Windows 中 Users 组的成员一样。"本地系统"帐户是一个 Windows 操作系统帐户，它对本地计算机具有完全管理权限，但是没有网络访问权限。

为简单起见，我们选择对所有的服务使用相同的服务帐户启动，并且选择"使用内置系统帐户"和使用"本地系统"选项（如图 9-15 所示）。

图 9-14　确定启动服务的帐户

图 9-15　"内置系统帐户"下可供选择的两类帐户

若在图 9-15 下面的"安装结束时启动服务"区域中选中某个服务，则表示在安装完 SQL Server 2005 后立刻启动该项服务。这些服务的启动方式也可以在安装完成之后手工修改，我们这里不做任何修改，即安装结束后只启动 SQL Server 服务。

12）单击"下一步"按钮，进入如图 9-16 所示的选择"身份验证模式"窗口。

SQL Server 2005 支持两种身份验证模式：Windows 身份验证和混合模式（Windows 和 SQL Server 身份验证），默认的身份验证模式是 Windows 身份验证，这种模式指定能够连接到该 SQL Server 2005 实例的用户必须是之前经过 Windows 操作系统身份验证的用户。

混合模式表示 SQL Server 2005 支持使用 Windows 身份和 SQL Server 身份两种验证模式中的任何一种模式进行用户验证。第一种验证方法是通过 Windows 操作系统对用户进行身份验证；第二种方法是直接根据提交给 SQL Server 2005 的用户名和密码对用户进行身份验证。

对于大多数 SQL Server 2005 环境，应当使用 Windows 身份验证模式，因为它提供了最高的安全

图 9-16 选择"身份验证模式"窗口

等级。但由于某些遗留的应用程序通常不使用 Windows 用户帐户，因此它们必须通过发送一个用户名和密码才能连接到 SQL Server。在这种情况下，或者在数据库环境包括不能用 Windows 操作系统进行身份验证的客户（如 UNIX 客户）的情况下，可以使用混合模式进行身份验证。在使用混合模式时应注意，这种身份验证模式应该对 sa（SQL Server 默认的数据库管理员）帐户设置强密码，因为这个帐户在 SQL Server 中具有全部的权限，为防止被人窃取 sa 密码后破坏系统，因此应加强其密码的设置。

13）我们这里选择"Windows 身份验证模式"选项，单击"下一步"按钮进入如图 9-17 所示的"排序规则设置"窗口。一般情况下，都是让 SQL Server 2005 使用 Windows 操作系统所用语言的排序规则。

14）在图 9-17 窗口中我们不做任何修改（即按操作系统区域设置中的语言所使用的排序规则：简体中文，区分重音），单击"下一步"按钮，进入"错误和使用情况报告设置"窗口，在此窗口中我们不进行任何选择，单击"下一步"按钮，进入"准备安装"窗口。

15）在"准备安装"窗口上单击"安装"按钮，开始正式安装 SQL Server 2005。安装完成后弹出图 9-18 所示的显示安装结果的窗口。

图 9-17 "排序规则设置"窗口

图 9-18 安装完各组件及功能后的窗口

16）单击图 9-18 上的"下一步"按钮，进入完成 SQL Server 2005 安装的窗口，在此窗口上单击"完成"按钮关闭此窗口。

至此完成了对 SQL Server 2005 的安装。

9.3 配置 SQL Server 2005

成功安装好 SQL Server 2005 之后，需要对 SQL Server 2005 的服务器端和客户端进行适当的配置，才能正常地使用 SQL Server 2005。本节介绍使用配置管理器工具配置 SQL Server 2005 的方法。

SQL Server 配置管理器（SQL Server Configuration Manager）综合了 SQL Server 2000 中的服务管理器、服务器网络实用工具和客户端网络实用工具的功能。

单击"开始"→"Microsoft SQL Server 2005"→"配置工具"→"SQL Server Configuration Manager"选项，可打开 SQL Server 配置管理器工具，如图 9-19 所示。此工具可以对 SQL Server 服务、网络、协议等进行配置，配置好后客户端才能顺利地连接和使用 SQL Server。

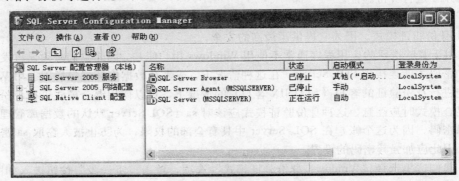

图 9-19　SQL Server 配置管理器

1. 配置 SQL Server 2005 服务

单击图 9-19 所示窗口左边的"SQL Server 2005 服务"节点，则在窗口的右边会列出已安装的 SQL Server 服务。这里有 3 个服务，分别为：SQL Server Browser、SQL Server Agent 和 SQL Server，其中"SQL Server"服务是 SQL Server 2005 的核心服务，也就是我们所说的数据库引擎，SQL Server 2005 的其他服务都是围绕这个服务运行的。只有启动了 SQL Server 服务，SQL Server 数据库管理系统才能发挥其作用，用户也才能建立与 SQL Server 数据库服务器的连接。

与 SQL Server 2000 的服务管理器一样，可以通过这个配置管理器来启动、停止所安装的服务。具体操作方法为：在要启动或停止的服务上右击鼠标，在弹出的快捷菜单中选择"启动"、"停止"等命令即可。

双击某个服务，比如"SQL Server（MSSQLSERVER）"服务，或者是在该服务上右击鼠标，然后在弹出的快捷菜单中选择"属性"命令，均弹出如图 9-20 所示的"属性"窗口。

在此窗口的"登录"选项卡中可以设置启动服务的帐户，在"服务"选项卡中可以设置服务的启动方式（如图 9-21 所示）。这里有三种启动方式，分别为：自动、手动和已禁用。

- 自动：表示每当操作系统启动时自动启动该服务；
- 手动：表示每次使用该服务时都需要用户手工启动；
- 已禁用：表示要禁止该服务的启动。

2. 配置 SQL Server 2005 网络配置

对图 9-19 所示的 SQL Server Configuration Manager 窗口，展开"SQL Server 2005 网络配置"节点左边的加号，然后单击其下面的"MSSQLSERVER 的协议"选项，则在窗口右边将列出 SQL Server 2005 提供的网络协议，如图 9-22 所示。

图 9-20 SQL Server 服务的"属性"窗口

图 9-21 设置服务的启动方式

从图 9-22 所示窗口可以看到，SQL Server 2005 共提供了 Shared Memory（共享内存）、Named Pipes（命名管道）、TCP/IP、VIA 4 种网络协议，在服务器端至少要启用这四种协议中的一个协议，SQL Server 2005 才能正常工作。

图 9-22 配置 SQL Server 2005 的网络

下面简单介绍这四种网络协议：

- Shared Memory：是可供使用的最简单协议，不需要设置。使用该协议的客户端仅可以连接到在同一台计算机上运行的 SQL Server 2005 实例。这个协议对于其他计算机上的数据库是无效的。
- Named Pipes：是为局域网开发的协议。某个进程使用一部分内存来向另一个进程传递信息，因此一个进程的输出就是另一个进程的输入。第二个进程可以是本地的（与第一个进程位于同一台计算机上），也可以是远程的（位于联网的计算机上）。
- TCP/IP：是互联网上使用最广泛的通用协议，可以与互联网中硬件结构和操作系统各异的计算机进行通信。其中包括路由网络流量的标准，并能够提供高级安全功能，是目前商业中最常用的协议。

- VIA：虚拟接口适配器（VIA）协议与 VIA 硬件一同使用。VIA 协议是 SQL Server 2005 新推出的协议，适合在局域网内部使用。

从图 9-22 所示窗口中可以看到，SQL Server 2005 的服务器端已经启用了 Shared Memory。因此在客户端网络配置中，至少也要启用这个协议，否则用户将连接不到数据库服务器。

在某个协议上右击鼠标，然后在弹出的快捷菜单中，通过选择"启用"、"禁用"命令可以启用或禁用某个协议。

3．配置 SQL Server 2005 Native Client 配置

实际上此功能就是 SQL Server 2000 的客户端网络实用工具，用于配置 SQL Server 的客户端能够使用哪种网络协议来连接到 SQL Server 2005 服务器。

在图 9-19 所示的 SQL Server Configuration Manager 窗口中，展开"SQL Native Client 配置"左边的加号，然后单击其中的"客户端协议"节点，出现如图 9-23 所示的窗口。

在如图 9-23 所示窗口中，当前客户端已启用了 Shared Memory、TCP/IP 和 Name Pipes 3 种协议，也就是说，如果服务器端的网络配置中，启用了上述 3 种协议中的任何一种，那么客户端就可以连接到服务器上。

图 9-23　配置客户端协议

9.4　SQL Server Management Studio 工具

SQL Server Management Studio 是 SQL Server 2005 中最重要的管理工具，它融合了 SQL Server 2000 的查询分析器和企业管理器、OLAP 分析器等多种工具的功能，为管理人员提供了一个简单的实用工具，使用这个工具既可以用图形化的方法，也可以通过编写 SQL 语句来实现数据库的操作。

SQL Server Management Studio 是一个集成环境，用于访问、配置和管理所有的 SQL Server 组件，它组合了大量的图形工具和丰富的脚本编辑器，使各种技术水平的开发和管理人员都可以通过这个工具访问和管理 SQL Server。

9.4.1　连接到数据库服务器

单击"开始"→"程序"→"Microsoft SQL Server 2005"→"SQL Server Management Studio"命令，打开 SQL Server Management Studio（SSMS）工具，首先弹出的是"连接到服务器"窗口，如图 9-24 所示。

在图 9-24 所示窗口中，各选项含义如下：

- 服务器类型：列出了 SQL Server 2005 数据库服务器所包含的服务，当前连接的是"数据库引擎"，即 SQL Server 服务。

- 服务器名称：指定要连接的数据库服务器的实例名。SSMS 能够自动扫描当前网络中的 SQL Server 实例。这里连接的是刚安装的默认实例，其实例名就是计算机名（HYJ）。
- 身份验证：选择用哪种身份连接到数据库服务器，这里有两种选择："Windows 身份验证"和"SQL Server 身份验证"。如果选择的是"Windows 身份验证"选项，则用当前登录到 Windows 的用户身份进行连接，此时不用输入用户名和密码（SQL Server 数据库服务器会选用当前登录到 Windows 的用户作为其连接用户）。如果选择的是"SQL Server 身份验证"选项，则窗口形式如图 9-25 所示，这时需要输入 SQL Server 身份验证的登录名和相应的密码。

图 9-24 "连接到服务器"窗口　　　　　图 9-25 选择"SQL Server 身份验证"
　　　　　　　　　　　　　　　　　　　　　　　　　　　选项后的连接窗口

注意：如果选择"SQL Server 身份验证"模式连接 SQL Server 2005 数据库服务器，则要求该数据库服务器的身份验证模式必须是"混合模式"。身份验证模式可以在安

装时指定，也可以在安装之后在 SSMS 工具中进行修改，具体更改方法参见 11.4.1 节。

这里选择"Windows 身份验证"选项，单击"连接"按钮，用当前登录到 Windows 的用户身份连接到数据库服务器。若连接成功，将进入 SSMS 操作界面，如图 9-26 所示。

SSMS 工具包括了对数据库、安全性等很多方面的管理，是一个方便的图形化操作工具，随着本书内容的学习，读者会逐步了解这个工具的具体功能和使用方法。

图 9-26 SSMS 操作界面

9.4.2　查询编辑器

SSMS 工具提供了图形界面来创建和维护对象，同时也提供了用户编写 T-SQL 语句，并通过执行 SQL 语句创建和管理对象的工具，这就是查询编辑器。查询编辑器以选项卡的形式存在于 SSMS 界面右边的文档窗格中，可以通过如下方式之一打开查询编辑器：

- 单击"标准"工具栏中的"新建查询"按钮；

- 选择"文件"菜单下的"新建"命令下的"数据库引擎查询"命令。

查询编辑器的工具栏如图 9-27 所示。

图 9-27 "查询编辑器"工具栏

最左边的三个图标按钮用于处理到服务器的连接。第一个图标按钮是"连接"，用于请求一个到服务器的连接（如果当前没有建立任何连接的话），如果当前已经建立有到服务器的连接，则此按钮为不可用状态。第二个图标按钮是"断开连接"，单击此按钮会断开当前查询编辑器与服务器的连接。第三个图标按钮是"更改连接"，单击此按钮表示要更改当前的连接。

"更改连接"图标按钮的右边是一个下拉列表框 master，该列表框列出了当前查询编辑器所连接的服务器上的所有数据库，列表框上所显示的数据库是当前连接正在访问的数据库。如果要在不同的数据库上执行操作，可以在列表框中选择不同的数据库，选择一个数据库就代表要执行的 SQL 代码都是在此数据库上进行的。

随后的 3 个图标按钮与查询编辑器中所键入的代码的执行有关。标有红色感叹号的图标 执行(X)，用于执行在编辑区所选中的代码（如果没有选中任何代码，则表示执行全部代码）。蓝色对勾图标用于对在编辑区所选中的代码（如果没有选中任何代码，则表示执行全部代码）进行语法分析。语法分析是找出代码中可能存在的语法错误，但不包括执行时可能发生的语义错误。最后一个图标按钮在图 9-27 上是灰色的，在执行代码时它将成为红色。如果在执行代码过程中，希望取消所执行的代码，则可单击此图标。

接下来的两个图标按钮（显示估计的执行计划）和（在数据库引擎优化顾问中分析查询）用于分析 T-SQL 查询以进行优化分析，由于本书没有涉及此部分内容，因此不做介绍。

单击（在编辑器中设计查询）图标将启动查询设计器工具，该工具用于图形化地生成查询语句。单击（指定模板参数的值）图标可以使用代码模板进行工作。模板包含有基本的命令或操作，其中的选项为其默认值。通过单击这个图标，用户可以在打开的窗口中指定每个模板参数的值。

接下来的三个图标按钮（包括实际的查询计划）、（包括客户端统计信息）和（SQLMD）用于查询，前两个按钮在查询输出结果中加入了代码执行的细节以及代码统计信息的详情。第三个按钮以命令提示符的方式运行代码，就好像代码是通过 SQLCMD（是一种命令行实用工具，用于执行 SQL 批处理）运行一样。本书不对这方面内容做介绍。

这三个按钮右边的三个图标按钮用于改变查询结果的显示形式。按钮设置查询结果按文本格式显示；按钮设置查询结果按网格形式显示；按钮设置将查询结果直接保存到一个文件中。

接下来的两个图标按钮是针对代码注释的，按钮用于注释掉选中的代码行，用于取消对选中代码行的注释。

最右边的两个图标按钮用于控制代码的缩进，按钮用于减少缩进，按钮用于增加缩进。不管是增加缩进还是减少缩进，都是针对选中的代码进行的。

9.5 小结

SQL Server 2005 是一种大型的支持客户/服务器结构的关系数据库管理系统，作为基于各种 Windows 平台的最佳数据库服务器产品，它可应用在许多方面，包括电子商务等。在满足软硬件需求的前提下，可在各种 Windows 平台上安装 SQL Server 2005。SQL Server 2005 提供了易于使用的图形化工具和向导，为创建和管理数据库，包括数据库对象和数据库资源，都带来了很大的方便。

　　本章主要介绍了 SQL Server 2005 平台的构成，SQL Server 2005 提供的版本，各版本的功能以及对操作系统和计算机软硬件环境的要求，较详细地介绍了 SQL Server 2005 的安装过程及安装过程中的一些选项。SQL Server 2005 是与操作系统紧密集成的数据库管理系统，因此，在安全性方面其很多功能可以借助 Windows 操作系统提供的功能来实现。因此它支持两种身份验证模式：Windows 身份验证模式和 SQL Server 身份验证模式，SQL Server 身份验证模式主要是为满足广域网上的要求，并使非 Windows 平台上的用户能够访问 SQL Server。

　　SQL Server 允许在一台服务器上运行多个 SQL Server 实例，也就是允许在一台服务器上同时有多个数据库管理系统存在，这些系统之间彼此没有相互干扰。

　　在安装好 SQL Server 2005 之后，通过对其进行合适的配置，使用户能正常地使用 SQL Server 2005 提供的功能。本章介绍了通过 SQL Server 2005 提供的配置管理器工具对服务进行配置的方法，同时介绍了 SQL Server 2005 的 Management Studio 工具提供的连接功能以及查询编辑器功能。通过连接功能用户可以连接到指定的服务器上，通过查询编辑器用户可编写操作数据库的 SQL 语句。

习题

1. SQL Server 2005 提供了几个版本，每个版本对操作系统的要求是什么？
2. "Windows 身份验证模式"和"混合模式"的区别是什么？
3. SQL Server 实例的含义是什么？实例名的作用是什么？
4. SQL Server 2005 的核心引擎是什么？
5. 为保证客户和 SQL Server 数据库服务器能够正常连接，对客户端和服务器端的网络协议有什么要求？
6. SQL Server 2005 提供的启动 SQL Server 服务的工具是哪个？通过这个工具可以将服务设置成几种状态？
7. 查询结果的显示方式有几种？

上机练习

1. 根据你所用计算机的操作系统和软硬件配置，安装合适的 SQL Server 2005 版本，在安装过程中安装上示例数据库：AdventureWorks，并将身份验证模式设置为"混合模式"。
2. 安装正常完成后，运行"SQL Server Configuration Manager"工具，将 SQL Server 服务设置为手动启动方式，并启动该服务。将 SQL Server Agent 服务设置成手动启动方式，并且不启动该服务。
3. 运行"SQL Server Configuration Manager"工具，在服务器端和客户端分别启用"Shared Memory"和"TCP/IP"网络协议。
4. 连接已安装的 SQL Server 2005 实例，打开查询编辑器，将其操作的数据库改为 AdventureWorks。在查询编辑器中输入如下语句并执行：

```
SELECT ProductID, [Name], ProductNumber, SellStartDate
  FROM Production.Product
  WHERE ProductID < 330
```

观察执行的结果。

（1）将查询结果的形式改为"以文本格式显示结果"，再次执行上述语句，观察执行结果。

（2）将查询结果的形式改为"将结果保存到文件"，再次执行上述语句，观察执行结果。

（3）将查询结果的形式改为"以网格显示结果"，再次执行上述语句，观察执行结果。

第 10 章　数据库及表的创建与管理

数据库是存放数据的仓库，用户在利用数据库管理系统提供的功能时，首先必须将自己的数据保存到用户的数据库中。前边我们介绍过，数据库中包含很多对象，包括存放数据的表、用于提高数据查询效率的索引以及满足用户数据需求的视图。

本章介绍在 SQL Server 2005 环境中创建用户数据库、关系表以及定义数据完整性约束的方法。

10.1　SQL Server 数据库概述

SQL Server 2005 中的数据库由包含数据的表集合以及其他对象（如视图、索引等）组成，目的是为执行与数据有关的活动提供支持。SQL Server 支持在一个实例中创建多个数据库，每个数据库在物理上和逻辑上都是独立的，相互之间没有影响。每个数据库存储相关的数据，例如，可以用一个数据库来存储商品及销售信息，另一个数据库存储人事信息。

在 SQL Server 实例中，数据库被分为两大类：系统数据库和用户数据库，如图 10-1 所示。系统数据库是 SQL Server 数据库管理系统自动创建和维护的，这些数据库用于保存维护系统正常运行的信息，如：一个 SQL Server 实例上共建有多少个数据库，每个数据库的属性以及其所包含的对象，每个数据库的用户以及用户的权限等。用户数据库保存的是与用户的业务有关的数据，我们通常所说的建立数据库都指的是创建用户数据库，对数据库的维护也指的是对用户数据库的维护。一般用户对系统数据库没有操作权。

SQL Server 实例

系统数据库　　　　　　用户数据库

图 10-1　数据库的分类

10.1.1　系统数据库

安装完 SQL Server 2005 后，除了用户指定安装的示例数据库（AdventureWorks）外，安装程序还自动创建了 4 个用于维护系统正常运行的系统数据库，分别是 master、msdb、model 和 tempdb。在关系数据库管理系统中，系统的正常运行是靠系统数据库支持的，关系数据库管理系统是一个自维护的系统，它用系统表来维护用户以及系统的信息。根据系统表的作用的不同，SQL Server 又对系统数据库进行了划分，不同的系统数据库存放不同的系统表。

- master：是 SQL Server 2005 中最重要的数据库，用于记录 SQL Server 系统中所有系统级信息，如果该数据库损坏，则 SQL Server 将无法正常工作。
- msdb：是另一个非常重要的数据库。供 SQL Server 代理服务调度报警和作业以及记录操作员时使用，保存关于调度报警、作业、操作员等信息，作业是在 SQL Server 中定义的自动执行的一系列操作的集合，作业的执行不需要任何人工干预。
- model：是 SQL Server 创建的用户数据库模板，其中包含所有用户数据库的共享信息。当用户创建一个数据库时，系统自动将 model 数据库中的全部内容复制到新建数据库中。因此，用户创建的数据库不能小于 model 数据库的大小。

- tempdb：是临时数据库，用于存储用户创建的临时表、用户声明的变量以及用户定义的游标数据等，并为数据的排序等操作提供一个临时工作空间。

10.1.2　SQL Server 数据库的组成

我们在本书第 7 章介绍过，为保证并发事务之间相互没有干扰，为保证事务的原子性和一致性，必须将事务对数据库进行的更改操作记录在日志文件中，对大型数据库来说日志文件是非常重要的。在 SQL Server 中，一个数据库由两类文件组成：数据文件和日志文件。数据文件用于存放数据库数据，日志文件用于存放日志内容。

在 SQL Server 中创建数据库时，了解 SQL Server 如何存储数据是很有必要的，这样用户可以知道如何估算数据库占用空间的大小以及如何为数据文件和日志文件分配磁盘空间。

在考虑数据库的空间分配时，需要了解如下规则：

- 所有数据库都包含一个主数据文件与一个或多个日志文件，此外，还可以包含零个或多个辅助数据文件。实际的文件都有两个名称：操作系统管理的物理文件名和数据库管理系统管理的逻辑文件名（在数据库管理系统中使用的、用在 T-SQL 语句中的名字）。SQL Server 2005 数据文件和日志文件的默认存放位置为\Program Files\ Microsoft SQL Server\ MSSQL.1 \MSSQL\Data 文件夹。
- 在创建用户数据库时，包含系统表的 model 数据库自动被复制到新建数据库中，而且是复制到主数据文件中。
- 在 SQL Server 2005 中，数据的存储单位是数据页（Page，也简称为页）。一页是一块 8KB（8×1024 字节，其中用 8060 个字节存放数据，另外的 132 个字节存放系统信息）的连续磁盘空间，页是存储数据的最小单位。页的大小决定了数据库表中一行数据的最大大小。在 SQL Server 中，不允许表中的一行数据存储在不同页上，即行不能跨页存储。因此表中一行数据的大小（即各列所占空间之和）不能超过 8060 字节。

根据数据页的大小和行不能跨页存储的规则，可以估算出一个数据表所需占用的大致空间。例如：假设一个数据表有 10 000 行数据，每行 3000 字节，则每个数据页可存放两行数据（如图 10-2 所示），此表需要的空间就为(10 000/2)×8KB=40MB。其中，每页被占用 6000 字节，有 2060 个字节是浪费的。因此该数据表的空间浪费情况大约为 25%。

图 10-2　数据的存储情况

因此，在设计数据表时应考虑表中每行数据的大小，使一个数据页尽可能存储更多的数据行，以减少空间浪费。

10.1.3　数据文件和日志文件

1. 数据文件

数据文件用于存放数据库数据。数据文件又分为主数据文件和辅助数据文件两种。

- 主数据文件：主数据文件的推荐扩展名是.mdf，它包含数据库的系统信息，并可存放用户数据库的数据。每个数据库都有且仅有一个主数据文件，且是为数据库创建的第一个数据文件。
- 辅助数据文件：辅助数据文件的推荐扩展名是.ndf。一个数据库可以不包含辅助数据文件，也可以包含多个辅助数据文件，而且这些辅助数据文件可以建立在一个磁盘上，也可以分别建立在不同的磁盘上。

辅助数据文件的使用和主数据文件的使用对用户来说是没有区别的，而且对用户也是透明的，用户不需要关心自己的数据是存放在主数据文件上，还是存放在辅助数据文件上。

2. 日志文件

日志文件的推荐扩展名为.ldf，用于存放恢复数据库的所有日志信息。每个数据库必须至少有一个日志文件，也可以有多个日志文件。日志文件最小为 512KB，但最好不要小于 1MB。

注意：SQL Server 2005 不强制使用.mdf、.ndf 和 .ldf 文件扩展名，但建议使用这些扩展名以利于标识文件。

10.1.4　数据库文件的属性

在定义数据库时，除了指定数据库的名字之外，其余要做的工作就是定义数据库的数据文件和日志文件，定义这些文件需要指定的信息包括以下内容。

1. 文件名及其位置

数据库的每个数据文件和日志文件都有一个逻辑文件名（引用文件时，在 SQL Server 中使用的文件名称）和物理存储位置（包括物理文件名，即操作系统管理的文件名）。一般情况下，如果有多个数据文件的话，为了获得更好的性能，建议将文件分散存储在多个磁盘上。

2. 初始大小

可以指定每个数据文件和日志文件的初始大小。在指定主数据文件的初始大小时，其大小不能小于 model 数据库主数据文件的大小，因为系统是将 model 数据库主数据文件的内容拷贝到用户数据库的主数据文件上。

3. 增长方式

如果需要的话，可以指定文件是否自动增长。该选项的默认设置为自动增长，即当数据库的空间用完后，系统自动扩大数据库的空间，这样可以防止由于数据库空间用完而造成的不能插入新数据或不能进行数据操作的错误。

4. 最大大小

文件的最大大小指的是文件增长的最大空间限制。默认设置是无限制。建议用户设定允许文件增长的最大空间大小，因为，如果用户不设定最大空间大小，但设置了文件自动增长方式，则文件将会无限制增长，直到磁盘空间用完为止。

10.2　创建数据库

创建数据库可以在 SSMS 工具中用图形化的方式实现，也可以通过 T-SQL 语句实现。下面我们分别介绍这两种创建数据库的方法。

10.2.1　用图形化方法创建数据库

用图形化的方法创建数据库的步骤如下：

1）启动 SSMS 工具，并连接到 SQL Server 数据库服务器的一个实例上。

2）在 SSMS 的"对象资源管理器"中，在选定实例下的"数据库"节点上右击鼠标，或者是在某个用户数据库上右击鼠标，在弹出的快捷菜单中选择"新建数据库"命令，弹出如图 10-3 所示的"新建数据库"窗口。

3）在图 10-3 所示的窗口中，在"数据库名称"文本框中输入数据库名，如本例的 students。当输入数据库名时，在下面的"逻辑名称"列中也有了相应的名称，这只是辅助用户命名的逻辑文件名，用户可以对这些名字再进行修改。

图 10-3　"新建数据库"窗口

4）"数据库名称"文本框下面是"所有者"文本框，数据库的所有者可以是任何具有创建数据库权限的登录帐户，数据库所有者对其拥有的数据库具有全部的操作权限，包括修改、删除数据库以及对数据库内容进行操作。默认情况下，数据库的拥有者是"<默认值>"，表示该数据库的所有者是当前登录到 SQL Server 的帐户。关于登录帐户及数据库安全性我们将在第 11 章详细介绍。

5）在图 10-3 的"数据库文件"网格中，可以定义数据库包含的数据文件和事务日志文件。

- 在"逻辑名称"处可以指定文件的逻辑文件名，默认的主数据文件的逻辑文件名同数据库名，默认的第一个日志文件的逻辑文件名为："数据库名" + "_log"。
- "文件类型"列中显示了该文件的类型是数据文件还是日志文件，用户新建文件时，可通过此列指定文件的类型，初始时，数据库必须至少有一个主数据文件和一个日志文件，因此这两个文件的类型是不能修改的。
- "文件组"列中显示了数据文件所在的文件组（日志文件没有文件组概念），文件组是由一组文件组成的逻辑组织。默认情况下，所有的数据文件都属于 PRIMARY 主文件组。主文件组是系统预定义好的，每个数据库都必须有一个主文件组，而且主数据文件必须存放在主文件组中。用户可以根据自己的需要添加辅助文件组，辅助文件组用于组织辅助数据文件，目的是为了提高数据访问性能。
- 在"初始大小"部分可以指定文件创建后的初始大小，默认情况下，主数据文件的初始大小是 3MB，日志文件的初始大小是 1MB。假设我们这里将 students_log 日志文件的初始大小设置为 2MB。
- 在"自动增长"部分可以指定文件的增长方式，默认情况下，主数据文件是每次增加 1MB，

最大大小没有限制，日志文件是每次增加 10%，最大大小也没有限制。单击某个文件对
应的 ⋯ 按钮，可以更改文件的增长方式和最大
大小限制，如图 10-4 所示。

- "路径"部分显示了文件的物理存储位置，默认
的存储位置是 SQL Server 2005 安装磁盘下的
Program Files\Microsoft SQL Server\MSSQL.1\MSSQL\
Data 文件夹。单击此项对应的 ⋯ 按钮，可以更
改文件的存放位置。我们这里将主数据文件和日
志文件均放置在 F:\Data 文件夹下（假设此文件
夹已建好）。

6）在图 10-4 中，取消"启用自动增长"复选框，　图 10-4　更改文件增长方式和最大大小
表示文件不自动增长，文件能够存放的数据量以文件的初始空间大小为限。若选中"启用自动
增长"复选框，则可进一步设置每次文件增加的大小以及文件的最大大小限制。设置文件自动
增长的好处是可以不必随时担心数据库的空间被占满。

- 文件增长：可以按 MB 或百分比增长。如果是按百分比增长，则增量大小为发生增长时文
件大小的指定百分比。指定的大小舍入为最接近的 64 KB 的倍数。
- 最大文件大小：有两种方式，限制文件增长是指定文件可增长到的最大空间；不限制文
件增长是指以磁盘空间容量为限制，在有磁盘空间的情况下，可以一直增长。选择"不
限制文件增长"这个选项是有风险的，如果因为某种原因造成数据恶意增长，则会将整
个磁盘空间占满。清理一块彻底被占满的磁盘空间是非常麻烦的事情。

假设这里我们将 students_log 日志文件设置为限制增长，且最大大小为 6MB。

7）单击图 10-3 上的"添加"按钮，可以增加该数据库的辅助数据文件和日志文件，如图
10-5 所示。

图 10-5　添加数据库文件的窗口

8）我们这里添加一个辅助数据文件。在图 10-5 所示的窗口中，对该新文件进行如下设置：

- 在"逻辑名称"部分输入 students_data1。
- 在"文件类型"下拉列表框中选择"数据"。
- 将初始大小改为 5。
- 单击"自动增长"列中的 $\boxed{...}$ 按钮，设置文件自动增长，每次增加 1MB，最多增加到 10MB。
- 将"路径"改为 F:\Data。

设置好后的形式如图 10-6 所示。

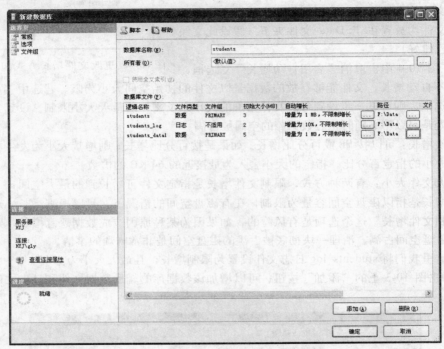

图 10-6　增加了一个辅助数据文件后的窗口

9）选中某个文件后，单击图 10-6 上的"删除"按钮，可删除选中的文件。我们这里不进行任何删除。

10）单击"确定"按钮，完成数据库的创建。

创建成功后，我们在 SSMS 的对象资源管理器中，通过刷新对象资源管理器中的内容，可以看到新建立的数据库。

10.2.2　用 T-SQL 语句创建数据库

除了可以使用 SSMS 工具创建数据库外，还可以使用 T-SQL 语句来创建数据库。对 SQL语句的编写和执行是在 SSMS 的查询编辑器中实现的。

创建数据库的 SQL 语句为 CREATE DATABASE，该语句的简化语法格式为：

```
CREATE DATABASE database_name
    [ ON
        [ PRIMARY ] [ <filespec> [ ,...n ]
        [ , <filegroup> [ ,...n ] ]
    [ LOG ON { <filespec> [ ,...n ] } ]
    ]
```

```
]

<filespec> ::=
{
(   NAME = logical_file_name ,
    FILENAME = { 'os_file_name' | 'filestream_path' }
    [ , SIZE = size [ KB | MB | GB | TB ] ]
    [ , MAXSIZE = { max_size [ KB | MB | GB | TB ] | UNLIMITED } ]
    [ , FILEGROWTH = growth_increment [ KB | MB | GB | TB | % ] ]
) [ ,...n ]
}

<filegroup> ::=
{
    FILEGROUP filegroup_name [ DEFAULT ]
    <filespec> [ ,...n ]
}
```

各参数含义如下：

1）database_name：新数据库的名称。数据库名在 SQL Server 实例中必须是唯一的。如果在创建数据库时未指定日志文件的逻辑名，则 SQL Server 用 database_name 后加 "_log" 作为日志文件的逻辑名和物理名。这种情况下将限制 database_name 不超过 123 个字符，从而使生成的逻辑文件名不会超过 128 个字符。如果未指定数据文件名，则 SQL Server 用 database_name 作为数据文件的逻辑名和物理名。

2）ON：指定用来存储数据库中数据部分的磁盘文件（数据文件）。其后面是用逗号分隔的、用以定义数据文件的 <filespec> 项列表。

3）PRIMARY：指定关联的数据文件的主文件组。带有 PRIMARY 的<filespec>部分定义的第一个文件将成为主数据文件。如果没有指定 PRIMARY，则 CREATE DATABASE 语句中列出的第一个文件将成为主数据文件。

4）LOG ON：指定用来存储数据库中日志部分的磁盘文件（日志文件）。其后面跟以逗号分隔的用以定义日志文件的 <filespec>项列表。如果没有指定 LOG ON，则系统自动创建一个日志文件，其大小为该数据库的所有数据文件大小总和的 25% 或 512 KB，取两者之中的较大者。

5）<filespec>：定义文件的属性。各参数含义如下：

- NAME=logical_file_name：指定文件的逻辑名称。在一个数据库中逻辑名必须唯一，而且必须符合标识符规则。名称可以是字符或 Unicode 常量，也可以是常规标识符或分隔标识符。

- FILENAME= 'os_file_name'：指定操作系统（物理）文件名称。'os_file_name'是创建文件时由操作系统使用的路径和文件名。

- SIZE=size：指定文件的初始大小。 如果没有为主数据文件提供 size，则数据库引擎将使用 model 数据库中的主数据文件的大小。如果指定了辅助数据文件或日志文件，但未指定该文件的 size，则数据库引擎将以 1MB 作为该文件的大小。为主数据文件指定的大小应不小于 model 数据库的主数据文件大小。

    可以使用千字节（KB）、兆字节（MB）、千兆字节（GB）或兆兆字节（TB）后缀。默认为 MB。size 是一个整数值，不能包含小数位。

- MAXSIZE=max_size：指定文件可增大到的最大大小。可以使用 KB、MB、GB 和 TB 后缀。默认为 MB。max_size 为一个整数值，不能包含小数位。如果未指定 max_size，则表示文件大小无限制，文件将一直增大，直至磁盘空间满为止。

- UNLIMITED：指定文件的增长无限制。在 SQL Server 2005 中，指定为不限制增长的日志文件的最大大小为 2TB，而数据文件的最大大小为 16TB。
- FILEGROWTH=growth_increment：指定文件的自动增量。FILEGROWTH 的大小不能超过 MAXSIZE 的大小。

  growth_increment 为每次需要新空间时为文件添加的空间量。该值可以 MB、KB、GB、TB 或百分比（%）为单位指定。如果未在数字后面指定单位，则默认为 MB。如果指定了"%"，则增量大小为发生增长时文件大小的指定百分比。指定的大小舍入为最接近的 64KB 的倍数。FILEGROWTH=0 表明将文件自动增长设置为关闭，即不允许增加空间。

  如果未指定 FILEGROWTH，则数据文件的默认值为 1MB，日志文件的默认增长比例为 10%，并且最小值为 64KB。

6) <filegroup>：控制文件组属性。其中各参数含义如下：

- FILEGROUP filegroup_name：文件组的逻辑名称。filegroup_name 在数据库中必须唯一，而且不能是系统提供的名称 PRIMARY 和 PRIMARY_LOG，名称必须符合标识符规则。
- DEFAULT：指定该文件组为数据库中的默认文件组。

在使用 T-SQL 语句创建数据库时，最简单的情况是可以省略所有的参数，只提供一个数据库名即可，这时系统会按各参数的默认值创建数据库。编写和执行 T-SQL 语句是在查询编辑器中实现的。

下面举例说明如何在查询编辑器中，用 T-SQL 语句创建数据库。

例 1 创建一个名字为"学生管理数据库"的数据库，其他选项均采用默认设置。

```
CREATE  DATABASE 学生管理数据库
```

执行情况如图 10-7 所示。

图 10-7 创建一个数据库

例 2 创建一个名为："RShDB"的数据库，该数据库由一个数据文件和一个事务日志文件组成。数据文件只有主数据文件，其逻辑文件名为"RShDB"，物理文件名为"RShDB.mdf"，存放在"D:\ RShDB_Data"文件夹下，初始大小为 10MB，最大大小为 30MB，自动增长时的递增量为 5MB。事务日志文件的逻辑文件名为"RShDB_log"，物理文件名为"RShDB_log.ldf"，也存放在"D:\ RShDB_Data"文件夹下，初始大小为 3MB，最大大小为 12MB，自动增长时的递增量为 2MB。

创建此数据库的 SQL 语句为：

```
CREATE DATABASE RShDB
ON
 ( NAME = RShDB,
   FILENAME = 'D:\RShDB_Data\RShDB.mdf',
   SIZE = 10,
   MAXSIZE = 30,
   FILEGROWTH = 5 )
LOG ON
( NAME = RShDB_log,
   FILENAME = 'D:\RShDB_Data\RShDB_log.ldf',
   SIZE = 3,
   MAXSIZE = 12,
   FILEGROWTH = 2 )
```

例 3　用 CREATE DATABASE 语句创建 10.2.1 节中用图形化方法创建的 students 数据库：

- 主数据文件逻辑名为 students，存放在 PRIMARY 文件组上，初始大小为 3MB，每次增加 1MB，最大大小无限制，物理存储位置为 F:\Data 文件夹，物理文件名为 students.mdf。
- 辅助数据文件的逻辑名为 students_data1，初始大小为 5MB，自动增长，每次增加 1MB，最多增加到 10MB，物理存储位置为 D:\Data 文件夹，物理文件名为 students_data1.ndf。
- 日志文件的逻辑名为 students_log，初始大小为 2MB，每次增加 10%，最多增加到 6MB，物理存储位置为 F:\Data 文件夹，物理文件名为 students_log.ndf。

创建此数据库的 SQL 语句为：

```
CREATE DATABASE students
ON PRIMARY
  ( NAME = students,
    FILENAME = 'F:\Data\students.mdf',
    SIZE = 3MB,
    MAXSIZE = UNLIMITED),
  ( NAME = students_data1,
    FILENAME = 'D:\Data\students_data1.ndf',
    SIZE = 5MB,
    MAXSIZE = 10MB,
    FILEGROWTH = 1MB
  )
LOG ON
  ( NAME = students_log,
    FILENAME = 'F:\Data\students_log.ldf',
    SIZE = 2MB,
    MAXSIZE = 6MB,
    FILEGROWTH = 10%
  )
```

10.3　基本表的创建与管理

我们在第 4 章已经介绍了如何使用 SQL 语句定义表和数据完整性约束，本章介绍如何在 SQL Server 2005 中利用图形化的方法创建表及定义表和完整性约束。

10.3.1　创建表

在 SQL Server 2005 中可以通过图形化的方法创建表，以及定义数据的完整性约束。这里我们以第 3 章创建的 Student、Course 和 SC 表为例说明图形化建表的方法。

使用 SSMS 图形化地创建 Student 表的步骤如下（假设是在 "students" 数据库中创建这 3

张表)：

1）在 SSMS 的对象资源管理器中，展开包含 students 数据库的实例，并展开"students"数据库。

2）在"students"数据库下的"表"节点上右击鼠标，在弹出的菜单中选中"新建表"命令，在 SSMS 窗口的中间部分多出一个新建表的标签页，称为表设计器，如图 10-8 所示。

3）在"列名"部分输入表中各列的名字，在"数据类型"部分指定对应列的数据类型。"允许空"复选框表示该列取值是否允许有 NULL 值，选中表示允许 NULL 值，不选中表示不允许 NULL 值。

4）图 10-9 所示为输入第一个列 Sno 后的情形，在输入列名后，即可在"数据类型"下拉列表框中指定该列的数据类型。如果是字符类型，则还应该指定字符串长度（默认的长度是 10），也可以在窗口右下角的"列属性"窗格中指定列的数据类型、长度以及是否允许为空等。

图 10-8　新建表的表设计器　　　　　　　　图 10-9　输入列名后情形

5）依次定义 student 表的后续列。定义好 student 表的各列后的表设计器形式如图 10-10 所示。

6）定义好表结构之后，单击工具栏上的"保存"按钮，或者是单击"文件"菜单下的"保存"命令，均弹出如图 10-11 所示的"选择名称"对话框，在此对话框的"输入表名称"文本框中可以指定表的名字，如图中的"Student"。

图 10-10　定义好 Student 表后的情形　　　　　图 10-11　指定表名称窗口

7）单击"确定"按钮保存表的定义。

10.3.2 定义完整性约束

在 SSMS 工具中也可以用图形化的方法定义我们在第 3 章 3.4 节介绍的完整性约束。

1. 定义主键约束

在 SSMS 中定义主键（即主码）的方法为：

1）在要定义主键的表设计器中（假设是 Student 表），单击主键列（Sno）前边的行选择器，选中 Sno 列。若主键由多个列组成（比如 SC 表的主键是（Sno，Cno）），则可在单击其他主键列时按住 Ctrl 键，以达到同时选中多个列的目的。

2）单击工具栏上的"设置主键" 按钮，或者是在主键列上右击鼠标，然后在弹出的菜单中选中"设置主键"命令（如图 10-12 所示），均可将选中的列设置为主键。

设置好主键后，在主键列的行选择器上会出现一个钥匙图标，如图 10-13 所示。

3）单击"保存" 按钮保存表的定义。

图 10-12 选中"设置主键"命令

图 10-13 设置好 student 表的主键后的情形

2. 定义外键约束

下面介绍定义外键（即外码）约束的方法。按照前述 student 表的创建方法，首先创建好第 4 章表 4-9 和表 4-10 所示的 Course 表和 SC 表。在 SC 表中，除了定义主键之外，还需要定义外键。定义好 SC 表后的形式如图 10-14 所示。

下面开始定义 SC 表的外键。步骤如下：

1）在图 10-14 所示窗口中，单击工具栏上的"关系" 按钮，或者是在表的某个列上右击鼠标，然后在弹出的菜单中选择"关系"命令（可参考图 10-12），均弹出如图 10-15 所示的空的"外键关系"设计器窗口。

2）在图 10-15 所示窗口上单击"添加"按钮，"外键关系"设计器窗口变成如图 10-16 所示形式。

3）在图 10-16 所示窗口中，在"选定的关系"列表框中列出了系统提供的默认关系名称（这里是：FK_SC_SC），名称格式为 FK_<tablename>_<tablename>，其中 tablename 是外键表的名称。选中该关系。

4）展开窗口右边的"表和列规范"选项，然后单击右边出现的 按钮（如图 10-17 所示），弹出如图 10-18 所示的"表和列"窗口。

5）在图 10-18 所示的窗口中，从"主键表"下拉列表中选择外键所引用的主键所在的表，我们这里选中"Student"表。在"主键表"下边的网格中，单击第一行，当出现 ☑ 按钮时，单击此按钮，从列表框中选择外键所引用的主键列，我们这里选择"Sno"，如图 10-19 所示。

图 10-14   定义好 SC 表后的情形

图 10-15   空的"外键关系"设计器窗口

图 10-16   有内容的"外键关系"设计器窗口

图 10-17   展开"表和列规范"后的窗口形式

图 10-18   指定外键列和所引用的主键列的窗口

图 10-19   选择 Student 表和 Sno 列

6）在指定好外键之后，在"关系名"部分系统自动对名字进行了更改，如这里是 FK_SC_Student。用户可以更改此名，也可以采用系统提供的名字。我们这里不做修改。

7）在右边的"外键表"下面的网格中，单击"Cno"列，然后单击出现的 ☑ 按钮，从列表框中选择"无"选项，如图 10-20 所示。表示目前定义的外键不包含 Cno。

8）单击"确定"按钮，关闭"表和列"窗口，回到如图 10-21 所示的"外键关系"设计器窗口。至此，定义好了 SC 表的 Sno 外键。按同样的方法定义 SC 表的 Cno 外键。

9）单击"关闭"按钮，关闭"外键关系"设计器，回到 SSMS。

注意关闭"外键关系"设计器窗口并不会保存对外键的定义。

10）在 SSMS 工具栏上单击"保存" 按钮，或者是在关闭表设计器时，在弹出的提示窗口中单击"是"按钮，系统均弹出一个保存提示窗口，在此窗口中单击"是"按钮保存所定义的外键约束。

图 10-20　在 Cno 的下拉列表框中选择"无"　　图 10-21　定义好 Sno 外键后的窗口

3．定义 UNIQUE 约束

假设要为 Student 表的 Sname 列添加 UNIQUE 约束。在 SSMS 中定义 UNIQUE 约束的步骤如下：

1）在 SSMS 的对象资源管理器中展开"Students"数据库，然后展开其中的"表"节点，在要设置 UNIQUE 约束的 Student 表上右击鼠标，在弹出的菜单中选择"修改"命令，出现 Student 的表设计器标签页。

2）单击工具栏上的"管理索引和键" 按钮，或者是在该表的列上右击鼠标，然后在弹出的菜单中选择"索引/键"命令，均弹出如图 10-22 所示的定义"索引/键"的窗口。

3）在图 10-22 所示的窗口中，单击"添加"按钮，然后在右边"常规"列表中的"类型"列表框中，选择"唯一键"选项，如图 10-23 所示。实际上，数据库管理系统是用唯一索引来实现 UNIQUE 约束的，因此，定义 UNIQUE 约束，实际上就是建立了一个唯一索引。

4）在"名称"框中可以修改 UNIQUE 约束的名字，也可以采用系统提供的名字（这里是：IX_Student），我们这里不进行修改。

图 10-22　"索引/键"窗口　　　　　　　图 10-23　指定"唯一键"选项

5）单击"关闭"按钮，关闭创建唯一值约束窗口，回到 SSMS，在 SSMS 上单击 按钮，然后在弹出的"保存"提示窗口中，单击"是"按钮保存新定义的约束。

4. 定义 DEFAULT 约束

我们在第 3 章已经介绍过，DEFAULT 约束用于指定列的默认值。现在假设我们要为 student 表的 Sdept 列定义默认值：计算机系。

在 SSMS 中图形化地设置 DEFAULT 约束的步骤为：

1）在 SSMS 的对象资源管理器中展开 students 数据库并展开其下的"表"节点，在 student 表上右击鼠标，在弹出的菜单中选择"修改"命令，弹出 student 的表设计器标签页。

2）选中要设置 DEFAULT 约束的 Sdept 列，然后在设计器下边的"默认值或绑定"框中输入本列的默认值：计算机系，如图 10-24 所示。

图 10-24　指定列的默认值

3）单击"保存"按钮，即设置好了 Sdept 列的默认值约束。

5. 定义 CHECK 约束

CHECK 约束用于限制列的取值在指定范围内，即约束列的值符合应用语义。这里假设我们要为 student 表的 Sage 列添加取值大于等于 15 的约束。

在 SSMS 中图形化地设置 CHECK 约束的步骤为：

1）在 student 的表设计器标签页上，在该表的任意一个列上右击鼠标，然后从弹出的菜单中选择"CHECK 约束"命令（可参见图 10-12），弹出如图 10-25 所示的"CHECK 约束"窗口。

2）在图 10-25 所示窗口上单击"添加"按钮，"CHECK 约束"窗口成为如图 10-26 所示形式。可以在"名称"框中输入约束的名字（也可以采用系统提供的默认名）。

图 10-25　定义 CHECK 约束窗口

3）在"表达式"框中输入约束的表达式（如图 10-26 中的 Sage >= 15），也可以单击"表达式"右边的 ... 按钮，然后在弹出的"CHECK

约束表达式"窗口中输入 CHECK 约束表达式，如图 10-27 所示。

图 10-26　输入 CHECK 约束表达式

图 10-27　输入 CHECK 约束表达式

4）单击"关闭"按钮，回到 SSMS 窗口，单击"保存"按钮，保存所做的修改。

10.3.3　修改表结构

创建完表和约束之后，可以对表的结构和约束定义进行修改，包括：为表添加列、修改列的定义、定义主键、外键约束等。

在 SSMS 中修改表结构的方法为：

1）在 SSMS 的对象资源管理器中，展开要修改表结构的数据库，并展开其中的"表"节点。

2）在要修改结构的表名上右击鼠标，并在弹出的快捷菜单中选择"修改"命令。这时 SSMS 窗口中将出现该表的表设计器标签页。

3）在此标签页上可以直接进行表结构的修改。可进行的修改操作包括：

- 添加列：可在列定义的最后直接定义新列，也可以在各列中间插入新列。在中间插入新列的方法是在要插入新列的列定义上右击鼠标，然后在弹出的菜单中选择"插入列"命令，这时会在此列前空出一行，用户可在此行定义新插入的列。
- 删除列：选中要删除的列，然后在该列上右击鼠标，在弹出的菜单中选择"删除列"命令。
- 修改已有列的数据类型或长度：只需在"数据类型"项上选择一个新的类型或在"长度"项上输入一个新的长度值即可。
- 为列添加约束：添加约束的方法与创建表时定义约束的方法相同。

4）修改完毕后，单击"保存"按钮，可保存所做的修改。

10.3.4　删除表

在 SSMS 中删除表的操作为：

展开包含要删除表的数据库，展开其中的"表"节点，在要删除的表名上右击鼠标，并在弹出的菜单中选择"删除"命令，弹出"删除对象"窗口，如图 10-28 所示（假设这里要删除 Student 表）。

单击"确定"按钮可删除此表。

需要注意的是：在删除表时，系统会检查参照完整性约束，若删除操作违反了参照完整性约束，则系统拒绝删除表。因此用户应该先删除外键表，后删除主键表。若先删除有外键引用的主键表，则系统将显示一个错误，并且不删除该表。

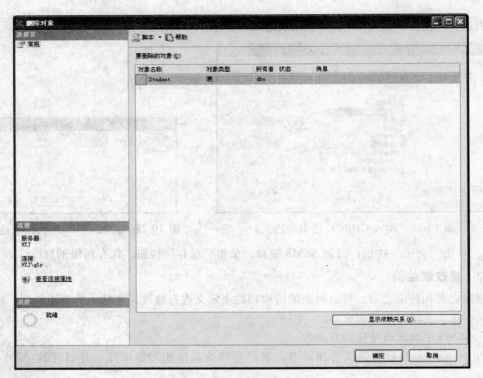

图 10-28 删除对象窗口

若要判定某个表是否可以被删除，可单击图 10-28 上的"显示依赖关系"按钮，查看是否有外键表引用了该被删除的表。

在图 10-28 上单击"显示依赖关系"后，显示的依赖关系窗口如图 10-29 所示。

从图 10-29 中可以看到，与 Student 表有依赖关系的表是 SC 表，因此，Student 表现在不能被删除。

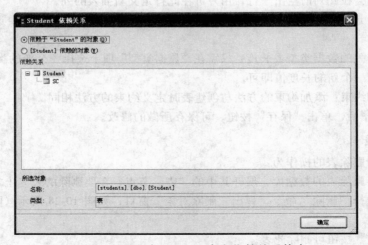

图 10-29 显示与 Student 表有依赖关系的表

10.4 小结

数据库是存放数据和各种数据库对象的场所。为维护系统正常运行，SQL Server 将数据库分为系统数据库和用户数据库两大类。系统数据库是 SQL Server 数据管理系统自己创建和维护的，用户不能删除和更改系统数据库中的系统信息。用户数据库用于存放用户自己的业务数据，由用户负责管理和维护。

本章对创建和删除数据库进行了详细的介绍。SQL Server 2005 的数据库由数据文件和日志文件组成，而且每个数据库至少包含一个主数据文件和一个日志文件，用户数据库的主数据文件的大小不能小于 model 数据库的主数据文件的大小。为了能充分利用多个磁盘的存储空间，可以将数据文件和日志文件分别建立在不同的磁盘上。

创建数据库实际上就是定义数据库所包含的数据文件和日志文件，定义这些文件的基本属性。定义好数据文件也就定义好了数据库三级模式中的内模式。数据库中的数据文件和日志文件的属性是一样的，这些文件都有逻辑文件名、物理存储位置、初始大小、增长方式和最大大小 5 个属性。当不再需要某个数据库时，可以将其删除，删除数据库也就删除了此数据库所包含的全部数据文件和日志文件。

本章同时介绍了在 SQL Server 2005 提供的 SSMS 工具中建立和维护关系表的方法，从本章介绍的关系表的创建和维护可以看到，用户只需指明是在哪个数据库上进行操作，而不需要关心这些表是建立在哪个数据库文件上的，更不用关心数据库的存储位置。这些都是第 2 章介绍的关系数据库的物理独立性特征的体现。

习题

1. 根据数据库用途的不同，SQL Server 将数据库分为哪两类？
2. 安装完 SQL Server 之后系统提供了哪些系统数据库？每个系统数据库的作用是什么？
3. SQL Server 数据库由哪两类文件组成？这些文件的推荐扩展名分别是什么？
4. SQL Server 数据库可以包含几个主数据文件？几个辅助数据文件？几个日志文件？
5. 数据文件和日志文件分别包含哪些属性？
6. SQL Server 中数据的存储单位是什么？存储单位对存储数据有何限制？
7. SQL Server 2005 每个数据页的大小是多少？数据页的大小对表中一行数据大小的限制有何关系？
8. 如何估算某个数据表所占的存储空间？如果某个数据表包含 20000 行数据，每行的大小是 5000 字节，则此数据库表大约需要多少存储空间？在这些存储空间中，有多少空间是浪费的？
9. 用户创建数据库时，对数据库主数据文件的初始大小有什么要求？

上机练习

下述练习均用 SSMS 工具实现。

1. 分别用图形化方法和 CREATE DATABASE 语句创建符合如下条件的数据库：

数据库的名字为：Students；

数据文件的逻辑文件名为：Students_dat，物理文件名为：Students.mdf，存放在"D:\Test"目录下（若 D:中无此子目录，可先建立此目录，然后再创建数据库）；

文件的初始大小为：5MB；

增长方式为自动增长，每次增加 1MB；

日志文件的逻辑文件名字为：Students_log，物理文件名为：Students.ldf，也存放在"D:\Test"目录下；

日志文件的初始大小为：2MB；

日志文件的增长方式为自动增长，每次增加 10%。

2. 分别用图形化方法和 CREATE DATABASE 语句创建符合如下条件的数据库，此数据库包含两个数据文件和两个事务日志文件：

数据库的名字为：财务数据库；

数据文件 1 的逻辑文件名为：财务数据 1，物理文件名为：财务数据 1.mdf，存放在"D:\财务数据"目录下（若 D:中无此子目录，可先建立此目录，然后再创建数据库）；

文件的初始大小为：2MB；

增长方式为自动增长，每次增加 1MB；

数据文件 2 的逻辑文件名为：财务数据 2，物理文件名为：财务数据 2.ndf，存放在与主数据文件相同的目录下；

文件的初始大小为：3MB；

增长方式为自动增长，每次增加 10%。

日志文件为：

日志文件 1 的逻辑文件名为：财务日志 1，物理文件名为：财务日志 1_log.ldf，存放在"D:\财务日志"目录下；

初始大小为：1MB；

增长方式为自动增长，每次增加 10%。

日志文件 2 的逻辑文件名为：财务日志 2，物理文件名为：财务日志 2_log.ldf，存放在"D:\财务日志"目录下；

初始大小为：2MB；

增长方式为不自动增长。

3. 删除新建立的财务数据库，观察该数据库包含的文件是否一起被删除了。

4. 在第 1 题建立的 Students 数据库中，分别创建满足如下条件的 3 张表（注："说明"信息不作为创建表的内容）：

教师表（Teacher）

列　名	说　明	数 据 类 型	约　束
Tno	教师号	普通编码定长字符串，长度为 7	主码
Tname	姓名	普通编码定长字符串，长度为 10	非空
Tsex	性别	普通编码定长字符串，长度为 2	取值为"男"、"女"
Birthday	出生日期	小日期时间型	允许空
Dept	所在部门	普通编码定长字符串，长度为 20	允许空
Sid	身份证号	普通编码定长字符串，长度为 18	取值不重

课程表（Course）

列　名	说　明	数 据 类 型	约　束
Cno	课程号	普通编码定长字符串，长度为 10	主码
Cname	课程名	普通编码定长字符串，长度为 20	非空
Credit	学分	小整型	大于 0
Property	课程性质	字符串，长度为 10	默认值为"必修"

授课表（Teaching）

列　　名	说　　明	数　据　类　型	约　　束
Tno	教师号	普通编码定长字符串，长度为 7	主码，引用教师表的外码
Cno	课程名	普通编码定长字符串，长度为 10	主码，引用课程表的外码
Hours	授课时数	整数	大于 0

5. 修改表结构：

（1）在授课表中添加一个授课类别列：列名为：Type，类型为 char(4)。

（2）将授课表的 Type 列的类型改为 char(8)。

（3）删除课程表中的 Property 列。

第11章 安全管理

安全性对于任何一个数据库管理系统来说都是至关重要的。数据库通常存储了大量的数据，这些数据可能是个人信息、客户清单或其他机密资料。如果有人未经授权非法侵入了数据库，并窃取了查看和修改数据的权限，将会造成极大的危害，特别是在银行、金融等系统中更是如此。SQL Server 2005 对数据库数据的安全管理使用身份验证、数据库用户权限确认等措施来保护数据库中的信息资源，以防止这些资源被破坏。本章首先介绍数据库安全控制模型，然后讨论如何在 SQL Server 2005 中实现安全控制，包括用户身份的确认和用户操作权限的授予等。

11.1 安全控制概述

安全性问题并非数据库管理系统所独有，实际上在许多系统中都存在同样的问题。数据库的安全控制是指：在数据库应用系统的不同层次提供对有意和无意损害行为的安全防范。

在数据库中，对有意的非法活动可以采用加密存、取数据的方法控制；对有意的非法操作可以使用用户身份验证、限制操作权等方法来控制；对无意的损坏可以采用提高系统的可靠性和数据备份等方法来控制。

在介绍数据库管理系统如何实现对数据的安全控制之前，有必要先了解一下数据库的安全控制模型和安全控制过程。

11.1.1 安全控制模型

在一般的计算机系统中，安全措施是一级一级层层设置的。图 11-1 显示了计算机系统中从用户使用数据库应用程序开始一直到访问后台数据库数据，需要经过的所有安全认证过程。

图 11-1　计算机系统的安全模型

当用户要访问数据库数据时，应该首先进入数据库系统。用户进入数据库系统通常是通过数据库应用程序实现的，这时用户要向数据库应用程序提供其身份，然后数据库应用程序将用户的身份递交给数据库管理系统进行验证，只有合法的用户才能进入到下一步的操作。对合法的用户，当其要进行数据库操作时，DBMS 还要验证此用户是否具有这种操作权限。如果有操作权限，才进行操作，否则拒绝执行用户的操作。在操作系统一级也有自己的保护措施。比如，设置文件的访问权限等。对于存储在磁盘上的文件，还可以加密存储，这样即使数据被人窃取，也很难读懂数据。另外，还可以将数据库文件保存多份，当出现意外情况时（如磁盘破损），可以不至于丢失数据。

这里只讨论与数据库有关的用户身份验证和用户权限管理等技术。

11.1.2 SQL Server 安全控制过程

大型数据库管理系统的自主存取控制模式中，用户访问数据库数据都要经过 3 个安全认证过程。第一个过程，确认用户是否是数据库服务器的合法帐户（具有登录名）；第二个过程，确认用户是否要访问的数据库的合法用户（是数据库用户）；第三个过程，确认用户是否具有合适的操作权限（权限认证）。这个过程的示意图如图11-2所示。

图 11-2　安全认证的 3 个过程

用户在登录到数据库服务器后，是不能访问任何用户数据库的，因此需要第二步认证，让用户成为某个数据库的合法用户。用户成为数据库合法用户之后，对数据库中的用户数据还是没有任何操作权限，因此需要第三步认证，授予用户具有合适的操作权限。下面分别介绍在 SQL Server 2005 中如何实现这 3 个认证过程。

11.2　登录名

SQL Server 2005 的安全权限是基于标识用户身份的登录标识符（Login ID，登录 ID）的，登录 ID 就是控制访问 SQL Server 数据库服务器的登录名。如果未指定有效的登录 ID，则用户不能连接到 SQL Server 数据库服务器。

11.2.1　身份验证模式

SQL Server 2005 支持两类登录名。一类是由 SQL Server 自身负责身份验证的登录名；另一类是登录到 SQL Server 的 Windows 网络用户，可以是组名或用户名。根据不同的登录名类型，SQL Server 2005 相应地提供了两种身份验证模式：Windows 身份验证模式和混合验证模式。

1．Windows 身份验证模式

由于 SQL Server 2005 和 Windows 操作系统都是微软公司的产品，因此，微软公司将 SQL Server 与 Windows 操作系统的用户身份验证进行了绑定，提供了以 Windows 操作系统用户身份登录到 SQL Server 的方式，也就是 SQL Server 将用户的身份验证交给了 Windows 操作系统来完成。在这种身份验证模式下，SQL Server 将通过 Windows 操作系统来获得用户信息，并对登录名和密码进行重新验证。

当使用 Windows 身份验证模式时，用户必须首先登录到 Windows 操作系统，然后再登录到 SQL Server。而且用户登录到 SQL Server 时，只需选择 Windows 身份验证模式，而无需再提供登录名和密码，系统会从用户登录到 Windows 操作系统时提供的用户名和密码中查找当前用户的登录信息，以判断其是否是 SQL Server 的合法用户。

对于 SQL Server 来说，一般推荐使用 Windows 身份验证模式，因为这种安全模式能够与 Windows 操作系统的安全系统集成在一起，以提供更多的安全功能。

2．混合身份验证模式

混合身份验证模式表示 SQL Server 允许 Windows 授权用户和 SQL 授权用户登录到 SQL Server 数据库服务器。如果希望允许非 Windows 操作系统的用户也能登录到 SQL Server 数据库服务器上，则应该选择混合身份验证模式。如果在混合身份验证模式下，选择使用 SQL 授权用户登录 SQL Server 数据库服务器，则用户必须提供登录名和密码两部分内容，因为 SQL Server 必须要用这两部分内容来验证用户的合法身份。

SQL Server 身份验证的登录信息（用户名和密码）都保存在 SQL Server 实例上，而 Windows 身份验证的登录信息是由 Windows 和 SQL Server 实例共同保存的。

可以在安装过程中设置身份验证模式，也可以在安装完成之后，在 SSMS 工具中设置。具体方法是：在要设置身份验证模式的 SQL Server 实例上右击鼠标，从弹出的菜单中选择"属性"命令弹出"服务器属性"窗口，在该窗口左边的"选择页"上，单击"安全性"选项，然后在显示窗口（如图 11-3 所示）的"服务器身份验证"部分，可以设置身份验证模式（其中的"SQL Server 和 Windows 身份验证模式"即为混合身份验证模式）。

图 11-3 "安全性"选项的窗口

11.2.2 建立登录名

SQL Server 数据库服务器支持两种类型的登录名，一类是 Windows 用户，另一类是 SQL Server 用户（非 Windows 用户）。而且建立登录名也有两种方法，一种是通过 SQL Server 2005 的 SSMS 工具实现，另一种是通过 T-SQL 语句实现。下面分别介绍这些实现方法。

1. 用 SSMS 工具建立 Windows 身份验证的登录名

使用 Windows 登录名连接到 SQL Server 时，SQL Server 依赖操作系统的身份验证，而且只检查该登录名是否已经在 SQL Server 实例上映射了相应的登录名，或者该 Windows 用户是否属于一个已经映射到 SQL Server 实例上的 Windows 组。

使用 Windows 登录名进行的连接，被称为信任连接（trusted connection）。

在使用 SSMS 工具建立 Windows 身份验证的登录名之前，应该先在操作系统中建立一个 Windows 用户，假设我们这里已经在操作系统建立好了两个 Windows 用户，用户名为 "Win_User1" 和 "Win_User2"。

在 SSMS 工具中，建立 Windows 身份验证的登录名的步骤如下：

1）在 SSMS 的对象资源管理器中，依次展开"安全性"→"登录名"节点。在"登录名"节点上右击鼠标，在弹出的菜单中选择"新建登录名"命令，弹出如图 11-4 所示的新建登录窗口。

图 11-4　新建登录名窗口

2）在图 11-4 所示窗口上单击"搜索"按钮，弹出如图 11-5 所示的"选择用户或组"窗口。

3）在图 11-5 所示窗口上单击"高级"按钮，弹出如图 11-6 所示的"选择用户或组"的高级选项窗口。

图 11-5　"选择用户或组"窗口　　　　图 11-6　"选择用户或组"的高级选项窗口

4）在图 11-6 所示窗口上单击"立即查找"按钮，在下面的"名称"列表框中将列出查找的结果，如图 11-7 所示。

5）在图 11-7 所示窗口中列出了全部可用的 Windows 用户和组。在这里可以选择组，也可以选择用户。如果选择一个组，则表示该 Windows 组中的所有用户都可以登录到 SQL Server，而且他们都对应到 SQL Server 的一个登录名上。我们这里选中"Win_User2",然后单击"确定"按钮,回到"选择用户或组"窗口,此时窗口的形式如图 11-8 所示。

| 图 11-7　查询结果窗口 | 图 11-8　选择好登录名后的窗口 |

6) 在图 11-8 所示的窗口上单击"确定"按钮,回到图 11-4 所示的新建登录窗口,此时在此窗口的"登录名"框中会出现:HYJ\Win_User2。在此窗口上单击"确定"按钮,完成对登录名的创建。

这时如果用户用 Win_User2 登录操作系统,并连接到 SQL Server,则此时连接界面中的登录名应该是 HYJ\Win_User2。

2. 用 SSMS 工具建立 SQL Server 身份验证的登录名

在建立 SQL Server 身份验证的登录名之前,必须确保 SQL Server 实例支持的身份验证模式是混合模式的。通过 SSMS 工具建立 SQL Server 身份验证的登录名的具体步骤如下:

1) 以系统管理员身份连接到 SSMS,在 SSMS 的对象资源管理器中,依次展开"安全性"→"登录名"节点。在"登录名"节点上右击鼠标,在弹出的菜单中选择"新建登录名"命令,弹出新建登录窗口(参见图 11-4)。

2) 在图 11-4 窗口的"常规"选择页上,在"登录名"文本框中输入:SQL_User1,在身份验证模式部分选中"SQL Server 身份验证"选项,表示新建立一个 SQL Server 身份验证模式的登录名。选中该选项后,其中的"密码"、"确认密码"等选项均成为可用状态,如图 11-9所示。

3) 在"密码"和"确认密码"文本框中输入该登录帐户的密码。中间几个复选框的说明如下。

- 强制实施密码策略:表示对该登录名强制实施密码策略,这样可强制用户的密码具有一定的复杂性。在 Windows Server 2003 或更高版本环境下运行 SQL Server 2005 时,可以使用 Windows 密码策略机制(在 Windows XP 操作系统下不支持密码策略)。SQL Server 2005 可以将 Windows Server 2003 中使用的复杂性策略和过期策略应用于 SQL Server 内部使用的密码。
- 强制密码过期:对该登录名强制实施密码过期策略。必须先选中"强制实施密码策略"才能启用此复选框。
- 用户在下次登录时必须更改密码:首次使用新登录名时,SQL Server 将提示用户输入新密码。
- 映射到证书:表示此登录名与某个证书相关联。

图 11-9 输入登录名并选中"SQL Server 身份验证"

- 映射到非对称密钥：表示此登录名与某个非对称密钥相关联。
- 密钥名称：表示关联某个非对称密钥的名称。
- 默认数据库：指定该登录名初始登录到 SSMS 时进入的数据库。
- 默认语言：指定该登录名登录到 SQL Server 时使用的默认语言。一般情况下，都使用"默认值"，使该登录名使用的语言与所登录的 SQL Serer 实例所使用的语言一致。

我们这里去掉对"强制实施密码策略"复选框的选择，然后单击"确定"按钮，完成对登录名的建立。

3. 用 T-SQL 语句建立登录名

创建新的登录名的 T-SQL 语句是 CREATE LOGIN，该语句是 SQL Server 2005 中的新语句。其简化语法格式为：

```
CREATE LOGIN login_name { WITH <option_list1> | FROM <sources> }
<sources> ::=
    WINDOWS [ WITH <windows_options> [ ,... ] ]
<option_list1> ::=
    PASSWORD = 'password' [ , <option_list2> [ ,... ] ]
<option_list2> ::=
    SID = sid
    | DEFAULT_DATABASE = database
    | DEFAULT_LANGUAGE = language
<windows_options> ::=
    DEFAULT_DATABASE = database
    | DEFAULT_LANGUAGE = language
```

其中各参数含义为：

- login_name：指定创建的登录名。有 4 种类型的登录名：SQL Server 身份验证的登录名、

Windows 身份验证的登录名、证书映射的登录名和非对称密钥映射的登录名。如果从 Windows 域用户映射 login_name，则 login_name 必须用方括号（[]）括起来。

- WINDOWS：指定将登录名映射到 Windows 用户名。
- PASSWORD = 'password'：仅适用于 SQL Server 身份验证的登录名。指定正在创建的登录名的密码。
- SID = sid：仅适用于 SQL Server 身份验证的登录名。指定新 SQL Server 登录名的 GUID（全球唯一标识符）。如果未选择此选项，则 SQL Server 将自动指派 GUID。
- DEFAULT_DATABASE = database：指定新建登录名的默认数据库。如果未包括此选项，则默认数据库将设置为 master。
- DEFAULT_LANGUAGE = language：指定新建登录名的默认语言。如果未包括此选项，则默认语言将设置为服务器的当前默认语言。即使以后服务器的默认语言发生更改，登录名的默认语言仍然保持不变。

例 1 创建 SQL Server 身份验证的登录名。登录名为：SQL_User2，密码为：a1b2c3XY。

```
CREATE LOGIN SQL_User2 WITH PASSWORD = 'a1b2c3XY';
```

例 2 创建 Windows 身份验证的登录名。从 Windows 域用户创建 [HYJ\Win_User2]登录名。

```
CREATE LOGIN [HYJ\Win_User2] FROM WINDOWS;
```

例 3 创建 SQL Server 身份验证的登录名。登录名为：SQL_User3，密码为：AD4h9fcdhx32MOP。要求该登录名首次连接服务器时必须更改密码。

```
CREATE LOGIN SQL_User3 WITH PASSWORD = 'AD4h9fcdhx32MOP' MUST_CHANGE;
```

11.2.3 删除登录名

由于一个 SQL Server 登录名可以是多个数据库中的合法用户，因此在删除登录名时，应该先将该登录名在各个数据库中映射的数据库用户删除掉（如果有的话），然后再删除登录名。否则会产生没有对应的登录名的孤立数据库用户。

删除登录名可以在 SSMS 工具中实现，也可以使用 T-SQL 语句实现。

1. 用 SSMS 工具实现

我们以删除 NewUser 登录名为例（假设系统中已有此登录名），说明删除登录名的步骤。

1）以系统管理员身份连接到 SSMS，在 SSMS 的对象资源管理器中，依次展开"安全性"→"登录名"节点。

2）在要删除的登录名（NewUser）上右击鼠标，从弹出的菜单中选择"删除"命令。弹出如图 11-10 所示的删除登录名属性窗口。

3）在图 11-10 所示的窗口中，若确实要删除此登录名，则单击"确定"按钮，否则单击"取消"按钮。我们这里单击"确定"按钮，系统会弹出一个提示窗口，该窗口提示用户，删除登录名并不会删除对应的数据库用户。

4）我们这里单击"确定"按钮，删除 NewUser 登录名。

2. 用 T-SQL 语句实现

删除登录名的 T-SQL 语句为 DROP LOGIN，其语法格式为：

```
DROP LOGIN login_name
```

其中 login_name 为要删除的登录名的名字。

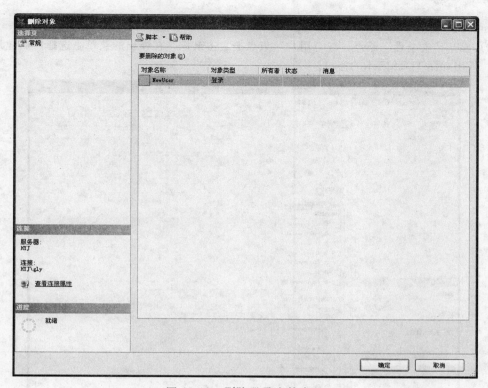

图 11-10 删除登录名的窗口

注意：不能删除正在使用的登录名，也不能删除拥有任何数据库对象、服务器级别对象的登录名。

例 4 删除 SQL_User2 登录名。

```
DROP LOGIN SQL_User2;
```

11.3 数据库用户

数据库用户是数据库级别上的主体。用户在具有了登录名之后，他只能连接到 SQL Server 数据库服务器上，并不具有访问任何用户数据库的权限，只有成为了数据库的合法用户后，才能访问该数据库。本节介绍如何对数据库用户进行管理。

数据库用户一般都来自于服务器上已有的登录名，让登录名成为数据库用户的操作称为"映射"。一个登录名可以映射为多个数据库中的用户，这种映射关系为同一服务器上不同数据库的权限管理带来了很大的方便。管理数据库用户的过程实际上就是建立登录名与数据库用户之间的映射关系的过程。默认情况下，新建立的数据库只有一个用户：dbo，它是数据库的拥有者。

11.3.1 建立数据库用户

建立数据库用户可以用 SSMS 工具实现，也可以使用 T-SQL 语句实现。

1. 用 SSMS 工具实现

让一个登录名可以访问某个数据库，实际就是将这个登录名映射为该数据库中的合法用户。在 SSMS 工具中建立数据库用户的步骤为：

1) 在 SSMS 工具的对象资源管理器中，展开要建立数据库用户的数据库（假设这里我们展开 students 数据库）。

2）展开"安全性"节点，在"用户"节点上右击鼠标，在弹出的菜单上选择"新建用户"命令，弹出如图 11-11 所示的窗口。

图 11-11 新建数据库用户窗口

3）在图 11-11 所示的窗口中，在"用户名"文本框中可以输入一个与登录名对应的数据库用户名；在"登录名"部分指定将要成为此数据库用户的登录名。可单击"登录名"文本框右边的□按钮，查找某登录名。

这里我们在"用户名"文本框中输入：SQL_User1，然后单击"登录名"文本框右边的□按钮，弹出如图 11-12 所示的"选择登录名"窗口。

4）在图 11-12 所示的窗口中，单击"浏览"按钮，弹出如图 11-13 所示的"查找对象"窗口。

图 11-12 "选择登录名"窗口   图 11-13 "查找对象"窗口

5）在图 11-13 所示的窗口中，选中"[SQL_User1]"前的复选框，表示让该登录名成为 students 数据库中的用户。单击"确定"按钮关闭"查找对象"窗口，回到"选择登录名"窗口，这时该窗口的形式如图 11-14 所示。

6) 在图 11-14 所示窗口上单击"确定"按钮,关闭该窗口,回到新建数据库用户窗口。在此窗口上再次单击"确定"按钮关闭该窗口,完成数据库用户的建立。

这时展开 students 数据库下的"安全性"节点及该节点下的"用户"节点,可以看到 SQL_User1 已经在该数据库的用户列表中了。

2. 用 T-SQL 语句实现

建立数据库用户的 T-SQL 语句是 CREATE USER,该语句也是 SQL Server 2005 中的新语句。其简化的语法格式如下:

图 11-14　指定好登录名后的情形

```
CREATE USER user_name [ { { FOR | FROM }
    {
        LOGIN login_name
    }
    ]
```

其各参数说明如下:

- user_name:指定在此数据库中用于识别该用户的名称。
- LOGIN login_name:指定要映射为数据库用户的 SQL Server 登录名。login_name 必须是服务器中有效的登录名。

注意:如果省略 FOR LOGIN,则新的数据库用户将被映射到同名的 SQL Server 登录名。

例5　让 SQL_User2 登录名成为 students 数据库中的用户,并且用户名同登录名。

```
CREATE USER SQL_User2;
```

例6　本示例首先创建名为 SQL_JWC 的 SQL Server 身份验证的登录名,该登录名的密码为:jKJl3\$nN09jsK84,然后在 students 数据库中创建与此登录名对应的数据库用户 JWC。

```
CREATE LOGIN SQL_JWC
    WITH PASSWORD = 'jKJl3$nN09jsK84';
GO
USE students;
GO
CREATE USER JWC FOR LOGIN SQL_JWC;
```

注意:一定要清楚服务器登录名与数据库用户是两个完全不同的概念。具有登录名的用户可以登录到 SQL Server 实例上,而且只局限在实例上进行操作。而数据库用户则是登录名以什么样的身份在该数据库中进行操作,是登录名在具体数据库中的映射,这个映射名(数据库用户名)可以和登录名一样,也可以不一样。一般为了便于理解和管理,都采用相同的名字。

11.3.2　删除数据库用户

从当前数据库中删除一个用户,实际就是解除了登录名和数据库用户之间的映射关系,但并不影响登录名的存在。删除数据库用户之后,其对应的登录名仍然存在。

删除数据库用户可以用 SSMS 工具实现,也可以使用 T-SQL 语句实现。

1. 用 SSMS 工具实现

我们以删除 students 数据库中的 SQL_User2 用户为例，说明使用 SSMS 工具删除数据库用户的步骤。

1）以系统管理员身份连接到 SSMS，在 SSMS 工具的对象资源管理器中，依次展开"数据库"→"students"→"安全性"→"用户"节点。

2）在要删除的"SQL_User2"用户名上右击鼠标，在弹出的菜单上选择"删除"命令，弹出如图 11-15 所示的"删除对象"窗口。

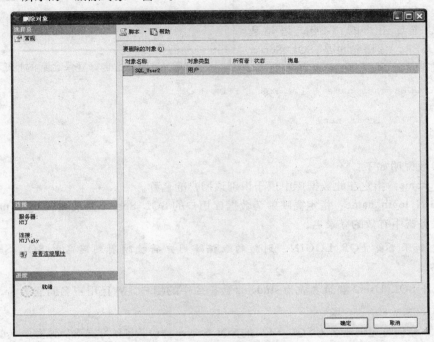

图 11-15　"删除对象"窗口

3）在"删除对象"窗口中，如果确实要删除，则单击"确定"按钮，删除此用户。否则单击"取消"按钮。我们这里选择"确定"按钮，删除"SQL_User2"。

2. 用 T-SQL 语句实现

删除数据库用户的 T-SQL 语句是 DROP USER，其语法格式为：

```
DROP USER user_name
```

其中 user_name 为要在此数据库中删除的用户名。

例 7　删除 SQL_User2 用户。

```
DROP USER SQL_User2
```

11.4　权限管理

在现实生活中，每个单位的职工都有一定的工作职能以及相应的配套权限。在数据库中也是一样，为了让数据库中的用户能够进行合适的操作，SQL Server 提供了一套完整的权限管理机制。

当登录名成为数据库中的合法用户之后，他除了具有一些系统视图的查询权限之外，并不对数据库中的用户数据和对象具有任何操作权限，因此，下一步就需要为数据库中的用户授予数据库数据及对象的操作权限。

权限按其作用的不同，可以分为系统维护权限和数据库对象及数据库数据的操作权限。在数据库中一般将用户分为系统管理员、数据库对象拥有者和普通用户3类。

11.4.1 权限种类及用户分类

1. 权限的种类

通常情况下，将数据库中的权限划分为两类。一类是对数据库系统进行维护的权限，另一类是对数据库中的对象和数据进行操作的权限。对数据库对象的操作权包括创建、删除和修改数据库对象，我们将这类权限称为**语句权限**；对数据库数据的操作权限包括对表、视图数据的增、删、改、查权限，我们将这类权限称为**对象权限**。

（1）对象权限

对象权限是用户在已经创建好的对象上行使的权限，主要包括：对表和视图数据进行SELECT、INSERT、UPDATE 和 DELETE 的权限，其中 UPDATE 和 SELECT 可以对表或视图的单个列进行授权。

（2）语句权限

SQL Server 除了提供对象的操作权限外，还提供了创建对象的权限，即语句权限。SQL Server 提供的语句权限主要包括：

- CRAETE TABLE：具有在数据库中创建表的权限。
- CREATE VIEW：具有在数据库中创建视图的权限。
- CREATE DATABASE：具有创建数据库的权限。

（3）隐含权限

隐含权限是指数据库拥有者和数据库对象拥有者本身所具有的权限，隐含权限相当于内置权限，不需要再明确地授予这些权限。例如，数据库拥有者自动地具有对数据库进行一切操作的权限。

2. 数据库用户的分类

数据库中的用户按其操作权限的不同可分为如下3类：

（1）系统管理员

系统管理员在数据库服务器上具有全部的权限，包括对服务器的配置和管理权限，也包括对全部数据库的操作权限。当用户以系统管理员身份进行操作时，系统不对其权限进行检验。每个数据库管理系统在安装好之后都有自己默认的系统管理员，SQL Server 2005 的默认系统管理员是"sa"。在安装好之后可以授予其他用户具有系统管理员的权限。

（2）数据库对象拥有者

创建数据库对象的用户即为数据库对象拥有者。数据库对象拥有者对其所拥有的对象具有全部权限。

（3）普通用户

普通用户只具有对数据库数据的增、删、改、查权限。

在数据库管理系统中，权限一般分为对象权限、语句权限和隐含权限3种，其中语句权限和对象权限是可以被授予数据库用户的权限，隐含权限是用户自动具有的权限。

11.4.2 权限的管理

在上边介绍的3种权限中，隐含权限是由系统预先定义好的，这类权限不需要也不能进行设置。因此，权限的设置实际上是指对对象权限和语句权限的设置。权限的管理包含如下3个内容：

- 授予权限：授予用户或角色具有某种操作权。
- 收回权限：收回（或称为撤销）曾经授予给用户或角色的权限。
- 拒绝访问：拒绝某用户或角色具有某种操作权限，即使用户或角色由于继承而获得这种操作权限，也不允许执行相应的操作。

1. 对象权限的管理

对对象权限的管理可以通过 SSMS 工具实现，也可以通过 T-SQL 语句实现。

（1）用 SSMS 工具实现

我们以在 students 数据库中，授予 SQL_User1 用户具有 Student 表的 SELECT 和 INSERT 权限、Course 表的 SELECT 权限为例，说明在 SSMS 工具中授予用户对象权限的过程。

在授予 SQL_User1 用户权限之前，我们先做个实验。首先用 SQL_User1 用户建立一个新的数据库引擎查询，在查询编辑器中，输入代码：

`SELECT * FROM Student`

执行该代码后，SSMS 的界面如图 11-16 所示。

这个实验表明，数据库用户在数据库中对用户数据没有任何操作权限。

下面说明在 SSMS 工具中对数据库用户授权的方法。

1）在 SSMS 工具的对象资

图 11-16　没有查询权限时执行查询语句出现的错误

源管理器中，依次展开"数据库"→"students"→"安全性"→"用户"，在"SQL_User1"用户上右击鼠标，在弹出的菜单中选择"属性"命令，弹出如图 11-17 所示的数据库用户属性窗口。

图 11-17　数据库用户属性窗口

2）单击左边"选择页"列表中的"安全对象"选项，出现如图11-18所示的"安全对象"窗口。

图11-18 用户的安全对象窗口

3）在图11-18所示的窗口中，单击"添加"按钮，弹出如图11-19所示的"添加对象"窗口，在这个窗口中可以选择要添加的对象类型。默认是添加"特定对象"类。

4）在"添加对象"窗口中，我们不进行任何修改，单击"确定"按钮，弹出如图11-20所示的"选择对象"窗口。在这个窗口中可以通过选择对象类型来对对象进行筛选。

图11-19 "添加对象"窗口

图11-20 "选择对象"窗口

5）在"选择对象"窗口中，单击"对象类型"按钮，弹出如图11-21所示的"选择对象类型"窗口。在这个窗口中可以选择要授予权限的对象类型。

6）由于我们是要授予SQL_User1用户对Student和Course表的权限，因此在"添加对象类型"窗口中，选中"表"选项前边的复选框（如图11-21所示）。单击"确定"按钮，回到"选择对象"窗口，这时在该窗口的"选择这些对象类型"列表框中会列出所选的"表"对象类型，如图11-22所示。

7）在图11-22所示的窗口中，单击"浏览"按钮，弹出如图11-23所示的"查找对象"窗

口。在该窗口中列出了当前可以被授权的全部表。这里我们选中"Student"和"Course"表前
边的复选框。

图 11-21 "选择对象类型"窗口

图 11-22 指定好对象类型后的"选择对象"窗口

8）在"查找对象"窗口中指定好要授权的表之后，单击"确定"按钮，回到"选择对象"
窗口，此时该窗口的形式如图 11-24 所示。

图 11-23 选择要授权的表

图 11-24 指定要授权的表之后的
"选择对象"窗口

9）在图 11-24 所示的窗口上，单击"确定"按钮，回到数据库用户属性中的"安全对象"
窗口，此时该窗口形式如图 11-25 所示。现在可以在这个窗口上对选择的对象授予相关的权限。

10）在图 11-25 所示的窗口中：

- 选中"授予"选项对应的复选框表示授予该项权限；
- 选中"具有授予权限"选项表示在授权时同时授予了该权限的转授权，即该用户还可以
  将其获得的权限授予其他人；
- 选中"拒绝"选项对应的复选框表示拒绝该用户获得该权限；不做任何选择表示用户没
  有此项权限。

我们这里首先在"安全对象"列表框中选中"Course"，然后在下面的权限部分选中 SELECT
对应的"授予"复选框，表示授予对 Course 表的 SELECT 权。然后再在"安全对象"列表框
中选中"Student"，并在下面的权限部分分别选中 SELECT 和 INSERT 对应的"授予"复选框，
如图 11-26 所示。（说明：打上勾表示授予权限，去掉勾表示收回权限。）

11）在图 11-26 所示的窗口上，如果单击"列权限"按钮，可以授予用户对表中某些列的操
作权限。这里我们不对列进行授权。单击"确定"按钮，完成授权操作，关闭该窗口。

至此，完成了对数据库用户的授权。

此时，以 SQL_User1 身份再次执行代码：SELECT * FROM Student。

代码执行成功，并返回所需要的结果。

图 11-25　指定好授权对象之后的"数据库用户"的"安全对象"窗口

图 11-26　授予对 Student 表的 SELECT 和 INSERT 权限

(2) 用 T-SQL 语句实现

在 T-SQL 语句中，用于管理权限的语句有 3 个：

- GRANT 语句：用于授予权限。
- REVOKE 语句：用于收回或撤销权限。
- DENY 语句：用于拒绝权限。

管理语句权限的语句的语法格式为：

1）授权语句。授权语句的简化语法格式如下：

```
GRANT 对象权限名 [ , … ] ON {表名 | 视图名 }
      TO { 数据库用户名 | 用户角色名 } [ , … ]
```

2）收权语句。收权语句的简化语法格式如下：

```
REVOKE 对象权限名 [ , … ] ON { 表名 | 视图名 }
      FROM { 数据库用户名 | 用户角色名 } [ , … ]
```

3）拒绝权限。拒绝权限语句的简化语法格式如下：

```
DENY 对象权限名 [ , … ] ON {表名 | 视图名 }
      TO { 数据库用户名 | 用户角色名 } [ , … ]
```

其中"对象权限名"可以是：INSERT、DELETE、UPDATE 和 SELECT 权限。

例 8 为用户 user1 授予 Student 表的查询权限。

```
GRANT SELECT ON Student TO user1
```

例 9 为用户 user1 授予 SC 表的查询权和插入权限。

```
GRANT SELECT,INSERT ON SC TO user1
```

例 10 收回用户 user1 对 Student 表的查询权限。

```
REVOKE SELECT ON Student FROM user1
```

例 11 拒绝 user1 用户具有 SC 表的更改权限。

```
DENY UPDATE ON SC TO user1
```

2. 语句权限的管理

同对象操作权限管理一样，对语句权限的管理也可以通过 SSMS 工具和 T-SQL 语句实现。

（1）用 SSMS 工具实现

我们以在 students 数据库中，授予 SQL_User1 用户具有创建表的权限为例，说明在 SSMS 工具中授予用户语句权限的过程。

在授予 SQL_User1 用户权限之前，我们先用该用户建立一个新的数据库引擎查询，打开查询编辑器，输入如下代码：

```
CREATE Table Teachers( --创建教师表
  Tid char(6),             --教师号
  Tname varchar(10) )     --教师名
```

执行该代码后，SSMS 的界面如图 11-27 所示，说明用户初始时并不具有创建表的权限。

使用 SSMS 工具授予用户语句权限的步骤为：

1）在 SSMS 工具的对象资源管理器中，依次展开"数据库"→"students"→"安全性"→"用户"，在"SQL_User1"

图 11-27　执行建表语句时出现的错误

用户上右击鼠标，在弹出的菜单中选择"属性"命令，弹出用户属性窗口（参见图11-17），在此窗口中单击左边"选择页"中的"安全对象"选项，在"安全对象"选项的窗口（参见图11-18）中单击"添加"按钮。在弹出的"添加对象"窗口（参见图11-19）中确保选中了"特定对象"选项，单击"确定"按钮，在弹出的"选择对象"窗口（参见图11-20）中单击"对象类型"按钮，弹出"选择对象类型"窗口。

2）在"选择对象类型"窗口中，选中"数据库"前的复选框，如图11-28所示。单击"确定"按钮，回到"选择对象"窗口，此时在窗口的"选择这些对象类型"列表框中已经列出了"数据库"，如图11-29所示。

图11-28　选中"数据库"复选框　　　　　图11-29　选择好对象类型后的窗口

3）在图11-29窗口中，单击"浏览"按钮，弹出如图11-30所示的"查找对象"窗口，在此窗口中可以选择要赋予的权限所在的数据库。由于我们是要为SQL_User1授予在students数据库中具有建表权，因此在此窗口中选中"[students]"前的复选框（如图11-30所示）。单击"确定"按钮，回到"选择对象"窗口，此时在该窗口的"输入要选择的对象"列表框中已经列出了"[students]"数据库，如图11-31所示。

图11-30　"查找对象"窗口　　　　　图11-31　指定好授权对象后的窗口

4）在"选择对象"窗口上单击"确定"按钮，回到数据库用户属性窗口，在此窗口中可以选择合适的语句权限授予相关用户。

5）我们在此窗口下边的权限列表框中选中"Create table"对应的"授予"复选框，如图11-32所示。

6）单击"确定"按钮，完成授权操作，关闭此窗口。

需要注意的是，如果此时用SQL_User1身份打开一个新的查询编辑器窗口，并执行下述建表语句：

```
CREATE TABLE MyTable( c1 int)
```

图 11-32 指定好授权对象后的窗口

则系统会出现如下错误信息：

```
消息 2760, 级别 16, 状态 1, 第 1 行
指定的架构名称"dbo"不存在, 或者您没有使用该名称的权限。
```

出现这个错误的原因是 SQL_User1 用户没有在 dbo 架构中创建对象的权限，而且也没有为 SQL_User1 用户指定默认架构，因此 create dbo.MyTable 失败了。

解决此问题的一个办法是让数据库系统管理员定义一个架构，并将该架构的所有权赋给 SQL_User1 用户，将该架构的所有权赋给 SQL_User1 用户。然后将新建架构设为 SQL_User1 用户的默认架构。

例 12 首先创建一个名为 TestSchema 的架构，将该架构的所有权赋给 SQL_User1 用户，然后将该架构设为 SQL_User1 用户的默认架构。

```
CREATE SCHEMA TestSchema AUTHORIZATION SQL_User1
GO
ALTER USER SQL_User1 WITH DEFAULT_SCHEMA = TestSchema
```

然后再让 SQL_User1 用户执行创建表的语句，这时就不会出现上述错误了。

（2）用 T-SQL 语句实现

同对象权限管理一样，语句权限的管理也有 GRANT、REVOKE 和 DENY 3 种。

1）授权语句。授权语句的格式如下：

```
GRANT 语句权限名 [ , … ] TO {数据库用户名 | 用户角色名} [ , … ]
```

2）收权语句。收权语句的格式如下：

```
REVOKE 语句权限名 [ , … ] FROM { 数据库用户名 | 用户角色名 } [ , … ]
```

3）拒绝权限。拒绝权限语句的格式如下：

```
DENY 语句权限名 [ , … ] TO {数据库用户名 | 用户角色名} [ , … ]
```

其中语句权限包括 CREATE TABLE、CREATE VIEW 等。

例 13 授予 user1 具有创建数据表的权限。

```
GRANT CREATE TABLE TO user1
```

例 14 授予 user1 和 user2 具有创建数据表和视图的权限。

```
GRANT CREATE TABLE, CREATE VIEW TO user1, user2
```

例 15 收回授予 user1 创建数据表的权限。

```
REVOKE CREATE TABLE FROM user1
```

例 16 拒绝 user1 具有创建视图的权限。

```
DENY CREATE VIEW TO user1
```

11.5 角色

在数据库中，为便于对用户及权限的管理，可以将一组具有相同权限的用户组织在一起，这一组具有相同权限的用户就称为**角色**（role）。角色类似于 Windows 操作系统安全体系中的组的概念。在实际工作中，一般一个部门中的用户其权限基本都是一样的，如果让数据库管理员对每个用户分别授权，则是一件非常麻烦的事情。但如果把具有相同权限的用户集中在角色中进行管理，则会方便很多。

为一个角色进行授权就相当于对该角色中的所有成员进行操作。可以为有相同权限的一类用户建立一个角色，然后再为角色授予合适的权限。针对角色进行权限的另一个好处是便于进行权限维护，例如，当有人新加入到工作中时，只需将他添加到该工作的角色中，当有人离开时，只需从该角色中删除该用户即可，而不需要在每个工作人员接受或离开工作时都反复地进行权限设置。

使用角色使得系统管理员只需对权限的种类进行划分，然后将不同的权限授予不同的角色，而不必关心有哪些具体的用户。而且当角色中的成员发生变化时，比如添加成员或删除成员，系统管理员都无需做任何关于权限的操作。

在 SQL Server 2005 中，角色分为系统预定义的固定角色和用户根据自己的需要定义的用户角色两类，我们这里只介绍用户定义的角色。

11.5.1 建立用户定义的角色

建立用户角色可以在 SSMS 工具中实现，也可以用 T-SQL 语句实现。下面我们以在 students 数据库中建立一个 Software 角色为例，说明其实现过程。

1．用 SSMS 工具实现

使用 SSMS 工具建立用户定义的角色的步骤为：

1）以数据库管理员身份登录到 SSMS，在 SSMS 的对象资源管理器中，依次展开"数据库"→"students"→"安全性"→"角色"节点，在"角色"上右击鼠标，在弹出的菜单中选择"新建"下的"新建数据库角色"命令，或者是在"角色"节点下的"数据角色"上右击鼠标，在弹出的菜单中选择"新建数据库角色"命令，均弹出"新建数据库角色"窗口，如图 11-33 所示。

2）在"名称"文本框中输入角色的名字，我们这里输入的是：Software，参见图 11-33。

3）单击"确定"按钮，关闭新建角色窗口，完成用户自定义角色的创建。

这时在对象资源管理器的"数据库"→"students"→"安全性"→"角色"→"数据库角色"下可以看到新建的 Software 角色。

图 11-33 新建数据库角色窗口

2．用 T-SQL 语句实现

创建用户自定义角色的 T-SQL 语句是 CREATE ROLE，其语法格式为：

```
CREATE ROLE role_name [ AUTHORIZATION owner_name ]
```

其中各参数为：

- role_name：待创建角色的名称。
- AUTHORIZATION owner_name：将拥有新角色的数据库用户或角色。如果未指定用户，
  则执行 CREATE ROLE 的用户将拥有该角色。

例 17　在 students 数据库中创建用户自定义角色：CompDept，其拥有者为创建该角色的用户。

首先选中 students 数据库，然后执行：

```
CREATE ROLE CompDept;
```

例 18　在 students 数据库中创建用户自定义角色：InfoDept，其拥有者为 SQL_User1。

首先选中 students 数据库，然后执行：

```
CREATE ROLE InfoDept AUTHORIZATION SQL_User1;
```

11.5.2　为用户定义的角色授权

为用户定义的角色授权可以在 SSMS 工具中完成，也可以使用 SQL 语句实现。对用户角色授权的操作和为数据库用户授权的方法完全一样，读者可参考 11.5 节的介绍。

例 19　为 Software 角色授予 students 数据库中 Student 表的查询权。

```
GRANT SELECT ON Student TO Software
```

例 20　为 Admin 角色授予 students 数据库中 Student 表的增、删、改、查权。

```
GRANT SELECT,INSERT,DELETE,UPDATE ON Student TO Admin
```

11.5.3 为用户定义的角色添加成员

角色中的成员自动具有角色的全部权限，因此在为角色授权之后，就需要为角色添加成员了。为角色添加成员可以用 SSMS 工具实现，也可以用 T-SQL 语句实现。

1．用 SSMS 工具实现

我们以在 students 数据库中，将 SQL_User1 用户添加到 Software 角色中为例，介绍使用 SSMS 工具添加角色成员的方法。

1）以数据库管理员身份登录到 SSMS，在 SSMS 的对象资源管理器中，依次展开"数据库"→"students"→"安全性"→"角色"节点，在要添加成员的角色（这里是 Software）上右击鼠标，在弹出的菜单中选择"属性"命令，弹出如图 11-34 所示的"数据库角色属性"窗口。

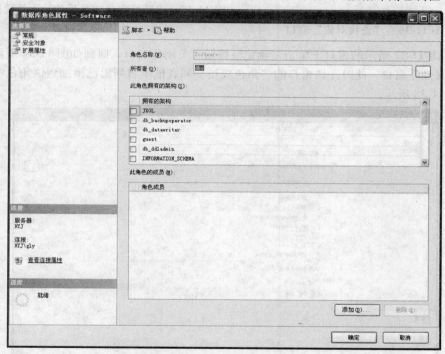

图 11-34 "数据库角色属性"窗口

2）在图 11-34 所示的窗口中，单击"添加"按钮，弹出如图 11-35 所示的"选择数据库用户或角色"窗口。

3）在图 11-35 所示的窗口中，单击"浏览"按钮，弹出如图 11-36 所示的"查找对象"窗口。

4）在图 11-36 所示的窗口中，可以选择要添加到角色中的用户，我们这里选中"SQL_User1"前的复选框，在这里可以选择多个用户，表示将这些用户均添加到角色中。单击"确定"按钮，回到图 11-35 所示的窗口，此时在该窗口的"输入要选

图 11-35 "选择数据库用户或角色"窗口

择的对象名称"列表框中将列出已选的用户，如图 11-37 所示。

图 11-36 "查找对象"窗口

图 11-37 选择好角色成员后的"选择数据库用户和角色"窗口

5）在图 11-37 所示的窗口上单击"确定"按钮，关闭此窗口，回到如图 11-34 所示的"数据库角色属性"窗口，此时在该窗口的"角色成员"列表框中将列出已添加到该角色中的成员名，如图 11-38 所示。

图 11-38 定义好角色成员后的"数据库角色属性"窗口

6）在图 11-38 所示的窗口上，单击"确定"按钮，完成添加角色成员的工作。

2. 用 T-SQL 语句实现

在当前数据库的用户自定义角色中添加成员使用的是 sp_addrolemember 系统存储过程（存储过程是一段可调用执行的代码），该存储过程的语法格式如下：

```
sp_addrolemember [ @rolename = ] 'role',
    [ @membername = ] 'security_account'
```

其中各参数含义为：

- [@rolename=]'role'：当前数据库中的数据库角色的名称。role 的数据类型为 sysname，无默认值。
- [@membername=]'security_account'：要添加到角色中的数据库用户名。security_account 的数据类型为 sysname，无默认值。security_account 可以是数据库用户、数据库角色、Windows 登录名或 Windows 组。如果新成员是没有相应数据库用户的 Windows 登录名，则将为其创建一个对应的数据库用户。

该存储过程的返回值为：0（成功）或 1（失败）。

例 21 将 Windows 登录名 HYJ\Win_User1 添加到 students 数据库的 Software 角色中。

```
EXEC sp_addrolemember 'Software', 'HYJ\Win_User1'
```

例 22 将 SQL_User2 添加到 students 数据库的 Admin 角色中（假设该角色已存在）。

```
EXEC sp_addrolemember 'Admin', 'SQL_User2'
```

11.5.4 删除用户定义角色中的成员

当不希望某用户是某角色中的成员时，可将用户从角色中删除。从角色中删除成员可以通过 SSMS 工具实现，也可以通过 T-SQL 语句实现。

1．用 SSMS 工具实现

我们以在 students 数据库中，从 Software 角色中删除 SQL_User1 成员为例，介绍使用 SSMS 工具删除角色成员的方法。

1）以数据库管理员身份登录到 SSMS，在 SSMS 的对象资源管理器中，依次展开"数据库"→"students"→"安全性"→"角色"节点，在要添加成员的角色（这里是 Software）上右击鼠标，在弹出的菜单中选择"属性"命令，弹出如图 11-38 所示的"数据库角色属性"窗口。

2）在图 11-38 所示的窗口中，选中要删除的成员名（这里是 SQL_User1），然后单击"删除"按钮即可从角色中将所选成员删除。

2．用 T-SQL 语句实现

从用户定义的角色中删除成员使用的是 sp_droprolemember 系统存储过程，该存储过程的语法格式如下：

```
sp_droprolemember [ @rolename = ] 'role' ,
        [ @membername = ] 'security_account'
```

其中各参数的含义为：

- [@rolename =] 'role'：将从中删除成员的数据库角色名。
- [@membername =] 'security_account'：被从数据库角色中删除的用户名。

该存储过程的返回值为：0（成功）或 1（失败）。

例 23 在 students 数据库中，删除 Admin 角色中的 SQL_User2 成员。

```
EXEC sp_droprolemember 'Admin', 'SQL_User2'
```

11.6 小结

数据库的安全管理是数据库系统中非常重要的部分，安全管理设置的好坏直接影响数据库数据的安全。因此，作为一个数据库系统管理员一定要仔细研究数据的安全性问题，并进行合适的设置。

本章介绍了数据库安全控制模型、SQL Server 2005 的安全验证过程以及权限的管理。大型数据库管理系统一般将权限的验证过程分为 3 步：第一步，验证用户是否具有合法的服务器的登录名；第二步，验证用户是否是要访问的数据库的合法用户；第三步，验证用户是否具有适当的操作权限。可以为用户授予的权限有两种，一种是对数据进行操作的对象权限，即对数据的增、删、改、查权限；另一种是创建对象的语句权限，如创建表和创建视图等对象的权限。利用 SQL Server 2005 提供的 SSMS 工具和 T-SQL 语句，可以很方便地实现数据库的安全管理。

除了可以为每个数据库用户授权之外，为了简化安全管理过程，数据库管理系统还提供了角色的概念，角色用于对一组具有相同权限的用户进行管理，同一个角色中的成员具有相同的权限。因此数据库管理员只需为角色授权，就相当于给角色中的所有成员进行了授权。

习题

1. 通常情况下，数据库中的权限划分为哪几类？
2. 数据库中的用户按其操作权限可分为哪几类，每一类的权限是什么？
3. SQL Server 2005 的登录名的来源有几种？分别是什么？
4. 权限的管理包含哪些内容？
5. 什么是用户定义的角色，其作用是什么？
6. 在 SQL Server 2005 中，用户定义的角色中可以包含哪些类型的成员？
7. 写出实现下述功能的 T-SQL 语句。
   (1) 建立一个 Windows 身份验证的登录名，Windows 域名为：CS，登录名为：Win_Jone。
   (2) 建立一个 SQL Server 身份验证的登录名，登录名为：SQL_Stu，密码为：3Wcd5sTap43K。
   (3) 删除 Windows 身份验证的登录名，Windows 域名为：IS，登录名为：U1。
   (4) 删除 SQL Server 身份验证的登录名，登录名为：U2。
   (5) 建立一个数据库用户，用户名为 SQL_Stu，对应的登录名为 SQL Server 身份验证的 SQL_Stu。
   (6) 建立一个数据库用户，用户名为 Jone，对应的登录名为 Windows 身份验证的 Win_Jone，Windows 域名为：CS。
   (7) 授予用户 u1 具有对 Course 表的插入和删除权。
   (8) 授予用户 u1 对 Course 表的删除权。
   (9) 收回 u1 对 Course 表的删除权。
   (10) 拒绝用户 u1 获得对 Course 表的更改权。
   (11) 授予用户 u1 具有创建表和视图的权限。
   (12) 收回用户 u1 创建表的权限。
   (13) 建立一个新的用户定义的角色，角色名为：NewRole。
   (14) 为 New_Role 角色授予 SC 表的查询和更改权。
   (15) 将 SQL Server 身份验证的 u1 用户和 Windows 身份验证的 Win_Jone 用户添加到 New_Role 角色中。

上机练习

1. 用 SSMS 工具建立 SQL Server 身份验证模式的登录名：log1、log2 和 log3。
2. 利用第 10 章建立的 students 数据库以及 Student、Course、SC 表，用 log1 建立一个新的数据库引擎查询，在"可用数据库"下拉列表框中是否能看到并选中 students 数据库？为什么？
3. 将 log1、log2 和 log3 映射为 students 数据库中的用户，用户名同登录名。
4. 再次用 log1 建立一个新的数据库引擎查询，这次在"可用数据库"下拉列表框中是否能看到并选中 students 数据库？为什么？
5. 用 log1 用户在 students 数据库中执行下述语句，能否成功？为什么？

```
SELECT * FROM Course
```

6. 授予 log1 具有对 Course 表的查询权限，授予 log2 具有对 Course 表的插入权限。

7. 在 SSMS 中，用 log2 建立一个新的数据库引擎查询，执行下述语句，能否成功？为什么？

```
INSERT INTO Course VALUES('C101', '数据库基础', 4, 5)
```

再执行下述语句，能否成功？为什么？

```
SELECT * FROM Course
```

8. 在 SSMS 中，在 log1 建立的数据库引擎查询中，再次执行下述语句：

```
SELECT * FROM Course
```

这次能否成功？但如果执行下述语句：

```
INSERT INTO Course VALUES('C103', '软件工程', 4, 5)
```

能否成功？为什么？

9. 授予 log3 在 students 数据库中具有建表权限。

10. 在 students 数据库中建立用户定义的角色：SelectRole，并授予该角色对 Student、Course 和 SC 表具有查询权。

11. 新建立一个 SQL Server 身份验证模式的登录名：pub_user，并让该登录名成为 students 数据库中的合法用户。

12. 在 SSMS 中，用 pub_user 建立一个新的数据库引擎查询，执行下述语句，能否成功？为什么？

```
SELECT * FROM Course
```

13. 将 pub_user 用户添加到 SelectRole 角色中。

14. 在 pub_user 建立的数据库引擎查询中，再次执行下述语句，能否成功？为什么？

```
SELECT * FROM Course
```

第 12 章 备份和恢复数据库

数据库中的数据是有价值的信息资源，数据库中的数据是不允许丢失或损坏的。因此，在维护数据库时，一项重要的任务就是如何保证数据库中的数据不损坏和不丢失，即使是在存放数据库的物理介质损坏的情况下，也应该能够保证这点。本章介绍的数据库备份和恢复（SQL Server 2005 将"恢复"称为"还原"）技术就是保证数据不损坏和不丢失的一种技术。本章主要介绍在 SQL Server 2005 环境下如何具体地实现数据库的备份和恢复。

12.1 备份数据库

备份数据库就是将数据库中的数据以及保证数据库系统正常运行的有关信息保存起来，以备恢复数据库时使用。

12.1.1 为什么要进行数据备份

备份是数据的副本。备份数据库的主要目的是为了防止数据丢失。我们可以设想一下，如果银行等大型部门中的数据由于某种原因被破坏或丢失了，会产生什么样的结果？在现实生活中，数据的安全、可靠问题是无处不在的。因此，要使数据库能够正常工作，就必须要做好数据库的备份工作。

造成数据丢失的原因主要包括如下几种情况：

1）存储介质故障。无论是早期的使用磁带存储数据还是现在的使用磁盘、光盘存储数据，这些存储介质都有一定的寿命。在长时间使用之后，存储介质可能会出现损坏或者是彻底崩溃的现象，这势必会造成数据的丢失。

2）用户的操作错误。不管是管理人员还是普通用户，都很难避免没有操作错误。如果用户无意或恶意在数据库中进行非法操作，如删除或更改重要数据等，也会造成数据损坏。

3）服务器故障。虽然大型服务器的可靠性比较好，但终究是机器，有可能出现损坏或崩溃的现象，这可能由硬件造成，也可能由软件造成。如果数据库服务器出现故障，其造成的损失将是非常巨大的。

4）由于病毒的侵害而造成的数据丢失或损坏。

5）由于自然灾害而造成的数据丢失或损坏。

总之，由于各种各样的外在因素，有可能造成数据库数据的损坏和不可用，因此备份数据库是数据库管理员非常重要的一个任务。一旦数据库出现问题，就可以利用数据库的备份恢复数据库，从而将数据恢复到正确的状态。

备份数据库的另一个作用是进行数据转移，我们可以先对一台服务器上的数据库进行备份，然后在另一台服务器上进行恢复，从而使这两台服务器上具有相同的数据库。

12.1.2 备份内容及备份时间

1. 备份内容

在一个正常运行的数据库系统中，除了用户数据库之外，还有维护系统正常运行的系统数据库。因此，在备份数据库时，不但要备份用户数据库，同时还要备份系统数据库，以保证在系统出现故障时能够完全地恢复数据库。

2．备份时间

不同类型的数据库对备份的要求是不同的，对于系统数据库（不包括 tempdb 数据）来说一般是在进行了修改之后立即做备份比较合适（注意对 master 和 msdb 数据库来说，用户并不是显式地到这些数据库中进行修改，而是由用户创建自己的数据库、建立登录名等操作隐式地引起系统对系统数据库进行修改）。

对用户数据库则不能采用立即备份的方式，因为系统数据库中的数据是不经常变化的，而用户数据库中的数据是经常变化的，特别是对于联机事务处理型的应用系统，比如处理银行业务的数据库。因此，对用户数据库应该采取周期性的备份方法。至于多长时间备份一次，与数据的更改频率和用户能够允许丢失的数据多少有关。如果数据修改比较少，或者用户可以忍受丢失的数据时间比较长，则可以让备份的时间间隔长一些，否则就应该让备份的时间间隔短一些。

SQL Server 数据库管理系统在备份过程中允许用户操作数据库（不同的数据库管理系统在这方面的处理方式是有差别的），因此对用户数据库的备份一般都选在数据操作相对比较少的时间进行，比如在夜间进行，这样可以尽可能减少对备份和数据库操作性能的影响。

12.1.3　备份设备

SQL Server 将备份数据库的场所称为备份设备，备份场所可以是在磁带上，也可以是磁盘。备份设备在操作系统一级实际上就是物理存在的磁带或磁盘上的文件。SQL Server 支持两种备份方式，一种是先建立备份设备，然后再将数据库备份到备份设备上，我们称这样的备份设备为永久备份设备；另一种是直接将数据库备份到物理文件上，我们称这样的备份设备为临时备份设备。

创建备份设备时，需要指定备份设备（逻辑备份设备）对应的操作系统文件名和文件的存放位置（物理备份文件）。创建备份设备可以通过 SQL Server Management Studio（SSMS）工具实现，也可以使用 T-SQL 语句实现。

1．用 SSMS 工具实现

在 SSMS 工具中创建备份设备的步骤如下：

1）以系统管理员身份连接到 SSMS，在 SSMS 工具的对象资源管理器中，展开"服务器对象"。在"备份设备"上单击鼠标右键，在弹出的菜单中单击"新建备份设备"命令，打开"备份设备"窗口，如图 12-1 所示。

2）在图 12-1 窗口的"设备名称"文本框中输入备份设备的名称（我们这里输入的是 bk1），在"文件"选项右边的框中可以指定备份设备存在的位置和文件名，也可以单击▭按钮，然后在弹出的"定位数据库文件"窗口(如图 12-2 所示)上指定备份文件的存储位置和文件名。备份设备的默认文件扩展名为 bak。

3）指定好备份设备的存放位置和对应的物理文件名后，单击图 12-1 窗口上的"确定"按钮，关闭此窗口并创建备份设备。

定义好备份设备后，在对象资源管理器中，依次展开"服务器对象"→"备份设备"节点，可以看到新建立的备份设备。

2．用 T-SQL 语句实现

创建备份设备的 T-SQL 语句是 sp_addumpdevice 系统存储过程，其语法格式如下：

```
sp_addumpdevice [ @devtype = ] 'device_type'
        , [ @logicalname = ] 'logical_name'
        , [ @physicalname = ] 'physical_name'
```

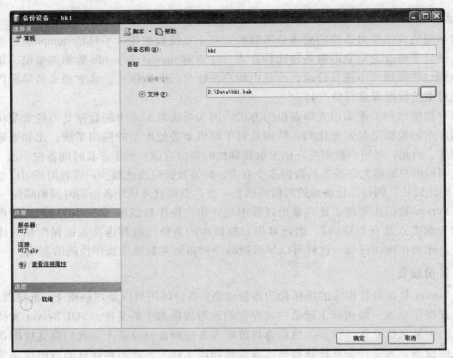

图 12-1   "备份设备"窗口

其中各参数含义为：

- [@devtype =] 'device_type'：备份设备的类型。device_type 的数据类型为 varchar(20)，无默认值，可以是下列值之一：
  Disk：备份文件建立在磁盘上。
  Type：备份文件建立在 Windows 支持的任何磁带设备上。

- [@logicalname =] 'logical_name'：备份设备的逻辑名称。logical_name 的数据类型为 sysname，无默认值，且不能为 NULL。

- [@physicalname =] 'physical_name'：备份设备的物理文件名。物理文件名必须遵从操作系统文件名规则或网络设备的通用命名约定，并且必须包含完整路径。physical_name 的数据类型为 nvarchar(260)，无默认值，且不能为 NULL。

图 12-2   指定备份文件存放位置的窗口

注意：
- 在远程网络位置上创建备份设备时，要确保启动数据库引擎时所用的名称对远程计算机有相应的写权限。
- 如果要添加磁带设备，则该参数必须是 Windows 分配给本地磁带设备的物理名称，例如，使用 \\.\TAPE0 作为计算机上的第一个磁带设备的名称。磁带设备必须连接到服务器计算机上，不能远程使用。

该存储过程返回 0（成功）或 1（失败）。

例 1　建立一个名为 bk2 的磁盘备份设备，其物理存储位置及文件名为 D:\dump\bk2.bak。

```
USE master;
GO
EXEC sp_addumpdevice 'disk', 'bk2', 'D:\dump\bk2.bak';
```

12.1.4　SQL Server 支持的备份类型

SQL Server 2005 支持 3 种数据库备份方法，分别是：完整备份、差异备份和事务日志备份，同时还支持对文件和文件组进行备份。本书只介绍数据库的备份方法。

1. 完整备份

完整备份是所有备份方法中最基本也是最重要的备份，是备份的基础。完整备份会备份数据库中的全部信息，它是恢复的基线，在进行完整备份时，不仅备份数据库的数据文件、日志文件，而且还备份文件的存储位置信息以及数据库中的全部对象。

数据库的备份需要消耗时间和资源。SQL Server 2005 支持在备份数据库的过程中，用户对数据库数据进行增、删、改等操作，因此，备份并不影响用户对数据库的操作，而且在备份数据库时还能将在备份过程中所发生的修改操作也全部备份下来。例如，假设在上午 10:00 开始对数据库进行备份，到 11:00 备份结束，则用户在 10:00～11:00 之间所进行的全部操作均被备份下来。

2. 差异备份

差异备份是备份从最近的完整备份之后数据库的全部变化内容，它以完整备份为基准点，备份完整备份之后变化了的数据文件、日志文件以及数据库中其他被修改了的内容。差异备份也备份差异备份过程中用户对数据库进行的操作。差异备份比完整备份需要的时间短，占用的存储空间也少于完整备份。差异备份的示意图如图 12-3 所示。

图 12-3　差异备份示意图

需要注意的是，在图 12-3 所示的差异备份示意图中，差异备份 1 备份的是从完整备份 1 到差异备份 1 这段时间数据库发生变化的部分，差异备份 2 备份的是从最近的完整备份 1 到差异备份 2 这段时间数据库发生变化的部分，而不是从差异备份 1 到差异备份 2 这段时间数据库发生变化的部分。因此，在系统出现故障时，只需恢复完整备份 1 和差异备份 2 的备份即可。

3. 事务日志备份

事务日志备份是备份从上次备份（可以是完整备份、差异备份和日志备份）之后到当前备份时间所记录的日志内容，而且在默认情况下，事务日志备份完成后要截断日志。事务日志记录了用户对数据进行的修改，随着时间的推移，日志中记录的内容会越来越多，这样势必会占满整个磁盘空间。因此，为避免这种情况的发生，可以定期地将日志记录中不需要的记录清除掉，以便腾出空间。清除掉不需要的或者称为不活动的日志记录（不活动的日志记录指其所记录的操作已经物理地保存在了数据库中）的操作就叫截断日志。备份日志就是截断日志的一种方法。

图 12-4　日志备份示意图

事务日志备份示意图如图 12-4 所示。

需要注意的是，在图 12-4 所示的日志备份示意图中，日志备份 1 备份的是从最近的备份操作之后到日志备份 1 这段时间记录的日志内容，日志备份 2 备份的是从日志备份 1 到日志备份 2 这段时间记录的日志内容。

如果要进行事务日志备份，则必须将数据库的"恢复模式"设置为"完整"方式或"大容量日志"方式。设置数据库的恢复模式的方法为：

在 SSMS 工具中，在要设置恢复模式的数据库名上右击鼠标（假设我们这里是在 students 数据库上右击鼠标），在弹出的菜单中选择"属性"命令，然后在弹出的属性窗口中，单击左边"选择页"中的"选项"选项，窗口形式如图 12-5 所示。

图 12-5　设置数据库的恢复模式

在"恢复模式"下拉列表框中列出了 3 种恢复模式选项（参见图 12-5）。

- "完整"模式：完整恢复模式可以在最大范围内防止出现故障时丢失数据，它包括数据库备份和事务日志备份，并提供全面保护，使数据库免受媒体故障影响。在 SQL Server 2005 企业版中，如果在故障发生之后备份了日志的尾部（即从上次备份到数据损坏时刻记录的日志内容），则完整恢复模式能使数据库恢复到故障时间点。

- "大容量日志"模式：此模式对大容量操作（如创建索引和批量加载数据）只进行最小记录，但会完整地记录其他事务。该恢复模式可以保护大容量操作不受媒体故障的危害，提供最佳性能并占用最小的日志空间。但这种恢复模式增加了大容量复制操作丢失数据的风险，因为最小日志记录大容量操作不会重新捕获每个事务的更改。如果日志备份包含大容量操作，则数据库就只能恢复到日志备份的结尾，而不能恢复到某个时间点或日志备份中某个标记的事务。

- "简单"模式：在这种模式下不能进行事务日志备份。因为，当数据被永久存储后，事务日志都将被自动截断，也就是说，不活动的日志将被删除。由于经常会发生日志截断操作，因此没有可以备份的事务日志。这个模式简化了备份和还原。但由于没有事务日志备份，因此不能恢复到失败的时间点。

注意：如果要对数据库进行事务日志备份，则必须先设置数据库的恢复模式为非"简单"的，而且对数据库恢复模式的设置必须在对数据库进行完整备份或差异备份之前进行。如果是在对数据库进行完整备份或差异备份之后、日志备份之前修改了恢复模式，虽然不会影响对数据库的备份操作，但在恢复时就会出现问题。这是因为不同的恢复模式对日志的记录和维护方式是不一样的。如果在完整备份或差异备份结束之后，修改数据库的恢复模式，然后再对数据库进行事务日志备份，就会出现前后备份的日志记录格式不一致的情况，从而造成恢复失败。

12.1.5 备份策略

尽管 SQL Server 提供了多种备份方式，但要使数据库的备份方式符合实际的应用需要，还需要制定合适的备份策略。不同的备份策略适用于不同的应用，选择或制定一种最合适的备份策略，可以最大程度的减少丢失的数据，并可加快恢复过程。

通常情况下，有如下 3 种备份策略可供选择。

1. 完整备份

完整备份策略适合数据库数据不是很大，而且数据更改不是很频繁的情况。完整备份一般可以几天进行一次或几周进行一次。每当进行一次新的完整备份时，前面进行的完整备份可能就没什么用处了，因为后续的完整备份包含数据库的最新情况，因此可以将之前的备份覆盖掉。

当对数据库数据的修改不是很频繁，而且允许一定量的数据丢失时，可以选择只用完整备份的策略。完整备份包括对数据和日志的备份。图 12-6 所示的为在每天 0:00 进行一次完整备份的策略。

图 12-6 完整备份策略

假设在周二晚上 11:00 系统出现故障，则只能将数据库恢复到周一晚 0:00 时的状态（假定没有备份从上次备份到当前故障时间所记录的日志）。

使用完整备份策略，还可以将一台服务器上的数据库复制到另一台服务器（在一台服务器上做完整备份，然后在另一台服务器上进行恢复）上，使两台服务器上的数据库完全相同。或者将本机某数据库的备份恢复成另一个数据库（在恢复数据库时指定另一个数据库名），使一台服务器上有两个一样的数据库。

2. 完整备份加日志备份

如果用户不允许丢失太多的数据，而且又不希望经常进行完整备份（因为进行完整备份需要的时间比较长），这时可在完整备份中间加入若干次日志备份。例如，可以每天 0:00 进行一次完整备份，然后每隔几小时进行一次日志备份。

假设制定了一个每天 0:00 进行一次完整备份，然后在上班时间每隔 3 小时进行一次事务日志备份的策略，如图 12-7 所示。

图 12-7 完整备份加日志备份策略

如在周二上午 11:00 系统出现故障，则可以将数据库恢复到周二上午 10:00 时的状态（假定没有备份从上次备份到当前故障时间所记录的日志）。

3. 完整备份加差异备份再加日志备份

如果进行一次完整备份的时间比较长，用户可能希望将进行完整备份的时间间隔再加大一些，比如每周的周日进行一次。如果还采用完整备份加日志备份的方法，那么恢复起来比较耗费时间。因为，在利用日志备份进行恢复时，系统是将日志记录的操作重做一遍。

这时可以采取第三种备份策略，即完整备份加差异备份和日志备份的策略。在完整备份中间加一些差异备份，比如每周周日 0:00 进行一次完整备份，然后每天 0:00 进行一次差异备份，然后再在两次差异备份之间增加一些日志备份。这种策略的优点是备份和恢复的速度都比较快，而且当系统出现故障时，丢失的数据也较少。

完整备份加差异备份再加日志备份策略的示意图如图 12-8 所示。

图 12-8 完整备份加差异备份再加日志备份策略

12.1.6 实现备份

可以在 SSMS 工具中实现备份，也可以使用 T-SQL 语句进行备份。

1. 用 SSMS 工具实现

下面我们以将 students 数据库完整备份到 bk1 设备上为例，说明实现备份的过程。

1）以系统管理员身份连接到 SSMS，在 SSMS 的对象资源管理器中，展开 "数据库" 节点。

2）在 "students" 数据库上右击鼠标，在弹出的菜单中选择 "任务" → "备份" 命令（如图 12-9 所示）。或在要备份数据库的备份设备（bk1）上右击鼠标，在弹出的菜单中选择 "备份数据库" 命令（如图 12-10 所示），均可打开类似的备份数据库窗口，如图 12-11 所示。

图 12-9 选择 "备份" 命令

图 12-10 选择 "备份数据库" 命令

3）在图 12-11 所示的窗口中，可进行如下设置：

图 12-11　"备份数据库"窗口

- 在"源"部分可进行如下设置：
  在"数据库"对应的下拉列表框中指定要备份的数据库（我们这里是"students"）；
  在"备份类型"对应的下拉列表框中可以指定要进行的备份类型，可以是"完整"、"差异"和"事务日志"3 种，我们这里选择"完整"。
- 在"备份组件"部分选中"数据库"单选按钮，表示要对数据库进行备份。
- 在"备份集"部分可以指定备份的名称、备份的说明信息以及备份设备的过期情况。我们这里不做任何设置。
- 在"备份到"列表框中，默认已经有一项内容，这是系统的默认备份位置（如图中是 D:\Program Files\Microsoft SQL Server\MSSQL.1\MSSQL\Backup 文件夹）和默认的备份文件名（如图中是 students.bak），如果在这里直接指定一个具体的备份文件，表示将数据库直接备份到该备份文件（即临时备份设备）上。如果要将数据库备份到其他位置（包括其他临时备份设备和其他永久备份设备），则可先单击"删除"按钮，删除列表框中的临时备份文件，然后单击"添加"按钮，在弹出的"选择备份目标"窗口（如图 12-12 所示）中指定备份数据库的备份设备。

4）在图 12-12 所示的窗口中，如果选中"文件名"单选按钮，并在下面的文本框中输入文件的存放位置和文件名，则表示要将数据库直接备份到此文件（临时备份设备）上。如果选中"备份设备"

图 12-12　"选择备份目标"窗口

单选按钮，则表示要将数据库备份到已建好的备份设备上。这时可从下拉列表框中选择一个已经创建好的备份设备名（我们这里选择的是备份设备 bk1）。

5）选择好备份设备后，单击"确定"按钮，回到"备份数据库"窗口，这时该窗口的形式如图 12-13 所示。

图 12-13　选择好备份设备后的窗口

6）在图 12-13 所示的窗口中，单击左边"选择页"部分的"选项"选项，窗口形式如图 12-14 所示。

图 12-14　设置对备份设备的使用

7）在图 12-14 所示的窗口的"备份到现有媒体集"单选按钮下，可以设置对备份媒体的使用方式。

- 追加到现有备份集：表示保留备份设备上已有的备份内容，将新的备份内容追加到备份设备上。
- 覆盖所有现有备份集：表示本次备份将覆盖掉该备份设备上之前的备份内容，重新开始备份。

如果是进行"事务日志"备份，则下面的"事务日志"组中的内容将成为可用状态。

- 截断事务日志：表示在备份完成后要截断日志，以防止日志空间满。
- 备份日志尾部，并使数据库处于还原状态：表示创建尾部日志备份，用于备份尚未备份的日志（活动日志）。当数据库发生故障时，为尽可能减少数据的丢失，可对日志的尾部（即从上次备份之后到数据库毁坏之间）进行一次备份，这种情况下就可以选中该选项。

  如果选中该选项，则在数据库完全还原之前，用户无法使用数据库。

我们在图 12-14 所示的窗口中采用默认选项，单击"确定"按钮，开始备份数据库。备份成功完成后，系统会弹出如图 12-15 所示的提示窗口。

图 12-15　完成备份后的提示窗口

8）在提示窗口中，单击"确定"按钮，完成数据库的备份。

进行差异备份和事务日志备份的过程与此类似，按同样的方法对 students 数据库进行一次差异备份，同样也备份到 bk1 备份设备上。当用某个备份设备进行了多次备份后，可以通过 SSMS 查看备份设备上已进行的备份内容。具体方法为：

在 SSMS 工具的对象资源管理器中，依次展开"服务器对象"→"备份设备"节点，在要查看备份内容的设备上右击鼠标（假设我们这里在 bk1 设备上右击鼠标），在弹出的菜单中选择"属性"命令，在弹出的"备份设备"属性窗口中，在左边的"选择页"部分选中"媒体内容"选项，窗口形式如图 12-16 所示。在图 12-16 的"备份集"列表框中，列出了在该设备上进行的全部备份。

说明：

- 可以在一个备份设备上对同一个数据库进行多次备份，也可以用一个备份设备对不同的数据库进行多次备份。
- 可以将一个数据库的不同备份放置在多个不同的备份设备上。
- 可以同时用多个备份设备共同完成一个数据库的一次备份。这种情况适合于数据库比较大的情况。可以在不同的磁盘驱动器上建立不同的备份设备，然后利用这些设备完成数据库的备份，使数据库的备份内容均匀地分布在这些备份设备上，以达到充分利用多个磁盘空间的目的。将这样的一组备份设备称为一个备份媒体集。

2．用 T-SQL 语句实现

备份数据库使用的是 BACKUP 语句，该语句分为备份数据库和备份日志两种语法格式。备份数据库的基本语法格式为：

```
BACKUP DATABASE 数据库名
  TO { < 备份设备名 > } | { DISK | TAPE } = { '物理备份文件名' }
  [ WITH
    [ DIFFERENTIAL ]
    [ [ , ] { INIT | NOINIT } ]
]
```

图 12-16　查看备份设备内容

其中：

- <备份设备名>：表示将数据库备份到已创建好的备份设备名上。
- DISK | TAPE：表示将数据库备份到磁盘或磁带。

  对于备份到磁盘的情况，应该输入一个完整的路径和文件名，例如：DISK='D:\Data\ MyData.bak'。如果输入一个相对路径名，则备份文件将存储到默认的备份目录 "C:\Program Files\Microsoft SQL Server\MSSQL\BACKUP\" 中。

- DIFFERENTIAL：表示进行差异备份。
- INIT：表示本次备份数据库将重写备份设备，即覆盖掉本设备上以前进行的所有备份。
- NOINIT：表示本次备份数据库将追加到备份设备上，即不覆盖掉本设备以前进行的所有备份。

备份数据库日志的 BACKUP 语句的基本语法格式为：

```
BACKUP LOG 数据库名
  TO { < 备份设备名 > } | { DISK | TAPE } = { '物理备份文件名' }
  [ WITH
```

```
    [ { INIT | NOINIT } ]
    [ { [ , ] NO_LOG | TRUNCATE_ONLY | NO_TRUNCATE } ]
]
```

其中：

- NO_LOG 和 TRUNCATE_ONLY：表示备份完日志后要截断不活动的日志。
- NO_TRUNCATE：表示备份完日志后不截断不活动日志。
- 其他选项同备份数据库语句的选项。

注意：在 SQL Server 的未来版本中将删除 NO_LOG 和 TRUNCATE_ONLY 选项，因此用户在进行新的开发工作时应避免使用这两个选项。

例 2 对"students"数据库进行一次完整备份，备份到 MyBK_1 备份设备上（假设此备份设备已创建好），并覆盖掉该备份设备上已有的内容。

```
BACKUP DATABASE students TO MyBK_1 WITH INIT
```

例 3 对"students"数据库进行一次差异备份，也备份到 MyBK_1 备份设备上，并保留该备份设备上已有的内容。

```
BACKUP DATABASE students TO MyBK_1 WITH DIFFERENTIAL, NOINIT
```

例 4 对"students"进行一次事务日志备份，直接备份到 D:\LogData 文件夹（假设此文件夹已存在）下的 Students_log.bak 文件上。

```
BACKUP LOG students TO DISK = 'D:\LogData\Students_log.bak'
```

12.2 恢复数据库

12.2.1 恢复的顺序

在恢复数据库之前，如果数据库的日志文件没有损坏，则为尽可能减少数据的丢失，可在恢复之前对数据库进行一次日志备份（称为：日志尾部备份），这样就可以将数据的损失减少到最小。

备份数据库是按一定的顺序进行的，在恢复数据库时也有一定的顺序关系。恢复数据库的顺序如下：

1）恢复最近的完整数据库备份。因为最近的完整数据库备份记录数据库最近的全部信息。

2）恢复完整备份之后的最近的差异数据库备份（如果有的话）。因为差异备份是相对完整备份之后对数据库所做的全部修改。

3）按事务日志备份的先后顺序恢复自完整备份或差异备份之后的所有日志备份。由于日志备份记录的是自上次备份之后新记录的日志部分，因此，必须按顺序恢复自最近的完整备份或差异备份之后所进行的全部日志备份。

12.2.2 实现恢复

恢复数据库可以用 SSMS 工具实现，也可以用 T-SQL 语句实现。

1. 用 SSMS 工具实现

恢复数据库有两种情况，一种情况是数据库还存在，但其中的数据或其他内容出现了损坏，即在服务器上还存在该数据库；另一种情况是数据库已经完全被损坏或者被删除，即在服务器中已经不存在该数据库了。

下面我们以利用 students 数据库的备份进行恢复为例，说明利用 SSMS 工具实现这两种情况下还原数据库的过程。

（1）数据库在服务器中存在

这种情况下，由于数据库基本上没有损坏，因此在进行实际恢复前，应该首先对 students 数据库进行一次日志尾部备份，以减少数据的损失。我们假设将 students 数据库的日志尾部备份到 bk2 设备上，执行下述语句实现此功能：

```
BACKUP LOG students TO bk2
```

然后再用 SSMS 工具恢复 students 数据库，步骤如下：

1）以系统管理员身份连接到 SSMS，在对象资源管理器中，在"数据库"（或某个具体数据库名上）右击鼠标，在弹出的菜单中选择"还原数据库"命令，弹出如图 12-17 所示的还原数据库窗口。

图 12-17　"还原数据库"窗口

2）在图 12-17 所示的窗口中，在"还原的目标"部分有两个选项：

- 在"目标数据库"下拉列表框中指定要还原的数据库名字。可以从下拉列表框中选择要还原的数据库，也可以在这个框中直接输入要还原的数据库的名字。我们这里选择"students"数据库。
- 在"目标时间点"部分，默认的设置是"最近状态"，表示将数据库还原到损失最小的状态。也可以指定将数据库还原到某个指定的时间点，方法是单击右边的□按钮，在弹出的如图 12-18 所示的"时点还原"窗口上，可以指定要还原到的具体日期和时间点。

在图 12-17 所示的窗口的"还原的源"部分也有两个选项：

- 如果选中"源数据库"单选按钮，则可从其对应的下拉列表框中选择要从哪个数据库的备份进行恢复。
- 如果选中"源设备"单选按钮，则可通过单击▢按钮，然后从弹出的"指定备份"窗口（如图 12-19 所示）中指定备份所在的备份设备或备份所在的文件。

我们这里选中"源数据库"单选按钮，并从下拉列表框中选择"students"。选择好"students"后，在窗口下面的"选择用于还原的备份集"列表框中会列出该数据库的全部备份，利用这些备份可以还原数据库。在"源数据库"下拉列表框中选择好"students"后的窗口形式如图 12-20 所示。

图 12-18　"时点还原"窗口

图 12-19　"指定备份"窗口

图 12-20　设置好还原目标后的窗口

单击图 12-20 窗口中"选择页"部分的"选项"选项，窗口形式如图 12-21 所示。

在图 12-21 所示窗口中，"还原选项"部分各选项的含义为：

- 覆盖现有数据库：如果服务器中有与被恢复的数据库同名的数据库，则选中该选项将覆盖掉服务器中现有的同名数据库。如果服务器中存在与被恢复数据库同名的数据库，并且也没有对被恢复的数据库进行日志尾部备份，则在该恢复数据库时，必须选中该选项，否则会出现如图 12-22 所示的恢复错误提示窗口。
- 保留复制设置：用于复制数据库。将已发布的数据库还原到创建该数据库的服务器之外的服务器时，保留复制设置。仅在选择"回滚未提交的事务，使数据库处于可以使用的状态。无法还原其他事务日志。（RESTRE WITH RECOVERY）"选项（将在后面说明）时，此选项才可用。

图 12-21　设置好还原选项后的窗口

图 12-22　恢复错误提示窗口

- 还原每个备份之前进行提示：在还原每个备份设置前要求操作者进行确认。如果服务器只具有一个磁带设备，而磁带又用满了需要更换磁带时，此选项非常有用。
- 限制访问还原的数据库：使正在还原的数据库仅供 db_owner、dbcreator 或 sysadmin 的成员使用。

在"恢复状态"部分，各选项的含义如下：

- 回滚未提交的事务，使数据库处于可以使用的状态。无法还原其他事务日志。（RESTORE WITH RECOVERY）：使恢复后的数据库处于可使用的状态，表示恢复已完成。此选项等同于在 T-SQL 的 RESTORE 语句中使用 RECOVERY 选项。
- 不对数据库执行任何操作，不回滚未提交的事务。可以还原其他事务日志。（RESTORE WITH NORECOVERY）：使恢复后的数据库处于不可使用状态，表示恢复未完成。此选项等效于在 T-SQL RESTORE 语句中使用 NORECOVERY 选项。如果选择此选项，"保留复制设置"选项将不可用。
- 使数据库处于只读模式。撤销未提交的事务，但将撤销操作保存在备用文件中，以便可使恢复效果逆转。（RESTORE WITH STANDBY）：使恢复后的数据库处于备用状态。此选项等效于在 T-SQL 的 RESTORE 语句中使用 STANDBY 选项。选择此选项需要指定一个备用文件。
- 备用文件：可选选项。如果选中此选项，需要在"备用文件"文本框中指定备用文件的名称。如果要使恢复后的数据库处于只读模式，则必须选中此选项。

我们在此页不做任何选择。

3）单击"确定"按钮完成还原数据库的操作。

注意：不能对正在使用的数据库进行还原操作，否则会出现如图 12-23 所示的错误提示窗口。

图 12-23　还原正在使用的数据库出现的错误提示窗

如果数据库还原成功，则会弹出如图 12-24 所示的提示窗口。单击"确定"按钮关闭此窗口。此时数据库还原结束。

（2）数据库在服务器中已不存在

为进行这个实验，我们首先执行下述语句删除 students 数据库：

图 12-24　还原成功后的提示窗口

```
DROP DATABASE students
```

然后利用 students 数据库的备份将其恢复出来。

1）以系统管理员身份连接到 SSMS，在对象资源管理器中，在"数据库"（或某个具体数据库名）上右击鼠标，在弹出的菜单中选择"还原数据库"命令，弹出如图 12-17 所示的"还原数据库"窗口。

2）在图 12-17 所示的窗口中，在"还原的目标"部分的"目标数据库"框中输入：students，在"还原的源"部分选中"源设备"单选按钮，单击其右边的□按钮，在弹出"指定备份"窗口中，在"备份媒体"下拉列表框中选择"备份设备"选项，如图 12-25 所示。然后单击"添加"按钮，弹出如图 12-26 所示的"选择备份设备"窗口。

图 12-25　选择"备份设备"选项

3）在"选择备份设备"窗口上，在"备份设备"下拉列表框中，指定包含备份内容的备份设备，我们在这里指定"bk1"，单击"确定"按钮，关闭"选择备份设备"窗口，回到"指定备份"窗口中，此时该窗口的"备份位置"列表框中会列出指定的备份设备（bk1）。

图 12-26　指定包含备份内容的备份设备

4）在"指定备份"窗口上再次单击"确定"按钮，回到"还原数据库"窗口，此时该窗口的"选择用于还原的备份集"列表框中列出了该指定设备上进行的所有备份，我们选中完整备份和差异备份前的"还原"复选框，如图 12-27 所示。

5）单击"确定"按钮，开始还原数据库。还原成功后，在弹出的提示窗口中单击"确定"按钮关闭提示窗口。

此时在 SSMS 的对象资源管理器中就可以看到已还原好的 students 数据库了。通过查看 students 数据库中的内容，可以看到还原操作恢复了 students 数据库中的全部内容。

2. 用 T-SQL 语句实现

恢复数据库和事务日志的 T-SQL 语句分别是 RESTORE DATABASE 和 RESTORE LOG。

RESTORE DATABASE 语句的简化语法格式为：

```
RESTORE DATABASE 数据库名
FROM  备份设备名
[ WITH FILE = 文件号
    [ , ] NORECOVERY
    [ , ] RECOVERY
]
```

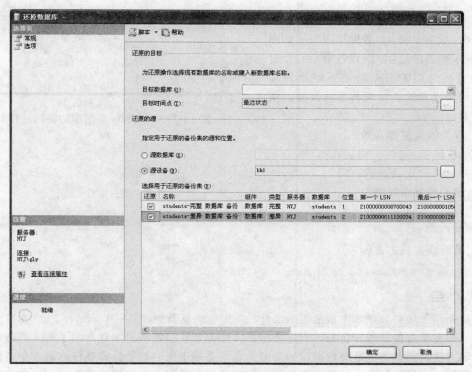

图 12-27 选中要还原的备份内容

其中：

- FILE = 文件号：标识要还原的备份，文件号为 1 表示备份设备上的第一个备份，文件号为 2 表示第二个备份。
- NORECOVERY：表明对数据库的恢复操作还没有完成。使用此选项恢复的数据库是不可用的，但可以继续恢复后续的备份。如果没有指明该恢复选项，则默认的选项是 RECOVERY。这个选项等同于图 12-21 上的"不对数据库执行任何操作，不回滚未提交的事务。可以还原其他事务日志。（RESTORE WITH NORECOVERY）"选项。
- RECOVERY：表明对数据库的恢复操作已经完成。使用此选项恢复的数据库是可用的。一般是在恢复数据库的最后一个备份时使用此选项。这个选项等同于图 12-21 上的"回滚未提交的事务，使数据库处于可以使用的状态。无法还原其他事务日志。（RESTORE WITH RECOVERY）"选项。

恢复日志的 RESTORE 语句与恢复数据库的语句基本相同，其基本语法格式为：

```
RESTORE LOG 数据库名
FROM  备份设备名
[ WITH FILE = 文件号
   [ , ] NORECOVERY
   [ , ] RECOVERY
   ]
```

其中各选项的含义与 RESTORE DATABASE 语句相同。

例 5 假设已对 students 数据库进行了完整备份，并是备份到 MyBK_1 备份设备上，假设此备份设备只含有对 students 数据库的完整备份。则恢复 students 数据库的语句为：

```
RESTORE DATABASE students FROM MyBK_1
```

例 6 设对 students 数据库进行了如图 12-28 所示的备份过程，假设在最后一个日志备份完成之后的某个时刻系统出现故障，现利用已有的备份对其进行恢复。恢复过程为：

1）首先恢复完整备份：

```
RESTORE DATABASE Students FROM bk1
WITH FILE=1, NORECOVERY
```

2）然后恢复差异备份：

```
RESTORE DATABASE Students FROM bk1
WITH FILE=2, NORECOVERY
```

3）最后恢复日志备份：

```
RESTORE LOG Students FROM bk2
```

图 12-28   students 数据库的备份过程

12.3   小结

本章介绍了维护数据库中很重要的工作：备份和恢复数据库。SQL Server 2005 支持 4 种备份方式，即完整备份、差异备份、日志备份、文件和文件组备份。本章介绍了前 3 种备份数据库的实现方法。完整备份是将数据库的全部内容均备份下来，对数据库进行的第一个备份必须是完整备份；差异备份是备份数据库中相对完整备份之后对数据库的修改部分；日志备份是备份自前一次备份之后新增的日志内容，而且日志备份要求数据库的恢复模式不能是"简单"模式，因为"简单"恢复模式下，系统会自动清空不活动的日志。完整备份和差异备份均对日志进行备份。数据库的恢复是先从完整备份开始，然后恢复最近的差异备份，最后再按备份的顺序恢复后续的日志备份。在恢复数据库的过程中，如果是手工逐个恢复数据库的备份，则在恢复最后一个备份之前，应保持数据库为不可用状态。SQL Server 2005 支持在备份的同时允许用户访问数据库，但在恢复数据库过程中是不允许用户访问数据库的。

数据库的备份场所可以是磁盘，也可以是磁带。在备份数据库时可以将数据库备份到备份设备上，也可以直接备份到磁盘文件上。

习题

1. 在确定用户数据库的备份周期时，应考虑哪些因素？
2. 对用户数据库和系统数据库分别应该采取什么备份策略？
3. SQL Server 的备份设备是一个独立的物理设备吗？
4. 在创建备份设备时需要指定备份设备的大小吗？备份设备的大小是由什么决定的？
5. SQL Server 2005 提供了几种备份数据库方式？
6. 日志备份对数据库恢复模式有什么要求？
7. 第一次对数据库进行备份时，必须使用哪种备份方式？
8. 差异备份备份的是哪段时间的哪些内容？
9. 日志备份备份的是哪段时间的哪些内容？
10. 差异备份备份数据库日志吗？
11. 恢复数据库时，对恢复的顺序有什么要求？

12. SQL Server 在备份数据库时允许用户访问数据库吗？在恢复数据库时呢？

上机练习

分别采用 SSMS 工具和 T-SQL 语句，利用第 10 章上机练习建立的 students 数据库和第 11 章上机练习建立的表，完成下列各题。

1. 利用 SSMS 工具按顺序完成下列操作：
   - （1）创建永久备份设备：backup1，backup2。
   - （2）对 students 数据库进行一次完整备份，并以追加的方式备份到 backup1 设备上。
   - （3）执行下述语句删除 students 数据库中的 SC 表：

     ```
     DROP TABLE SC
     ```

   - （4）利用 backup1 设备上对 students 数据库进行的完整备份，恢复出 students 数据库。
   - （5）查看 SC 表是否被恢复出来了。

2. 利用 SSMS 工具按顺序完成下列操作：
   - （1）对 students 数据库进行一次完整备份，并以覆盖的方式备份到 backup1 设备上，覆盖掉 backup1 设备上已有的备份内容。
   - （2）执行下述语句在 Course 表中插入一行新记录：

     ```
     INSERT INTO Course VALUES('C201', '离散数学',3,4)
     ```

   - （3）将 students 数据库以覆盖的方式差异备份到 backup2 设备上。
   - （4）执行下述语句删除新插入的记录：

     ```
     DELETE FROM Course WHERE Cno = 'C201'
     ```

   - （5）利用 backup1 和 backup2 备份设备对 students 数据库的备份，恢复 students 数据库。完全恢复完成后，在 Course 表中有新插入的记录吗？为什么？

3. 利用 SSMS 工具按顺序完成下列操作：
   - （1）将 students 数据库的恢复模式改为"完整"的。
   - （2）对 students 数据库进行一次完整备份，并以覆盖的方式备份到 backup1 设备上。
   - （3）执行下述语句向 Course 表中插入一行新记录：

     ```
     INSERT INTO Course VALUES('C202','编译原理',5,4)
     ```

   - （4）对 students 数据库进行一次差异备份，并以追加的方式备份到 backup1 设备上。
   - （5）执行下述语句删除新插入的记录：

     ```
     DELETE FROM Course WHERE Cno = 'C202'
     ```

   - （6）对 students 数据库进行一次日志备份，并以覆盖的方式备份到 backup2 设备上。
   - （7）利用 backup1 和 backup2 备份设备恢复 students 数据库，完全恢复完成后，在 Course 表中有新插入的记录吗？为什么？

4. 利用备份和恢复数据库的 T-SQL 语句按顺序完成下列操作：
   - （1）新建备份设备：back1 和 back2，它们均存放在 D:\BACKUP 文件夹下（假设此文件夹已存在），对应的物理文件名分别为：back1.bak 和 back2.bak。
   - （2）对 students 数据库进行一次完整备份，以覆盖的方式备份到 back1 上。
   - （3）删除 SC 表。
   - （4）对 students 数据库进行一次差异备份，以追加的方式备份到 back1 上。
   - （5）删除 students 数据库。

(6) 利用 back1 备份设备恢复 students 数据库的完整备份，并在恢复完成之后使数据库成为可用状态。

(7) 在 SSMS 工具的对象资源管理器中查看是否有 students 数据库？为什么？如果有，展开此数据库中的"表"节点，查看是否有 SC 表？为什么？

(8) 再次利用 back1 备份设备恢复 students 数据库，首先恢复完整备份并使恢复后的数据库成为正在恢复状态，然后再恢复差异备份并使恢复后的数据库成为可用状态。

(9) 在 SSMS 工具的对象资源管理器中展开 students 数据库和其下的"表"节点，这次是否有 SC 表？为什么？

(10) 对 students 数据库进行一次完整备份，直接备份到 D:\BACKUP 文件夹下，备份文件名为：students.bak。

(11) 对 students 数据库进行一次事务日志备份，以追加的方式备份到 back2 设备上。

第三部分　用 Visual Basic 开发数据库应用程序

本部分主要介绍如何在 Visual Basic 环境中开发数据库应用程序，介绍数据库的访问接口的概念、常用的数据访问接口以及目前最常用的 ADO 数据访问接口的使用。

如果说第一部分是数据库的理论基础，第二部分主要介绍的是服务器端对数据库的管理，那么第三部分就是在有了数据库理论基础以及后台的数据库管理系统之后，利用这些内容开发客户端数据库应用程序。

第 13 章　数据库应用结构与数据访问接口

数据库的应用结构是应用程序与数据库服务器之间进行交互的方式，这种方式经历了从集中式到文件服务器式，再到客户/服务器两层结构和目前的三层甚至多层结构的变化，每一次的变化都是为了使数据的处理逻辑更加合理和有效。

数据访问接口是应用程序访问数据库的通道，一般有专用接口和通用接口之分。目前常用的是通用接口，因此本章将主要介绍通用接口。

13.1　数据库应用结构

数据库应用结构是指数据库运行的软、硬件环境。通过这个环境，用户可以访问数据库中的数据。用户可以通过数据库内部环境访问数据库，也可以通过外部环境访问数据库。可以执行不同的操作，而且他们的目的也可以各不相同，可以查询数据、修改数据或者插入新的数据。

不同的数据库管理系统可以具有不同的应用结构。我们将介绍 4 种最常见的应用结构，它们分别是：

- 集中式结构。
- 文件服务器结构。
- 客户/服务器结构。
- 互联网应用结构。

13.1.1　集中式应用结构

在 20 世纪 60～70 年代，数据库系统环境是大型机环境。大型机代表一种"集中式"的环境，这种环境主要由一台功能强大、允许多用户连接的计算机组成。多个哑终端（一般只包括显示器和键盘，没有存储处理的能力）通过网络连接到大型机上，并可以与大型机进行通信。终端一般只是大型机的扩展，它们并不是独立的计算机。终端本身并不能完成任何操作，主要依赖于大型机来完成所有的操作。用户从终端键盘键入的信息传到主机，然后由主机将执行的结果以字符方式返回到终端上。这个时期的计算机的所有资源（数据）都在主机上，所有处理

（程序）也在主机上完成。图 13-1 显示了集中式环境的应用结构。

图 13-1　大型机结构的数据库访问

这种结构的优点是可以实现集中管理，安全性好，但其缺点是费用昂贵，不能真正划分应用程序的逻辑。大型机的另一个主要问题就是对最终用户的限制，终端只能与大型机进行通信。而其他的一些任务，如用户的手工处理、字处理软件的使用或者是个人电脑等都无法与大型机交互。

13.1.2　文件服务器结构

到 20 世纪 80 年代，个人计算机进入了商用舞台，同时计算机应用的范围和领域也日趋广泛。这对那些没有能力实现大型机方案的企业来说，个人计算机无疑有了用武之地。在个人计算机进入商用领域不久，局域网也问世了，同时也诞生了文件服务器技术，图 13-2 说明了文件服务器结构的应用。

图 13-2　文件服务器结构的数据库访问

从图 13-2 可以看出，在文件服务器系统结构中，应用程序是在客户端的工作站上运行的，而不是在服务器上运行的，文件服务器只提供了资源（数据）的集中管理和访问途径。这种结构的特点是将共享数据资源集中管理，而将应用程序分布在各个客户工作站上。文件服务器结构的优点在于实现的费用比较低廉，而且配置非常灵活。在一个局域网中可以方便地增减客户端工作站。文件服务器结构的缺点是，由于文件服务器只提供文件服务，所有的应用处理都要在客户端完成，这就意味着客户端的个人计算机必须要有足够的能力，以便执行需要的任何程序。这可能经常需要对客户端的计算机进行升级，否则就很难改进应用程序的功能或提高应用程序的性能。特别要提出的是，虽然应用程序可以存放在网络文件服务器的硬盘上，但它每次都要传送到客户端的个人计算机的内存中执行。另外，所有的处理都是在客户端完成的，因此网络上就要经常传送大量无用的数据。

Microsoft 的 Foxpro 就是曾经非常流行的支持文件服务器结构的数据库管理系统。

13.1.3　客户/服务器结构

文件服务器结构的费用虽然低廉，但是和大型机的"集中式"相比，它缺乏足够的计算和处理能力。为了解决费用和性能的矛盾，客户／服务器结构应运而生，这种结构允许应用程序分别在客户工作站和服务器（注意，不再是文件服务器）上执行，这样就可以合理地划分应用逻辑，充分发挥客户工作站和服务器两方面的性能。图 13-3 说明了客户／服务器的结构。

图 13-3　客户／服务器结构的数据库访问

在客户／服务器结构中，应用程序或应用逻辑可以根据需要划分在服务器和客户工作站中。这样，为了完成一个特定的任务，客户工作站上的程序和服务器上的程序可以协同工作。从图 13-3 可以看出客户／服务器结构和文件服务器结构的区别，客户／服务器结构的客户工作站向服务器发送的是处理请求，而不是文件请求；服务器返回的是处理的结果，而不是整个文件，从而极大地减少了网络流量。

目前，支持客户/服务器结构的常用的数据库管理系统有：Microsoft 的 SQL Server、Sybase 和 Oracle 等。

综上所述，大型机集中式结构的所有程序都在主机内执行，而文件服务器结构的所有程序都在客户端执行，这两种结构都不能提供真正的可伸缩应用系统框架。而客户／服务器结构则可以将应用逻辑分布在客户工作站和服务器之间，可以提高应用程序的性能。

13.1.4　互联网应用结构

互联网计算环境与客户／服务器计算环境非常相似。在客户／服务器环境中，需要使用服务器、网络以及一台或多台相互连接的个人计算机。而互联网计算环境依赖于因特网，因特网计算模式非常独特。在客户／服务器环境下，用户可能只允许访问企业内部网的数据库系统。即使允许访问公司内部网以外的数据库系统，客户端还需要安装其他的应用软件。

互联网计算环境之所以强大，是因为其所需的客户端软件对客户是透明的。在互联网计算环境中，应用软件只需安装在一台服务器（Web 服务器）上。用户的个人计算机只要能够连接到互联网并且安装 Web 浏览器就可以访问数据库。其具体过程是：用户向 Web 服务器发出数据请求，Web 服务器收到请求后，按照特定的方式将请求发送给数据库服务器，数据库服务器执行这些请求并将执行后的结果返回给 Web 服务器，Web 服务器再将这些结果按页面的方式返回给客户的浏览器。最后，查询结果通过浏览器显示。互联网计算环境下的最终用户应用软件的安装和维护都非常简单，客户端不再需要安装、配置应用软件的工作，这些工作只需在 Web 服务器上完成，这样就可以减少客户端与服务器端软件配置的不一致以及不同版本应用软件所带来的问题。当应用软件需要做一些修改时，只要在 Web 服务器的一个地方修改即可。

图 13-4 所示的是互联网计算环境下数据库访问的情况。

图 13-4　互联网计算环境下的数据库访问

13.2　数据访问接口

一般的数据库管理系统都支持两种数据访问接口，一种是专用接口，一种是通用接口。专用接口是与特定的数据库管理系统有关，不同的数据库管理系统提供的专用接口不同，使用的方法也不同。而通用接口可以屏蔽掉每个数据库管理系统的底层接口的差异，提供一种标准的访问方法，使编程人员可以更方便的访问不同的数据库管理系统。目前，流行的通用数据访问接口是 ODBC 和 OLE DB，现在大型数据库管理系统一般都支持这两种通用接口，而一些小型数据库管理系统，比如 Visual FoxPro、Access 只提供了对 ODBC 接口的支持。这里只介绍通用的数据访问接口。

13.2.1　ODBC

1. ODBC 提出的背景

在 ODBC 概念提出之前，应用程序访问数据库时使用的是数据库系统提供的专用接口。一个专用接口只能访问一种类型的数据库，不同的数据库管理系统提供的专用接口各不相同。因此，在一个数据库应用程序中很难同时访问多个不同的数据库管理系统（如 SQL Server 和 Oracle 等）中的数据，而这在实际应用中通常是需要的。例如，在一个单位中，假设财务、生产和技术等部门根据自身业务的特点选择使用各不相同的 DBMS（或已经用这些 DBMS 实现了本部门的业务系统），而在建立企业级管理信息系统时，需要在一个系统中同时访问各个部门的数据库，这种情况下使用数据库专用接口的开发方法就难以实现这一要求。另一方面，由于每个数据库管理系统的专用接口各不相同，因此，当用户使用不同的数据库管理系统时，必须学习多种接口规范，这给开发人员造成了不必要的麻烦。而且使用专用接口开发应用程序难度也比较大。

ODBC（Open DataBase Connectivity，开放数据库互连）是 Microsoft 公司开发的一套开放的数据库系统应用程序接口规范，它为应用程序提供了一套高层调用接口规范和基于动态链接库的运行支撑环境。使用 ODBC 开发数据库应用程序时，应用程序使用的是标准的 ODBC 接口和 SQL 语句，数据库的底层操作由各个数据库的驱动程序完成。这样就使数据库应用程序具有很好的适应性和可移植性，并且具备同时访问多种数据库管理系统的能力。

ODBC 驱动程序类似于 Windows 下的打印机驱动程序。对用户来说，驱动程序屏蔽掉不同对象间的差异，使用 ODBC 编写的数据库应用程序就像 Windows 下的打印程序能够在不同的打印机上打印一样，可以运行于不同的数据库环境下。

2．ODBC 体系结构

ODBC 规范为应用程序提供了一套高层调用接口规范和基于动态链接库的运行支持环境。ODBC 的体系结构如图 13-5 所示，图中各组件的说明如下：

图 13-5　ODBC 体系结构

1）驱动程序管理器：是 Windows 下的应用程序，其主要作用是用来装载 ODBC 驱动程序、管理数据源、检查 ODBC 参数的合法性等。

ODBC 应用程序不能直接存取数据库，它将所要执行的操作提交给数据库驱动程序，通过驱动程序实现对数据库的各种操作，数据库操作结果也通过驱动程序返回给应用程序。

2）数据源：是指任何一种可以通过 ODBC 连接的数据库管理系统，包括要访问的数据库和数据库的运行平台（包括数据库管理系统和运行数据库管理系统的服务器）。数据源名掩盖了数据库服务器之间的差别，通过定义多个数据源，让每个数据源指向一个数据库管理系统，就可以实现在应用程序中同时访问多个数据库管理系统的目的。

3）数据库驱动程序以动态链接库的形式存在，它的主要作用是：

- 建立与数据源的连接。
- 向数据源提交用户请求，执行 SQL 语句。
- 在数据库应用程序和数据源之间进行数据格式转换。
- 向应用程序返回处理结果。

总之，ODBC 提供了在不同数据库环境下为 C/S 结构的客户访问异构 DBMS 的接口，也就是在异构数据库服务器构成的 C/S 结构中，要实现对不同数据库数据的访问，需要一个能连接不同客户平台到不同服务器的桥梁，ODBC 就是起这种作用的桥梁。ODBC 提供了一个开放的、标准的能访问从 PC、小型机到大型机数据库数据的接口。使用 ODBC 的另一个好处是当作为数据源的数据库服务器上的数据库管理系统发生变化时（比如 SQL Server 转换到 Sybase），客户端应用程序不需要做任何改变，因此所开发的数据库应用程序具有很好的移植性。

3．建立 ODBC 数据源

数据源是 ODBC 的一个数据结构，用于指定数据库和 DBMS。数据源也可以指定其他类型的数据，例如电子表格或其他非数据库数据，但这里不考虑这些数据。

有 3 种类型的数据源：文件、系统和用户。文件数据源是可以在数据库用户之间共享的文件，只要用户有相同的 DBMS 驱动程序和数据库权限。系统数据源是一台计算机上的本地数据源，操作系统和系统上的任何具有适当权限的用户都可以使用系统数据源。用户数据源只能被建立它的用户使用。通常，对于 Web 应用的较好选择是在 Web 服务器上建立系统数据源。

建立数据源可以使用 Windows 控制面板中的"管理工具"中的"数据源（ODBC）"工具来完成。

13.2.2　OLE DB 和 ADO

随着计算机技术的发展和数字化时代的到来，计算机在人们生活中充当的角色越来越重要，人们利用计算机来处理信息的需要越来越高，尤其是进行综合性管理，比如利用传统的文件系统、数据库系统以及现在的 Internet 等所包含的信息进行辅助决策支持，制定相应政策等。现在许多部门都有自己的信息管理方式，而他们采用的信息管理系统多种多样，有文件系统、数据库系统等，它们的数据格式也各不相同，有文本格式、电子表格格式及在 Internet 上使用的电子邮件格式和 HTML 格式等。即使是在数据库中，不同厂家的数据库管理系统对数据的管理方式也不相同。而不同管理系统中的数据有不同的访问方法。这就意味着如果要同时访问这些不同管理系统中的数据就必须使用多种数据访问方法，应用程序开发者也必须是多种数据访问方法的专家，这显然是不现实的。为此，Microsoft 提出了一致的数据访问（Universal Data Access）策略，此策略可以在不同应用程序（从传统的 C/S 到 Web）中保证开放和集成，并提供对所有的数据类型（关系的和非关系的，甚至是非结构的）的基于标准的访问方法。

一致的数据访问策略是基于 OLE DB（Object Linked and Embed DataBase，对象链接与嵌入的数据库）来访问所有类型的数据，并通过 ADO（ActiveX Data Object，活动的数据对象）来提供应用程序开发者使用的编程模型。

ADO 和 OLE DB 实际上是同一种技术的两种表现形式。OLE DB 提供的是通过 COM（Component Object Model，组件对象模型）接口的底层数据接口，而 ADO 提供的是一个对象模型，它简化了应用程序中使用 OLE DB 获取数据的过程。如果使用的是传统的编程语言，那么我们可以将 OLE DB 看成是针对数据库的汇编语言，而 ADO 则是提供了一种建立在这个汇编语言之上的高级语言。

1. OLE DB 的构成

OLE DB 是一系列直接处理数据的接口。OLE DB 建立在 COM 之上，是 Microsoft 提供的一种在不同数据进程间进行通信的方式。实际上，OLE DB 也就是为数据访问而设计的一系列 COM 接口。

这里并不讨论如何使用 OLE DB 的底层细节，但我们需要了解 OLE DB 的高层结构，通过了解高层结构，可以更容易地理解数据是如何获得的，并且可以正确地解决获取数据过程中可能出现的问题。

OLE DB 定义了 3 种类型的数据访问组件：

- 数据提供者：包含数据并将数据输出到其他组件中去。
- 数据消费者：使用包含在数据提供者中的数据。
- 服务组件：处理和传输数据。

例如，如果使用 OLE DB 访问 SQL Server 数据，并且使用 C++ 显示获得的数据，则 SQL Server 就是数据提供者，C++ 的接口应用程序就是数据的消费者，临时表引擎中保留的一系列记录就是一个服务组件。

再比如，使用 Visual Basic 和 ADO 获取数据时，ADO 本身就是 OLE DB 的数据消费者。本书第 14 章的例子就是将 ADO 作为 OLE DB 的数据消费者。使用 ADO 作为消费者隐藏了 OLE DB 下面的 COM 接口的所有详细工作过程。

OLE DB 的绝大多数功能包含在数据提供者和服务组件中，服务组件可以获取和操作应用程序使用的数据。下面简要介绍一些 OLE DB 库中包含的核心组件：

- Data Conversion Library：支持从一种数据类型转换到另一种数据类型。
- Row Position 对象：保留记录集中对当前行的跟踪。此功能允许其他组件约定它们当前使用的是什么数据。
- Root Enumerator：允许搜索已知 OLE DB 数据提供者的注册信息。
- IdataInitialize 接口：包含允许使用数据源的功能。
- IDBPromptInitialize 接口：包含允许应用程序使用 Data Link 属性对话框的功能。

2. ADO

ADO（ActiveX Data Object，动态数据对象）是一种简单的对象模型，可以被数据消费者用来处理任何 OLE DB 数据。

ADO 是建筑在 OLE DB 之上的高层接口集。尽管 OLE DB 对于操作数据来说是一个有效的接口，但大多数应用程序开发者并不需要 OLE DB 在处理数据访问时给出的底层控制，他们对管理内存资源等底层操作并不感兴趣，而且开发人员一般都使用不支持指针和其他 C++调用机制的高级语言来开发应用程序。ADO 是介于 OLE DB 底层接口和应用程序之间的接口，它避免了开发人员直接使用 OLE DB 底层接口的麻烦，因此使用 ADO 可以帮助开发人员使用已经熟悉的编程环境和语言开发应用系统。

ADO 简化了 OLE DB 模型。OLE DB 是面向 API（Application Programming Interface，应用程序编程接口）的调用，为了使 OLE DB 能够完成这些操作，开发者需要调用许多不同的 API。ADO 在 OLE DB 上面设置了另外一层。ADO 层是面向对象的 API，它只要求开发者掌握几个简单对象的方法和属性，这比在 OLE DB API 中直接调用函数要简单得多。

使用 ADO 和 OLE DB 访问数据的体系结构如图 13-6 所示。ADO（ActiveX Data Object，动态数据对象）是一种简单的对象模型，可以被数据消费者用来处理任何 OLE DB 数据。

ADO 是建筑在 OLE DB 之上的高层接口集。尽管 OLE DB 对于操作数据来说是一个有效的接口，但大多数应用程序开发者并不需要 OLE DB 在处理数据访问时给出的底层控制，他们对管理内存资源等底层操作并不感兴趣，而且开发人员一般都使用不支持指针和其他 C++调用机制的高级语言来开发应用程序。ADO 是介于 OLE DB 底层

图 13-6 一致的数据访问策略的体系结构

接口和应用程序之间的接口，它避免了开发人员直接使用 OLE DB 底层接口的麻烦，因此使用 ADO 可以帮助开发人员使用已经熟悉的编程环境和语言开发应用系统。

13.2.3 JDBC

JDBC 的全称是"Java DataBase Connectivity standard"，它是一种用于执行 SQL 语句的 Java API 的面向对象的应用程序接口，可以为多种关系数据库提供统一访问，它由一组用 Java 语言编写的类和接口组成。JDBC 提供了一种基准，根据这个基准可以构建更高级的工具和接口，使数据库开发人员能够编写数据库应用程序，同时，JDBC 也是个商标名。

使用 JDBC 并不一定要使用开源的代码，实际上可以用 Windows XP、Windows 2000 等操作系统上的 JDBC 访问 SQL Server、Oracle 等数据库管理系统。简单地说，JDBC 可做 3 件事：与数据库建立连接、发送 SQL 语句并处理结果。

JDBC 并不代表 Java 数据库连接，基本上所有的 DBMS 都有对应的 JDBC 驱动程序。

1．驱动程序类型

Sun 定义了 4 种类型的 JDBC 驱动程序。类型 1 驱动程序是 JDBC-ODBC 桥接驱动程序，这些驱动程序在 Java 和普通的 ODBC 驱动程序之间提供了一个接口。大多数 ODBC 驱动程序是用 C 或 C++编写的，但 Java 和 C 或 C++并不兼容，而桥接驱动程序解决了这些不兼容问题，使得可以从 Java 访问 ODBC 数据源。

类型 2 到类型 4 的驱动程序都完全是用 Java 开发的，它们的区别在于连接 DBMS 的方式。类型 2 的驱动程序通过 DBMS 的 API 连接 DBMS，例如，使用标准的（非 ODBC）Oracle 编程接口访问 Oracle。类型 3 和类型 4 的驱动程序用于通信网络。类型 3 驱动程序把 JDBC 调用翻译成独立于 DBMS 的网络协议，这种协议随后被翻译成特定 DBMS 使用的网络协议。类型 2 驱动程序则把 JDBC 调用直接翻译成特定 DBMS 使用的网络协议。

2．使用 JDBC

定义一个数据库连接的全部工作是由 Java 代码通过 JDBC 驱动程序完成的，这与 ODBC 需要使用工具来完成不同。使用 JDBC 驱动程序的代码模式如下：

1）装载驱动程序。

2）建立与数据库的连接。

3）建立一个语句。

4）通过语句完成某些操作。

图 13-7 概括了 JDBC 包含的部件。

图 13-7　JDBC 部件

13.3 小结

本章首先介绍了数据库的应用结构。到目前为止，数据库的应用结构经历了 4 种变化，从最开始的集中式结构，到文件服务器结构，再到现在应用范围广泛的客户／服务器结构，最终到目前日益兴起的互联网方式的多层结构，每一种结构的变化都更加合理地均衡了客户端和服务器端的处理逻辑和负载。数据库应用结构是由数据库管理系统对数据的处理方式决定的，而不是由操作系统和硬件结构决定的。

数据库的数据访问接口分为专用接口和通用接口两种。专用接口是每个数据库管理系统自己提供的专门用于访问自己的数据库数据的接口，通用接口的思想是由 Microsoft 提出的，通过这些通用接口，用户可以访问不同的数据库管理系统，而不必再关心这些接口之间的差异，这极大地简化和方便了用户对数据库的访问。常用的通用接口有 ODBC 和 OLE DB 两种，OLE

DB 是在 ODBC 之后发展起来的技术，它支持的数据源比 ODBC 范围更广。ADO 是建立在 OLE DB 基础之上的高层封装，其目的是为了简化用户使用 OLE DB 底层接口时访问数据库的复杂性，通过 ADO 提供的对象，用户可以很方便、很简单的访问数据库。JDBC 是一种用于执行 SQL 语句的 Java API 的面向对象的应用程序接口，由一组用 Java 语言编写的类和接口组成，通过它可以实现对多种关系数据库的统一访问。

习题

1. 在文件服务器结构和客户／服务器结构中，数据处理有什么区别？
2. 应用在客户／服务器结构上的数据库管理系统是否也同样可以应用在互联网应用结构中？
3. 目前有哪两个常用的通用数据访问接口？
4. ODBC 接口和 OLE DB 接口的主要区别是什么？
5. ADO 与 OLE DB 的关系是什么？
6. JDBC 的作用是什么？

第14章 ADO 数据控件与数据绑定控件

ADO 数据控件使用 ADO 数据对象来快速建立数据绑定控件和数据提供者之间的连接，并快速创建记录集，然后将数据通过数据绑定控件显示给用户。用户使用 ADO 数据控件可以非常方便地访问和操作数据库中的数据。ADO 对象为用户提供了更复杂和灵活的访问数据库的方法。数据绑定控件是任何具有"数据源"属性的控件。由于 ADO 数据控件和 ADO 对象不具有显示数据的功能，因此要将数据操作结果显示在用户界面上，就要靠数据绑定控件来实现。

本章介绍 ADO 数据控件和 ADO 对象的主要功能，包括主要属性、方法和事件，并着重介绍对操作结果集数据非常重要的 Recordset 对象的功能、属性和方法。对数据绑定控件部分，主要介绍按表格方式显示数据的 DataGrid 数据绑定控件和按列表方式显示数据库中某列的值的 DataList 数据绑定控件的使用方法。

14.1 ADO 数据控件

ADO 数据控件是目前流行的技术比较新的数据访问控件，它支持 OLE DB 数据访问模型。使用 ADO 数据访问控件，可以访问大型关系型数据库管理系统，比如 Oracle、SQL Server 等，也可以访问小型个人数据库管理系统，比如 Access、FoxPro 等，甚至还可以访问邮件数据、图形数据等。也就是说，使用 ADO 数据控件几乎可以访问各种类型的数据源。

ADO 数据控件用于指定连接的数据源和要访问的数据，对所获得数据的显示要靠数据绑定控件来实现。

ADO 数据控件是 ActiveX 控件，一般它不出现在 Visual Basic 集成开发环境的"工具箱"中，用户需要手工将其添加到工具箱中，才能使用它。

将 ADO 数据控件添加到工具箱中的方法如下：

1）在 Visual Basic 集成开发环境中，单击"工程"菜单下的"部件"命令，打开"部件"对话框，如图 14-1 所示。

2）在"控件"选项卡上，选中"Microsoft ADO Data Control 6.0（OLE DB）"复选框。如图 14-1 所示。

图 14-1　"部件"对话框

3）单击"确定"按钮关闭对话框。此时"工具箱"中会出现 ADO 数据控件的图标，如图 14-2 所示。

ADO 数据控件的微帮助名称为"Adodc"。

同 Visual Basic 的其他控件一样，要使用 Adodc 控件，首先应将其拖放到窗体上，然后再通过设置其属性等方法使 Adodc 发挥作用。

Adodc 控件在窗体上的形式如图 14-3 所示。

Adodc 的默认名为 Adodc1，在 Adodc 控件上有 4 个按钮，其功能分别为：

◄：将结果记录集中的当前行指针移到第一行。

图 14-2　添加了 ADO 数据控件的工具箱　　　　图 14-3　Adodc 控件形式

◄：将结果记录集中的当前行指针向前移动一行。

►：将结果记录集中的当前行指针向后移动一行。

►◄：将结果记录集中的当前行指针移到最后一行。

14.1.1　ADO 数据控件的主要属性、方法和事件

1. ADO 数据控件的主要属性

ADO 数据控件与 Visual Basic 中的内部数据控件（Data）很相似，为了建立与数据源的连接和操作数据，需要设置其中的一些属性。下面介绍与数据库相关的 ADO 数据控件的属性。

（1）ConnectionString 属性

此属性是 ADO 数据控件中一个非常重要的属性，用于建立与数据源的连接。它是一个字符串，其中包含的参数与使用的数据访问接口有关。

可以在 ADO 数据控件的"属性页"中设置 ConnectionString 属性，设置方法是单击 ADO 数据控件"属性页"中的"ConnectionString"属性，然后单击…按钮。也可以在 ADO 数据控件上右击鼠标，然后在弹出的菜单中选择"ADODC 属性"命令。执行以上任何一个操作均会弹出如图 14-4 所示的对话框。其他设置步骤如下：

1）在图 14-4 中选择"通用"选项卡。在此选项卡上显示了 3 种与数据源的连接方式：

- 使用 Data Link 文件：这是为解决早期 ODBC 数据连接的问题而设置的。在使用 ODBC 连接数据源时，连接信息存储在难以查看和修改的 Windows 注册表中（这点在以后的 ODBC 中引入了文件 DSN 而被改进）。Data Link 文件围绕这个问题提供了一个方法，它将必要的连接数据库的信息保存到一个文本文件中。

  生成 Data Link 文件的方法是：首先用记事本生成一个空的文本文件，然后将此文件的扩展名改为 .UDL，然后再双击此文件名（或者在此文件名上单击鼠标右键并选择"属性"选项），将打开一个设置 Data Link 文件的属性对话框。这里不详细讨论创建 Data Link 文件的方法，主要讨论使用 OLE DB 接口的方法。

- 使用 ODBC 数据资源名称：表示要使用 ODBC 数据访问接口访问数据库。如果已经建立好 ODBC 数据源，则此时可以直接从下拉列表框中选择，如果还没有建立，也可以单击"新建"按钮，创建一个新的 ODBC 数据源。创建 ODBC 数据源的方法我们已经在第 13 章做了介绍。

- 使用连接字符串：表示要使用 OLE DB 接口访问数据库，单击"生成"按钮，弹出如图 14-5 所示的对话框。

2）在图 14-5 所示的"提供程序"选项卡中，列出了本机可以使用的 OLE DB 接口，不同的数据库管理系统有不同的 OLE DB 接口。如果要访问 Access 数据库 ，则可以选择"Microsoft

Jet 4.0 OLE DB Provider"或"Microsoft Jet 3.51 OLE DB Provider",具体选择 Jet 的哪个版本,由 Access 的版本决定,如果是 Windows 2000 以上的版本,就应该使用 4.0 版本的 Jet(Jet 是 Access 的数据库引擎)。如果要访问 SQL Server 数据库,则可以选择"Microsoft OLE DB Provider for SQL Server"。

图 14-4 ADO 数据控件的"属性页"对话框

图 14-5 "数据链接属性"对话框

- 如果选择"Microsoft Jet 4.0 OLE DB Provider",单击"下一步"按钮,会弹出如图 14-6 所示的对话框。在此对话框的"选择或输入数据库名称"文本框中输入 Access 数据库文件名(扩展名为.mdb),或者单击 ▒▒▒ 按钮,选择一个 Access 数据库。如果此 Access 数据库有用户名和密码,则可以在下边输入相应的用户名和密码。设置好后,可单击"测试连接"按钮,测试一下与数据库的连接是否成功。

- 如果在图 14-5 所示的"提供程序"选项卡中选择"Microsoft OLE DB Provider for SQL Server",单击"下一步"按钮,则弹出如图 14-7 所示的对话框。在此对话框中需要完成如下设置:

图 14-6 连接到 Access 数据库的窗口

图 14-7 连接到 SQL Server 数据库的窗口

(a)选择要访问的数据库所在服务器。在"选择或输入服务器名称"下拉列表框中选择要访问的服务器,如果下拉列表框中没有列出所需的服务器的名称,则可以在此输入一个服务器的名称。

(b) 指定登录到服务器的用户。在"输入登录服务器的信息"区域中选择一种登录到 SQL Server 服务器的身份验证方式。如果使用 SQL Server 身份验证方式，则需要输入登录名的用户名和密码。需要注意的是，此登录名必须是要访问的数据库的合法用户，并且具有要访问的数据的合适的操作权。

(c) 选择要访问的数据库。单击"在服务器上选择数据库"下拉列表框，从列出的数据库中选择一个要访问的数据库。

设置之后，可以单击"测试连接"按钮，测试一下设置是否成功。成功之后，单击"确定"按钮，返回到图 14-4 所示的"属性页"对话框，只是这时在"使用连接字符串"文本框中，已经有了描述连接属性的字符串。

3）单击"属性页"对话框中的"确定"按钮，关闭此对话框，完成对 ADO 数据控件的 ConnectionString 属性的设置。

假设这里要访问的是 SQL Server 数据库，并且使用第 3 章建立的 Student 表、Course 表和 SC 表以及第 4 章中的数据，这 3 张表所在的数据库名为"学生管理数据库"。

(2) CommandType 属性

此属性指明命令的类型，即要访问的数据的来源。一般这个属性和 RecordSource 属性配合使用。CommandType 属性的取值有如下 4 个：

- adCmdUnknown：默认值，表示 RecordSource 中的命令类型未知。
- adCmdTable：RecordSource 属性的内容是一个表名，表示其结果集是对此表执行无条件查询后得到的结果。
- adCmdText：RecordSource 属性的内容是一个查询语句文本串，表示其结果集是执行此查询语句文本串的结果。
- adCmdStoredProc：RecordSource 属性的内容是一个存储过程名，表示其结果集是执行此存储过程的结果。

设置 CommandType 属性的方法参见下文设置 RecordSource 部分。

(3) RecordSource 属性

此属性用于设置 ADO 结果集的内容，这个内容可以来自一张表，也可以来自一个查询语句，还可以来自一个存储过程的执行结果。RecordSource 属性的值与 CommandType 属性的值有关，两者协同使用。

设置 RecordSource 属性的步骤如下：

1）在已经设置好 ConnectionString 属性的 ADO 数据控件上单击鼠标右键，在弹出的菜单中选择"ADODC 属性"命令，弹出一个对话框，在此对话框上选择"记录源"选项卡，如图 14-8 所示。或者在 ADO 数据控件的"属性"对话框中，单击 RecordSource 属性，然后单击 ▦ 按钮，弹出的对话框与图 14-8 类似。

2）在图 14-8 中的"命令类型"下拉列表框中选择命令类型，此选项用于设置 CommandType 属性的值。选择列表框中的选项时会出现两种情况：

- 如果选择的命令类型是"adCmdUnknown"或"adCmdText"，则"表或存储过程名称"列表框处于不可用状态，"命令文本"文本框处于可用状态，这时可在此文本框中输入要执行的 Select 语句。
- 如果选择的命令类型是"adCmdTable"或"adCmdStoredProc"，则下边的"表或存储过程名称"列表框处于可用状态，"命令文本"文本框处于不可用状态，这时可在下拉列表框中选择要获取数据的表或存储过程的名字。

假设这里选择的命令类型是"adCmdTable"，选择的表名是"Student"，如图 14-9 所示。

图 14-8　设置 CommandType 和 RecordSource 属性窗口　图 14-9　设置好命令类型和记录源之后的情形

3）选择完成后，单击"确定"按钮关闭"属性页"对话框，即可完成对 CommandType 和 RecordSource 属性的设置。

（4）MaxRecords 属性

MaxRecords 属性决定结果集中的记录的最大数目。这个属性的取值大小的取决于所检索记录的大小以及计算机的可用资源（内存）的多少。

（5）Recordset 属性

Recordset 属性是 ADO 数据控件中实现数据记录操作的最重要的属性，而且这个属性本身又是一个对象，也有自己的属性和方法，它直接指向 ADO 对象模型中的 Recordset 对象。

Recordset 属性也称为记录集或结果集，用于存放从数据提供者那里获得的查询结果，这个结果一般存放在客户端内存中。在 Visual Basic 数据库应用程序中，一般不直接对数据库中的数据进行操作，而是通过记录集来进行。因此，记录集是 Visual Basic 应用程序和数据库之间相互连接的桥梁。

使用 ADO 数据控件访问数据库时，设置好 ConnectionString、CommandType 和 RecordSource 属性后，对 RecordSource 属性的执行结果就放置在 Recordset 中，结果集的结构同所执行的查询语句的查询列表的结构相同。每个结果集都有一个当前行指针，指向正在操作的记录。

2. ADO 数据控件的主要方法

ADO 数据控件的方法不是很多，其中最常用的是 Refresh 方法。

Refresh 方法用于更新 ADO 数据控件属性，使修改后的 ADO 数据控件属性生效。当修改了 ADO 数据控件的 ConnectionString 属性的值时，使用 Refresh 方法会重新连接一次数据库；当修改 ADO 数据控件的 RecordSource 属性的值时，使用 Refresh 方法会重新执行 RecordSource 属性的内容，重新产生结果集。使用 Refresh 方法的格式为：

ADO 数据控件名.Refresh

3. ADO 数据控件的主要事件

为了能够通过 ADO 数据控件灵活、快捷地操作数据库数据，Visual Basic 为其定义了很多事件，构成了 ADO 数据控件能够响应的事件集合。这里介绍几个比较常用的事件。

（1）EndOfRecordset 事件

当在结果集中移动记录指针时，当记录指针超出了结果集的最后一条记录时，触发此事件。

（2）Error 事件

只有在没有执行任何 Visual Basic 代码而发生数据访问错误时，才会触发此事件。

（3）WillChangeField 事件和 FieldChangeComplete 事件

在对结果集中的一个或多个字段值进行修改前，触发 WillChangeField 事件；当对结果集中的一个或多个字段值修改之后，触发 FieldChangeComplete 事件。

（4）WillChangeRecord 事件和 RecordChangeComplete 事件

在对结果集中的一个或多个记录进行修改前，触发 WillChangeRecord 事件；当对结果集中的一个或多个记录修改之后，触发 RecordChangeComplete 事件。

（5）WillMove 事件和 MoveComplete 事件

在结果集的当前行记录指针移动之前，触发 WillMove 事件；当结果集的当前行记录指针移动完成后，触发 MoveComplete 事件。

14.1.2 RecordSet 对象的主要属性和方法

RecordSet 对象是 ADO 对象模型中一个非常重要的对象，也是 ADO 数据控件的一个主要属性。数据库中数据的操作主要是通过 RecordSet 对象完成的。下面介绍 RecordSet 对象中常用的属性和方法。

1. RecordSet 对象主要属性

Recordset 对象的主要属性有：

1）BOF：布尔值，如果结果集中记录的当前行指针移到了第一条记录的前边，则此值为真，否则为假。

2）EOF：布尔值，如果结果集中记录的当前行指针移到了最后一条记录的后边，则此值为真，否则为假。

3）RecordCount：存放结果集中的记录个数。

4）Sort：将结果集中的记录按某个字段排序。

5）AbsolutePosition：记录当前行记录在结果集中的顺序号，结果集记录序号从 1 开始。

6）ActiveCommand：结果集中创建的命令。

7）ActiveConnection：结果集中创建的连接。

8）Bookmark：结果集中当前行记录的标识号。

9）Fields：结果集中的字段集合。由于一行记录可以包含多个字段，因此 Fields 属性是一个数组形式，数组中的每个元素代表一个字段。

Fields 属性本身也是一个对象，它直接指向 ADO 对象模型中的 Fields 对象。Fields 对象用下述属性来描述结果集字段的信息：

- Fields.Name：字段名称。
- Fields.Value：字段的值。
- Fields.OrdinalPosition：字段在 Fields 集合中的顺序。
- Fields.Type：字段的数据类型。
- Fields.Size：字段的最大字节数。
- Fields.SourceTable：字段来自的表。
- Fields.SourceField：字段来自的表中的列。

例如，利用 Fields 对象，得到当前行记录的某字段的值，用法如下：

```
Fields（"字段名"）.Value
```

或

```
Fields（数字）.Value
```

其中"数字"代表字段在结果集中的顺序号。建议用户使用第一种形式，这样可读性比较好。

2. RecordSet 对象的主要方法

RecordSet 对象的方法是实现结果集操作的关键。

（1）Move 方法组

在结果集中浏览记录是不可避免的操作，通过浏览记录不但可以查看数据，而且还可以确定要修改和删除的记录。Move 方法组就是在结果集中通过移动记录行指针而浏览数据的方法。

对应于 ADO 数据控件的 4 个记录指针移动按钮（参见图 14-3），Move 方法组中也有 4 个相应的移动指针的方法。

- MoveFirst 方法：等同于 �ল 按钮功能，将当前行记录指针移到结果集中的第一行。
- MovePrevious 方法：等同于 ◀ 按钮功能，将当前行记录指针向前移动一行。
- MoveNext 方法：等同于 ▶ 按钮功能，将当前行记录指针向后移动一行。
- MoveLast 方法：等同于 ▶ 按钮功能，将当前行记录指针移到结果集中的最后一行。

需要注意的是，MovePrevious 方法和 MoveNext 方法不具备自动检测记录的当前行指针是否移出了结果集边界的功能。因此，在使用这两种方法时，应在程序中编码实现对边界的判断。例如，对应 MovePrevious 方法，在使用之后，应判断结果集的 BOF 是否为真，如果为真，则表示移出了边界。

（2）AddNew 方法

AddNew 方法用于在结果集中添加一个新记录。

需要注意的是，当使用 AddNew 方法时，实际上只是在内存中开辟了一个新记录的缓冲区，缓冲区中的初始值均为空，新输入的记录被保存在这个缓冲区中。要使缓冲区中新输入的记录永久地保存到数据库中，还必须使用下面介绍的 Update 方法，或者对当前行记录指针作一个移动操作。

（3）Update 方法

Update 方法将新记录缓冲区中的记录或者对当前记录的修改真正写到数据库中，使新添加的记录或修改后的结果永久保存在数据库中。

（4）Delete 方法

Delete 方法删除结果集中当前行记录指针所指的记录，并且这个删除是直接对数据库数据操作的，删除后的数据不可恢复。因此，在使用此方法删除数据前，最好提示用户是否真的要删除数据，以避免由于误操作而造成数据丢失。

（5）CancelUpdate 方法

CancelUpdate 方法用于取消新添加的记录或取消对当前记录所做的修改。注意，此方法应在调用 Update 方法之前调用，调用了 Update 方法之后的修改是不能撤销的。

另外需要注意的是，如果没有添加新记录，也没有对当前记录进行任何修改，那么调用 CancelUpdate 方法将产生错误。

（6）Find 方法

Find 方法用于在当前结果集中查找满足条件的记录。如果结果集较大，则可以使用此方法在结果集中快速定位找到满足要求的记录。Find 方法的格式为：

ADO 数据控件名.Recordset. Find（"查找条件表达式"）

"查找条件表达式"中可以包含比较运算符、逻辑运算符和 Like 查找符。例如：

查找年龄在 20 到 25 之间的学生的代码为：Find（"Sage >= 20 AND Sage <= 25"）

查找计算机系的学生的代码为：Find("Sdept = '计算机系' "）

查找所有姓王的学生的代码为：Find("Sname LIKE '王%' ")

14.2　数据绑定控件

通过 ADO 数据控件只是建立了与数据源的连接，创建好了查询结果集，但结果集中的数据并不能显示在屏幕上，它只能保存在内存中。要将内存结果集中的数据显示出来，必须通过数据绑定控件实现。

数据绑定实际上就是将结果集中的数据同应用程序界面中的控件联系起来，通过这些界面上的控件将结果集中的数据显示给用户。能够实现将结果集中的数据显示出来的功能的控件就称为数据绑定控件。

数据绑定控件不但可以把结果集中的数据显示出来，而且用户还可以通过这些控件实现对数据库数据的增、删、改操作。

在 Visual Basic 6.0 预定义的标准控件中，并不是所有的控件都是数据库绑定控件，只有那些具有 DataSource 属性的控件才是数据绑定控件。常用的数据绑定控件有：TextBox、CheckBox、ListBox、ComboBox 等。这些控件只用于显示结果集中的一个列的值，因此，除了需要设置这些控件的 DataSource 属性外，还需要设置这些控件的 DataField 属性，以确定绑定到结果集中的哪个列。

除了这些标准控件外，还有一些 ActiveX 控件也可实现数据绑定功能，这些控件支持 OLE DB 数据访问接口，称为外部绑定控件。外部绑定控件主要有：DataCombo、DataList、DataGrid、MSHFGrid、Microsoft Chart 等。

数据绑定控件主要通过 DataSource 和 DataField 属性来实现数据绑定。

DataSource 属性用于指定要绑定的数据源，一般其值为 ADO 数据控件的名称。可以直接在数据绑定控件的"属性窗口"中设置此值，也可以在代码中对其进行赋值。一个数据绑定控件在一个时刻只能连接一个数据源。

DataField 属性用于指定控件要显示的结果集中的字段，其值为结果集中的列名。同 DataSource 属性一样，可以直接在控件的"属性窗口"中设置此值，也可以在代码中对其进行赋值。一个控件在一个时刻只能绑定到一个字段。

标准控件中的 TextBox、CheckBox、ListBox、ComboBox 使用起来比较简单，将在第 16 章介绍这些控件的使用，本章介绍 DataGrid 和 DataCombo、DataList 数据绑定控件的使用。

14.2.1　DataGrid 控件

DataGrid 代替了早期出现的 DBGrid 控件。DataGrid 控件的英文全名是：Microsoft DataGrid Control 6（OLE DB），它以表格的形式显示结果集中的全部数据，并允许用户在此控件中浏览、添加、删除和修改记录。它是 Visual Basic 6 中最重要的复合数据绑定控件。

DataGrid 控件需要手工添加到 Visual Basic 工具箱中。首先选择"工程"菜单中的"部件"命令，然后在打开的"部件"对话框中选择"Microsoft DataGrid Control 6（OLE DB）"选项，即可把 DataGrid 控件添加到工具箱中，如图 14-10 所示。

DataGrid 控件在工具箱中的图标形式为 。

图 14-10　添加 DataGrid 控件

1. DataGrid 控件的主要属性

在设计模式下，DataGrid 控件的外观包括一个空的列头和一个空行，如图 14-11 所示。要使用 DataGrid 控件，首先将 DataGrid 控件拖放到窗体上，然后在此控件上右击鼠标，在弹出的菜单中选择"属性"命令，打开 DataGrid 控件的"属性页"对话框，如图 14-12 所示。DataGrid 控件的"属性页"包含了 8 个选项卡，各选项卡的功能如下：

(1)"通用"选项卡

主要属性及功能为：

- 允许添加（AllowAddNew 属性）：允许添加新记录。
- 允许删除（AllowDelete 属性）：允许删除记录。
- 允许更新（AllowUpdate 属性）：允许更改记录。
- 列标头（ColumnHeaders 属性）：决定是否显示字段名。

图 14-11　DataGrid 的初始形式

- 有效（Enabled 属性）：决定运行时能够对 DataGrid 控件进行操作，如移动数据区滚动条等。

(2)"键盘"选项卡

如图 14-13 所示，它用于控制控件的浏览属性。"允许箭头"（AllowArrow 属性，默认值）复选框使光标可以在列和行间移动。如果选择"自动换行单元指针"（WrapCellPointer 属性）复选框，则可以用光标控制键或 Tab 键来移动光标，从当前记录的最后一列移到下个记录的第一列。如果设置"Tab 键动作"（TabAction 属性）为"2-dbgGridNavigation"，则可以使用 Tab 键浏览记录。在使用 DataGrid 控件更新 Recordset 时，建议用户使用图 14-13 的设置。

图 14-12　DataGrid 的"属性页"对话框

图 14-13　DataGrid 的"键盘"选项卡

(3)"列"选项卡

如图 14-14 所示，"列"选项卡提供了在设计模式下对 DataGrid 控件中列集合的控制，通过此选项卡可以为每个列集合对象设置标题和 DataGrid 的属性值。通过改变"标题"（Caption 属性）使列的标题可读性更好。对于列顺序的改变，可以选择相应的"数据字段"值。

(4)"布局"选项卡

如图 14-15 所示的"布局"选项卡用于设置附加的列属性，其最重要的特征是可以设置列的对齐方式和宽度。对于数字值通常采用右对齐格式。"锁定"（Locked）复选框用于防止值被修改；不选中"允许调整大小"（AllowSizing）复选框可以防止改变列的宽度；不选中"可见"（Visible）复选框可以隐藏列；选中"自动换行"（WrapText）复选框可以写多行文本；选中"按钮"（Button）复选框可加入一个下拉式的按钮列表。

图 14-14　DataGrid 的 "列" 选项卡　　　　图 14-15　DataGrid 的 "布局" 选项卡

（5）"颜色" 选项卡

如图 14-16 所示，用于设置列标题以及控件的其他部分的前景色和背景色，是从 Visual Basic 6 属性窗口中的前景色和背景色条目复制过来的。

（6）"字体" 选项卡

如图 14-17 所示，可以根据实际情况选择的设置列标题以及 DataGrid 控件体的字体、大小及属性。

图 14-16　DataGrid 的 "颜色" 选项卡　　　　图 14-17　DataGrid 的 "字体" 选项卡

（7）"拆分" 选项卡

用于把 DataGrid 中的一列分割成多列，以方便对列中的数据进行滚动查看。对于一般用户来说，分割 DataGrid 控件后不便浏览，因此一般不使用分割功能。

（8）"格式" 选项卡

在如图 14-18 所示的 "格式" 选项卡中，可以指定每个独立列的数据类型，如把记录价格的列指定为 "货币" 类型，对文本列采用默认的 "通用" 类型，对数字列指定为 "数字" 类型，并指明相应的小数位数等等。

2. DataGrid 控件的特殊属性、方法和事件

DataGrid 控件还有一些特殊的属性和事件，用来实现对显示的数据进行排序、隐藏某列以及修改 Recordset 数据。下面分别介绍这些功能。

（1）使用 HeadClick 事件对列进行排序

当使用 DataGrid 控件时，在显示结果时有时可能需要对 Recordset 中的某些列进行排序。FlexGrid 和 MSHFlexGrid 都具有 Sort 属性，但 DataGrid 控件没有。但可以使用 DataGrid 控件的基础 Recordset 对象，然后使用 DataGrid 的 Refresh 方法，用排序后的顺序重新显示结果

集数据。

假设已设置好一个 ADO 数据控件（名字为 Adodc1），并且连接的数据源为 SQL Server 中的"学生管理数据库"中的"Student"表。又有一 DataGrid 控件（名字为 dtgStudent），其 DataSource 属性为 Adodc1。下面的代码实现按用户在 DataGrid 表格中单击的列标题进行降序排序，并显示排序后的结果。

```
Private Sub DtgStudent_HeadClick(ByVal ColIndex As Integer)
  With Adodc1.Recordset
    .Sort = .Fields(ColIndex).Name & " DESC"
  End With
  DtgStudent.Refresh
End Sub
```

图 14-19 显示了用户单击"Sage"列标题后的显示结果。

图 14-18　DataGrid 的"格式"选项卡

图 14-19　对 Student 表按年龄降序排序的结果

（2）在运行模式下改变显示的列

通过操作 DataGrid 控件的列集合，可以在运行模式下隐藏部分列。最简单的隐藏列的方法是把列的 Visible 属性设置为 False。在显示区域有限的情况下，隐藏一些列对于用户查看某些特定的列是很有用的。假设界面上有"隐藏列"（对象名为 cmdSomeColumns）和"全部列"（对象名为 cmdAllColumns）两个命令按钮。当用户单击"隐藏列"按钮时，隐藏上述建立的 DataGrid 表格中的 Ssex 和 Sage 列；当用户单击"全部列"时，显示 DataGrid 表格中的全部列。实现上述功能的代码如下：

```
Private Sub CmdAllColumns_Click()
  '显示全部列
  Dim intCol As Integer
  With DtgStudent
    For intCol = 0 To .Columns.Count - 1
'DataGrid 控件的 Columns.Count 属性记录了表格中列的个数
      .Columns(intCol).Visible = True
    Next
  End With
  CmdSomeColumns.Enabled = True
  CmdAllColumns.Enabled = False
End Sub

Private Sub CmdSomeColumns_Click()
  '隐藏 Ssex 和 Sage 列
```

```
With DtgStudent
  .Columns(2).Visible = False        'DataGrid 的列计数从 0 开始
  .Columns(3).Visible = False
End With
CmdSomeColumns.Enabled = False
          '使 CmdSomeColumns 为不可用状态
CmdAllColumns.Enabled = True
          '使 CmdAllColumns 为可用状态
End Sub
```

图 14-20 显示了单击"隐藏列"后的界面情况。

3. 用 DataGrid 事件确认更新

当编辑存放数据的 Recordset 对象时，可以启动一系

图 14-20   隐藏了部分列的结果数据

列 DataGrid 控件的事件。表 14-1 列出了当更新一列的值和删除、插入、更新一行时，DataGrid 控件发生的事件。

表 14-1   DataGrid 控件的 Before …和 After …事件

事　　件	触　发　时　刻
BeforeColEdit	移入新单元后，但在单元中敲入第一个字符之前
ColEdit	在单元中敲入第一字符后
AfterColEdit	紧随 AfterColUpdate 事件之后
BeforeColUpdate	改变单元值或移入一个新单元之后，但在 DataGrid 缓冲区内容改变之前
AfterColUpdate	在为更新的列修改缓冲区之后（同 AfterColEdit）
BeforeDelete	在选中一行并按 Delete 键之后，但在列从 Recordset 中删除之前
AfterDelete	从 Recordset 删除一行之后
BeforeInsert	在临时加入的记录组成的列中敲入至少一个字符之后，但在行被加入到 Recordset 之前
AfterInsert	在行加入到 Recordset 之后
BeforeUpdate	在修改任何列的值或移动一个新记录之后，但在 Recordset 更新之前
AfterUpdate	在更新 Recordset 的行之后

14.2.2　DataList 和 DataCombo 控件

DataList 和 DataCombo 控件在功能上与 ListBox 与 ComboBox 类似，但它们可以直接从 ADO 结果集中获取信息，而不用通过 AddItem 命令语句来添加信息。

DataList 和 DataCombo 控件需要手工添加到 Visual Basic 工具箱中。首先选择"工程"菜单中的"部件"命令，然后在打开的"部件"对话框中选择"Microsoft DataList Control 6.0（OLE DB）"选项（如图 14-21 所示）。选中后，单击"确定"按钮，关闭此对话框，用户就可以在 Visual Basic 工具箱中看到这两个控件的图标。

图 14-21   添加 DataList 和 DataCombo 控件

与 DataGrid 控件相比，DataList 和 DataCombo 控件要简单得多。DataList 控件的列表中显示的列表项不受内存大小的限制。但随着列表中内容的增加，用户在列表中查找指定内容就显得很困难，而 DataCombo 控件则不一样，它最多只能显示 99 个列表项。这两个控件的使用方法是一样的，因此，这里只介绍 DataList 控件的使用方法。

DataList 控件的属性比 DataGrid 控件的属性少，表 14-2 列出了 DataList 控件与数据库有关的主要属性。

表 14-2　DataList 控件的主要属性

属　　性	描　　述
DataSource	指定 ADO 数据控件的名称
BoundColumn	指定 DataSource 和 RowSouce 数据源中有关联关系的字段名称
RowSource	指定 ADO 数据控件的名称，该控件提供值的列表
DataField	指定来自 DataSource 数据源中的字段名称
ListField	指定来自 RowSouce 数据源，功能显示在 DataList 列表中的字段的名称

一般来说，DataSource 连接有外码的子表数据源，比如 SC 表；而 RowSource 连接外码所对应的主码所在的主表数据源，比如 Student 表。

DataField 属性指明与 RowSouce 数据源中有关联关系的字段名称，ListField 属性用于指定 DataList 控件要显示的列，BoundColumn 属性指明 RowSource 数据源中哪个列作为两个表的关联列（通常情况下，这个列都是 RowRource 数据源中的主码）。

如果没有主码、外码关联关系，则只需设置 RowSource 和 ListField 属性的值即可，其他属性均可不设置。

例如，一个工程的窗体布局如图 14-22 所示，其中左上角为 DataGrid 控件，对象名为 DataGrid1；右上角为 DataList 控件，对象名为 DataList1。两个 ADO 数据控件的对象名分别为：AdoSC 和 AdoStudent。

各控件所设置的属性以及属性值如表 14-3 所示。

表 14-3　各控件的属性设置及属性值

对 象 名	属 性 名	属 性 值
AdoSC	ConnectionString	连接到 SQL Server 上的"学生管理数据库"
	CommandType	adCmdTable
	RecordSource	SC
AdoStudent	ConnectionString	连接到 SQL Server 上的"学生管理数据库"
	CommandType	adCmdTable
	RecordSource	Student
DataGrid1	DataSource	AdoSC
DataList1	DataSource	AdoSC
	RowSource	AdoStudent
	DataField	Sno
	ListField	Sname
	BoundColumn	Sno

上例用 DataGrid 控件显示 SC 表中的全部数据，用 DataList 控件显示 Student 表中的学生的姓名。当用户使用 AdoSC 浏览学生的选课记录时，根据 DataGrid 控件的结果集中当前行所指向的记录的 Sno 的值，在 DataList 控件中相应的选中此学号所对应的学生的姓名。

此窗体运行时的一个界面如图 14-23 所示，在此界面上，DataGrid 控件的当前行的学号是"9512102"，在 DataList 列表中相应选中的项是"刘晨"，他是学号为"9512102"学生的姓名。

图 14-22 使用 DataList 控件和 DataGrid 控件的窗体布局   图 14-23 运行时的一个界面

14.3 ADO 对象

　　本节进一步介绍利用 ADO 对象模型进行数据库编程的方法。ADO（ActiveX Data Object）是一个数据访问接口，它介于数据提供方和数据使用方之间。任何应用程序如果需要访问数据库，那么就必须使用合适的数据访问接口，以便获取数据并进行数据处理。

　　正如本书第 13 章介绍的，ADO 是建筑在 OLE DB 之上的高层接口集，它是介于 OLE DB 底层接口和应用程序之间的接口。ADO 对象模型是目前最流行的可编程数据访问对象模型，它是基于 Microsoft 的最新、最强大的数据库接口 OLE DB 而设计的。利用 ADO 对象模型可以非常有效地实现数据库的全部操作。

　　ADO 由一组相互独立的对象组成，对象模型中的每个对象都具有各自的属性、方法和事件，通过设置和使用这些对象的属性、方法和事件可以实现对数据库的全部操作。ADO 对象模型如图 14-24 所示，其中带灰色背景的代表对象，不带灰色背景的代表集合。

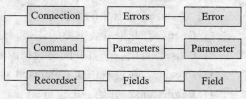

图 14-24 ADO 对象模型

　　ADO 对象模型中包含 3 个一般用途的对象，即 Connection、Command 和 Recordset。开发人员可以创建这 3 个对象并使用这些对象访问数据库。在 ADO 对象模型中还有 Field、Property、Error 和 Parameter 等几个其他对象，它们是前面 3 个对象的子对象。

14.3.1 Connection 对象

　　Connection 对象表示一个 OLE DB 数据源的开放式连接。用户必须首先创建一个 Connection 对象，然后再使用其他的对象来访问数据库。因此，Connection 对象是 ADO 对象模型的基础。

　　在使用 ADO 对象模型编程之前，必须先引用 ADO 对象模型。在 Visual Basic 的"工程"菜单下选择"引用"命令，然后在打开的窗口中选择"Microsoft ActiveX Data Objects 2.× Library"选项（其中"×"代表机器上安装的版本号）即可引用 ADO 对象模型，如图 14-25 所示。

　　Connection 对象用于指定数据源，在对数据库进行操作之前，必须先创建 Connection 对象。使用 Connection 对象的属性和方法可以完成如下操作：

- 连接数据源，打开数据库。
- 执行一个数据库操作命令。
- 利用 Error 对象检查数据源返回的出错信息。

1. Connection 对象的主要属性、方法、事件和集合

（1）Connection 对象的主要属性

同 ADO 数据控件类似，要使用 ADO 对象访问数据库，也需要设置它的一些属性。

图 14-25　引用 ADO 对象

1）ConnectionString：是 ADO 对象最重要的属性，用于指定连接到的数据源名称，使用方法及含义同 ADO 数据控件。这个属性的值在建立连接之前是可以修改的，而在建立好连接之后就不能再进行修改，否则就需要重新建立连接。

2）Provider：连接中使用的 OLE DB 提供者。

3）ConnectionTimeout：执行 Open 方法之后等待建立连接的秒数，默认值为 15 秒。0 表示无限期等待。

4）State：表示 Connection 对象是打开还是关闭的常量。这个属性的值是只读的，其包含的常量值有：

- adStateClosed：默认值，表示对象是关闭的。
- adStateOpen：表示对象是打开的。
- adStateConnection：表示 Recordset 对象正在连接。
- adStateExcuting：表示 Recordset 对象正在执行。
- adStateFetching：表示正在读取 Recordset 对象的数据记录。

5）Version：ADO 的版本。

（2）Connection 对象的主要方法

1）Open：打开带有数据源的连接，即真正的建立起到数据源的物理连接。

2）Close：关闭一个打开的与数据源的连接，即终止与数据源的连接。

3）Execute：在没有创建 Command 对象的情况下执行连接中的一个命令。

4）BeginTrans：开始一个事务。

5）CommitTrans：提交一个事务。

6）RollbackTrans：回滚一个事务。

（3）Connection 对象的主要事件

1）ExecuteComplete：连接中的命令被执行后发生的动作。

2）BeginTransComplete：在 BeginTrans 方法完成后发生的动作。

3）RollbackTransComplete：当 RollbackTrans 操作完成时发生的动作。

4）WillConnect：在试图连接到数据源之前发生的动作。

5）WillExecute：试图在连接中执行一条命令前发生的动作。

（4）Connection 对象的主要集合

1）Errors：Error 对象的集合。

2）Properties：描述连接的 Property 对象集合。

2. 使用 Connection 对象

使用 ADO 对象模型的 Connection 对象的步骤如下：

1）设置 ConnectionString 的连接属性。在程序中使用 Connection 对象定义连接属性的方法有多种，例如：

```
Dim adoCn As ADODB.Connection
Set adoCn = New ADODB.Connection
'使用 ODBC 数据源连接数据库
adoCn.ConnectionString = "DNS=ODBC_DSN;UID = LoginID; PWD= password"
'使用 OLE DB 提供者连接数据库
adoCn.ConnectionString = "Provider=SQLOLEDB.1;User ID=LoginID; " _
        & "Initial Catalog=Pubs;Data Source=DB_Server_Name"
```

其中，"Provider=SQLOLEDB.1" 表示要使用 Microsoft SQL Server 自身的 OLE DB 提供者。

2）使用 Open 方法建立连接。Open 方法用于打开连接，即真正地与数据源进行物理连接，使用格式如下：

```
adoCn.Open
```

3）使用 Close 方法断开连接。Close 方法用于关闭一个打开的 Connection 对象，即断开与数据源的连接。一般情况下，Close 方法只是断开了连接，并没有将 Connection 对象从内存中删除，因此，在关闭之后仍可使用 Open 方法再次打开它。若要将对象从内存中删除，应该使用如下语句：

```
Set 对象名＝Nothing
```

Close 方法的使用格式如下：

```
adoCn.Close
```

14.3.2　Command 对象

Command 对象代表对数据源执行的命令。使用 Command 命令可以查询数据，并将查询结果返回给 RecordSet 对象。

使用 Command 对象的最简单的方法是创建一个单独的命令对象，设置它的属性，然后设置它的 ActiveConnection 属性，使之成为有效的连接字符串。这样只要运行 Command 对象就会使 ADO 创建一个内置的 Connection 对象。如果需要在一个单独的 Connection 对象上执行多个 Command 对象，则不需要使用这种方法，因为对于每个 Command 对象来说，只能创建一个独立的 Connection 对象，但可以通过设置其 ActiveConnection 属性使之使用一个已存在的 Connection 对象。

1. Command 对象的主要属性、方法和集合

（1）Command 对象的主要属性

1）ActiveConnection：指定当前使用的连接。

2）CommandText：命令的文本表达（SQL 语句、存储过程名和表名）。

3）CommandType：指定要执行的命令的类型，与 CommandText 属性的内容对应。其取值如下：

* CmdText：指定 CommandText 的内容是一个文本，即 SQL 语句。
* adCmdTable：指定 CommandText 的内容是一个表名。
* adCmdStoredProc：指定 CommandText 的内容是一个存储过程名。
* adCmdUnknown：默认值，表示命令类型未知。

4）CommandTimeout：数据源作出响应的最长等待时间（秒）。

5）Name：表示 Command 对象的字符串。

6）State：表示对象是打开、关闭、正在执行某一命令和获取记录时的状态常量，其取值类似 Connection 对象的 State 属性。

（2）Command 对象的主要方法

1）Excute：执行 CommandText 属性中指定的命令并返回由此生成的记录集。

2）CreateParameter：创建一个与命令相关的新的参数对象。

（3）Command 对象的主要集合

1）Parameters：与 Command 对象相关的 Parameter 对象的集合。

2）Properties：描述 Command 对象相关的 Property 对象的集合。

2. 使用 Command 对象

Command 对象的使用示例如下：

```
'声明对象
Dim adoCn As ADODB.Connection
Dim adoCm As ADODB.Command
'建立连接
Set adoCn = New ADODB.Connection
adoCn.ConnectionString = "Provider=SQLOLEDB.1;User ID=LoginID; " _
            & "Initial Catalog=pubs;Data Source=DB_Server_Name"
adoCn.Open

'执行命令
Set adoCm = New ADODB.Command
Set adoCm.ActiveConnection = adoCn
adoCm.CommandText = "select * from authors"
adoCm.Execute

'使用 Command 对象名执行命令
adoCm.Name = "SelAuthors"
Set adoCm.ActiveConnection = adoCn
adoCm.CommandText = "select * from authors"
adoCn.SelAuthors          '用名字执行命令
```

注意：当为 Command 对象命名时，必须在设置 CommandText 和 ActiveConnection 属性之前执行对象命名过程，否则会产生错误。一旦命名了 Command 对象，则 ADO 就将 Command 对象的名称作为其连接的 Connection 对象的一个方法。

14.3.3 Recordset 对象

Recordset 对象代表从数据提供者那里获取的数据记录集。由于这个对象允许用户直接获取数据，因此 Recordset 对象与 ADO 访问过程无关。

Recordset 对象的主要功能是建立记录集，并支持对记录集中的数据进行各种操作，其功能与 ADO 数据控件中的 Recordset 对象非常类似。

Recordset 对象的主要功能如下：

- 建立记录集。
- 确定要操作的记录集中的记录。
- 通过移动指针浏览记录。
- 对记录集中的数据执行更改操作。
- 对记录集中的数据进行过滤。

1. Recordset 的属性、方法、事件和集合

（1）Recordset 对象的主要属性

1）AbsolutePosition：记录集中当前记录的顺序位置。

2）ActiveCommand：记录集中创建的命令。

3）ActiveConnection：记录集中创建的连接。

4）BOF：如果当前行移动到记录集的第一条记录的前边，则为真。

5）Bookmark：记录集中当前记录的唯一标识。

6）DataSource：指定要绑定的数据源。

7）EditMode：表示当前记录是否处于编辑状态，这个值可以是 adEditNone、adEditInProgress、adEditAdd 和 adEditDelete。

8）EOF：如果当前行移动到记录集的最后一行记录的后边，则为真。

9）Filter：允许用户选择记录集中的部分数据进行操作。其使用格式为：

```
Recordset 对象名.Filter = 选择表达式
```

其中"选择表达式"的写法同 SELECT 语句中的 WHERE 子句类似。

当设置了 Filter 属性之后，可以对选择的数据内容进行浏览和编辑，在使用完成之后，可以通过释放过滤的方法使结果集回到原来的 Recordset 对象的内容。

释放过滤的语句为：

```
Recordset 对象名.Filter = adFilterNone
```

10）MaxRecords：记录集中能返回的最多记录数。

11）RecordCount：记录集中记录的个数。如果 ADO 不能判断记录集有多少条记录，则可以返回 adUnknown(-1)。

12）Sort：将记录集按指定字段排序。

13）Source：记录集来源的命令和 SQL 查询。

14）CursorLocation：描述记录集中使用的游标的位置的常量。

15）CursorType：描述记录集中使用的游标类型的常量。

16）LockType 属性：控制编辑过程中设置的加锁类型。

（2）Recordset 对象的主要方法

1）AddNew：向记录集中添加一条新记录。

2）CancelUpdate：取消对数据的修改。

3）Close：关闭记录集。

4）Delete：删除当前记录。

5）Find：查找符合某些规则的记录。

6）Move：将当前记录的位置移动一定的间隔（可以指定要移动几条记录）。

7）MoveFirst：移动到第一条记录。

8）MoveLast：移动到最后一条记录

9）MoveNext：移动到下一条记录。

10）MovePrevious：移动到上一条记录。

11）Open：打开一个记录集。

12）Update：当 Edit 和 AddNew 方法完成后要执行的方法。

13）UpdateBatch：在一个游标中当批量处理完成后要执行的方法。

（3）Recordset 对象的主要事件

1）EndOfRecordset：当记录集中因没有更多的记录，而引起 MoveNext 方法执行失败时产生的事件。

2）FieldChangeComplete：当字段中的值被改变后产生的事件。

3）RecordsetChangeComplete：当对记录集所做的修改被执行时产生的事件。

4）WillChangeField：一个 Field 对象的值被改变前产生的事件。

5）WillChangeRecord：一个列被改变之前产生的事件。

6）WillChangeRecordset：记录集中的修改都完成前产生的事件。

7）WillMove：记录指针被重新定位前产生的事件。

（4）Recordset 对象的集合

Recordset 对象包含的集合是 Fields，它是记录集中的字段集合。

2．使用 Recordset 对象

为了更好的使用 Recordset 对象，需要进一步了解它的 CursorLocation 属性、CursorType 属性和 LockType 属性的设置。

CursorLocation 属性用于设置游标的位置，该属性的取值如下：

- adUseClient：使用本地客户端游标（游标可简单的理解为结果数据存放的位置）。其特点是服务器将整个结果集传回给客户端，网络流量较大，但下载后浏览数据速度快。
- adUseServer：默认值。使用数据源提供的服务器端游标。其特点是仅传送客户端需要的记录，网络流量小，但服务器资源消耗大。不支持 Bookmark 和 AbsolutePosition 等属性。

CursorType 属性用于指定 Recordset 对象希望执行的动作。ADO Recordset 对象支持以下 4 种游标类型（设置游标类型通过其 CursorType 属性实现，不是所有类型的游标都适用于任何一种数据提供者）：

- 动态游标（adOpenDynamic）：能够反映所有用户对数据的修改，支持记录集向前和向后的记录移动操作。
- 静态游标（adOpenStatic）：支持记录集向前和向后的操作，但不能反映其他用户对数据的修改。对打开客户端 Recordset 对象时，adOpenStatic 为唯一允许的游标类型。对打印报表和其他不需要即时完全更新数据的应用程序来说此功能非常有用。
- 键集游标（adOpenKeyset）：介于动态游标和静态游标之间。它不允许用户看到由其他用户完成的对数据的增加和删除的记录，但可以看到其他用户更改的数据。
- 仅向前游标（adOpenForwardonly）：默认值。仅支持记录集记录的向前移动操作，其他与静态游标类似。这是通过降低灵活性来获取最快速度的游标类型。

LockType 属性可以设置多用户情况下记录集中的记录的锁定方式，用于保证各用户间的操作互不干扰，其取值有：

- adLockReadOnly：默认值，不能编辑记录集中的数据。
- adLockPessimistic：悲观锁。在记录编辑操作的过程中对记录进行加锁，保证用户能成功的编辑记录集中的记录，在编辑过程中其他用户不能访问这些记录。
- adLockOptimistic：乐观锁。只在更新记录时对记录进行加锁。
- adLockBatchOptimistic：适用于使用 UpdateBatch 方法批量更新多条记录的记录集。

注意：ADO 默认的记录集是服务器端，它只能前移并且是只读的记录集。如果用户希望在记录间随机移动和编辑记录，则必须指定游标和加锁类型。需要指出的是，记录集的功能越少，其速度越快，因此应该设置最合适类型的记录集。

了解完这些属性的设置后，就可以开始使用 Recordset 对象。

ADO 允许用户直接打开一个 Recordset 对象，或者从 Connection 对象和 Command 对象中创建一个 Recordset 对象。具体方法如下：

- 使用 Command 对象的 Execute 方法创建 Recordset 对象的语句如下：

```
Set adoRecordset = adoCommand.Execute
```

- 使用 Connection 对象的 Execute 方法创建 Recordset 对象的语句如下：

```
Set adoRecordset = adoConnection.Execute("select * from authors")
```

- 直接使用 Recordset 对象的 Open 方法创建 Recordset 对象的语句如下：

```
adoRecordset.Open
```

Recordset 对象的 Open 方法的语法格式如下：

```
Recordset.Open Source, ActiveConnection, CursorType, LockType, Options
```

所有这些选项都是可选的，用户可以在调用 Open 方法之前，通过设置这些选项对应的属性来设置其值。Source 选项指定了要从哪里获取数据，由于提供者是多种多样的，因此，Source 也有多种形式，具体内容如下：

- 一个返回记录的 Command 对象。
- SQL 语句。
- 表名。
- 存储过程名。

ActiveConnection 选项指定了要使用的 ADO 连接，这个选项可以是一个已打开的 Connection 对象，也可以是一个连接字符串。

Options 选项为提供者提供了附加信息。一般来说，我们可以忽略此项，但有些 Open 方法在使用此选项时可以加快操作速度，这些选项包括：

- adCmdUnknown：默认值。不向提供者提供附加信息。
- adCmdText：告诉提供者 CommandText 属性是文本命令，类似于一个 SQL 字符串。
- adCmdTable：告诉提供者 CommandText 属性是表的名字。
- adCmdStoredProc：告诉提供者 CommandText 属性是存储过程名。
- adCmdFile：告诉提供者 CommandText 属性是一个文件名。

示例：

```
Dim adoRs As ADODB.Recordset
Set adoRs = New ADODB.Recordset
…
adoRs.ActiveConnection = adoCn
adoRs.CursorType = adOpenForwardOnly
adoRs.CursorLocation = adUseClient
adoRs.Source = "authors"
adoRs.Open , , , , adCmdTable
```

14.3.4　Field 对象

Field 对象表示记录集中数据的某个单独列。一旦获得了记录集，就可以使用 Fields 集合来读取记录集中的数据。由于 Fields 集合是 Recordset 对象的默认属性，因此，在使用时可以省略此名称。例如，下述两行代码作用相同：

```
Recordset.Fields(0).Value
Recordset(0)
```

1. Field 对象的主要属性

1）ActualSize：字段中实际存储的数据尺寸。

2）DefinedSize：字段能存储的最大数据量。

3）Name：字段的名称。

4）NumericScale：十进制小数点右边的位数。

5）OriginalValue：在其他用户改变字段之前字段的值。

6）Precision：十进制小数的精度。

7）Type：描述字段的数据类型的常量。

8）Value：字段中存储的数据。

2. 使用 Field 对象

Field 对象最基本的用途是获取和更新存储在原始数据源中的数据。示例如下：

```
Private Sub cmdGo_Click()
'演示引用 Fields 字段值的不同方法
Dim adoCn As ADODB.Connection
Dim adoRs As ADODB.Recordset
Dim adoFld As ADODB.Field
'打开一个 recordset，访问 SQL Server 自带的 Northwind 数据库中的 Customers 表
Set adoCn = New ADODB.Connection
adoCn.Open "provider = SQLOLEDB.1;Data Source=(local); " _
        & "User ID = sa; Initial Catalog=Northwind"
Set adoRs = New ADODB.Recordset
adoRs.Open "Customers", adoCn
'下述几种对字段的访问方法效果是一样的
'使用字段的索引，明确写出集合的名字
lboResults.AddItem adoRs.Fields(0).Value
lboResults.AddItem adoRs.Fields(0)
'使用字段的索引，使用默认属性
lboResults.AddItem adoRs(0).Value
lboResults.AddItem adoRs(0)
'使用字段的名字，明确写出集合的名字
lboResults.AddItem adoRs.Fields("CustomerID").Value
lboResults.AddItem adoRs.Fields("CustomerID")
'使用字段的名字，使用默认属性
lboResults.AddItem adoRs("CustomerID").Value
lboResults.AddItem adoRs("CustomerID")
End Sub
```

14.3.5　Parameter 对象

Parameter 对象表示 Commad 对象的一个独立参数。这个对象是 SQL 查询时的一个运行参数，或者是存储过程中的输入或输出参数。大多数情况下，参数用于各种类型的参数化命令中。

1. Parameter 对象的主要属性

1）Direction：表示一个参数是输入参数还是输出参数。

2）Name：参数的名称。

3）NumericScale：十进制小数点右边的位数。

4）Precision：十进制小数的精度。

5）Properties：描述这个参数的 Property 对象的集合。

6）Type：参数的数据类型。

7）Value：参数的当前值。

2. 使用 Parameter 对象

可以在 Parameters 集合中使用 Refresh 方法来访问一个 Command 对象的参数，也可以在

Visual Basic 应用程序中声明参数。示例如下：

```
Private Sub cmdGetParameters_Click()
'获得指定的存储过程的参数
Dim adoCm As ADODB.Command
Dim adoPrm As ADODB.Parameter
Dim adoRs As ADODB.Recordset
Set adoCm = New ADODB.Command
Set adoCm.ActiveConnection = adoCn
adoCm.CommandText = "reptq3"               'pubs 数据库中的存储过程名
adoCm.CommandType = adCmdStoredProc
adoCm.Parameters.Refresh                   '获得存储过程参数
'填充 Parameters 中的每个参数
For Each adoPrm In adoCm.Parameters
  If adoPrm.Direction = adParamInput Then
    adoPrm.Value = InputBox(adoPrm.Name, "enter parameter value")
  End If
Next adoPrm
'从存储过程得到记录集
Set adoRs = adoCm.Execute
...
End Sub
```

在这段代码中，调用 Parameters 对象的 Refresh 方法将使 ADO 与数据源真正地连接，并为 CommandText 属性中的 Command 对象表示的任何存储过程获取参数。

14.3.6　Error 对象

Error 对象记录数据操作过程中所发生的错误信息。由于数据访问可能会引起多个错误，因此，Error 对象是包含在一个 Errors 集合中的。如果最后一次的操作成功，则这个集合为空，否则，可以使用 For Each 来依次检查每个错误。

1. Error 对象的主要属性

1）Description：错误信息的文字描述。

2）HelpContext：错误信息的帮助主题。

3）HelpFile：错误信息的帮助文件。

4）Number：错误信息编码。

5）Source：引起错误的对象。

6）SQLState：原始 ODBC SQLState 常量。

2. 使用 Error 对象

Error 对象在与 ADO 对象模型的其他部分相比较时会直接刷新。如果 OLE DB 层产生错误，则每个错误都会被翻译成一个 Error 对象，这些 Error 对象可以产生一个 Connection 对象的 Errors 集合。示例如下：

```
Private Sub cmdConnect_Click()
  '试图要连接到数据源，但捕获到错误
  Dim Cnn As Connection
  Dim Err As Error
  On Error GoTo HandlerErr
  Set Cnn = New Connection
  Cnn.Open txtConnectionString      '假设要连接的服务器不存在
ExitHere:
```

```
   Exit Sub
HandlerErr:
  For Each Err In Cnn.errors
    MsgBox "Error " & Err.Number & " " & Err.Description
  Next Err
  Resume ExitHere
End Sub
```

注意，Errors 集合只有在 OLE DB 提供者产生错误时才会产生。例如，如果改变连接字符串将它指向一个不存在的提供者，则 Errors 集合就不会得到任何信息。因为在这种情况下，ADO 对象不能发现这个指定的驱动程序，因此会将错误传递到 Visual Basic Errors 集合中去。

14.3.7 使用 ADO 对象模型访问数据库

在 ADO 对象模型中，最重要又最常用的对象是 Connection 对象和 Recordset 对象。使用这两个对象就可以完成数据库中对数据的大部分操作。使用 ADO 对象访问数据库的一般步骤如下：

1）创建 Connection 对象与数据源建立连接。

2）创建 Command 对象，设置该对象的活动连接是上一步的 Connection 对象，设置命令文本属性为访问数据源所需的命令（如 Select，Insert，Update 等）。

3）使用 Command 对象的 Execute 方法执行命令，如果执行查询命令，该方法会返回一个 Recordset 对象。

4）使用 Recordset 对象操作记录。

例如，假设要访问 SQL Server 2000 自带的 Pubs 数据库，并且要查询 authors 表，那么利用 ADO 对象模型实现的步骤如下：

```
Dim adoConnection As New ADODB.Connection
Dim adoCommand As New ADODB.Command
Dim adoRecordset As New ADODB.Recordset
adoConnection.ConnectionString = "Provider=SQLOLEDB.1;User ID=sa; " _
          & "Initial Catalog=Pubs;Data Source=(local)"
adoConnection.Open
adoCommand.ActiveConnection = adoConnection
adoCommand.CommandType = adCmdTable
adoCommand.CommandText = "authors"
set adoRecordset = adoCommand.Execute
```

如果仅使用记录集操作数据源中的数据，而不向数据源发送其他 SQL 语句或存储过程命令，则可以只利用 Connection 对象和 Recordset 对象实现相应的数据操作。使用 ADO 对象访问数据库的简化步骤为：

1）创建 Connection 对象与数据源建立连接。

2）创建 Recordset 对象，并设置好活动连接和其他重要属性。

3）使用 Recordset 对象的 Open 方法，直接打开一个记录集。

4）使用 Recordset 对象操作记录。

例如，上述的访问可简化为：

```
Dim adoConnection As New ADODB.Connection
Dim adoRecordset As New ADODB.Recordset
'建立连接
adoConnection.ConnectionString = "Provider=SQLOLEDB.1;User ID=sa; " _
       & "Initial Catalog=Pubs;Data Source = (local)"
```

```
adoConnection.Open
'建立记录集
adoRecordset.ActiveConnection = adoConnection
adoRecordset.CursorLocation = adUseClient
adoRecordset.CursorType = adOpenDynamic
adoRecordset.Source = "select * from authors"
adoRecordset.Open
```

14.4 小结

本章我们介绍了利用 ADO 数据控件和 ADO 对象实现与数据源的连接以及操作数据库数据的常用属性、方法和事件。ADO 数据控件是 ADO 对象模型的简化用法，通过 ADO 数据模型，几乎不用编写任何代码就可以实现对数据的查询和浏览。在 ADO 数据控件中，Recordset 属性非常重要，它用于存放数据源的查询结果，实际上此属性本身又是一个对象，直接对应 ADO 对象模型中的 Recordset 对象，通过此对象所提供的方法，可以直接对数据库中的数据进行插入、删除和更新操作。

数据绑定控件用于将 ADO 数据控件的查询结果显示给用户，凡是具有 DataSource 属性的控件都是数据绑定控件。除了工具箱中提供的标准数据绑定控件外，还可以使用 ActiveX 形式的数据绑定控件。利用 ADO 数据控件将内存结果集中的数据通过数据绑定控件显示出来的过程是自动实现的。用户只需要设置好数据绑定控件的相关属性，而不需要编写任何代码，就可以将内存中的结果显示在界面上。如果利用 ADO 对象将内存结果集中的数据通过数据绑定控件显示出来，则需要通过编码实现。

除了可以将结果集中的字段绑定到数据绑定控件上之外，还可以将整个结果集内容绑定到数据绑定控件上，本章介绍了具有这样功能的 DataGrid 数据绑定控件。用户通过 DataGrid 控件还可以实现对显示数据的排序、隐藏部分列等功能，而且还可以实现对数据库数据的插入、删除和更改操作。

此外，本章还介绍了 DataList 控件，它可以将结果集中的一个列以列表的形式显示出来。DataCombo 控件的功能与用法与 DataList 类似，只是 DataCombo 是以下拉列表框的形式显示结果集中的列值。这两个控件都是 ActiveX 控件，都需要手工添加到 Visual Basic 工具箱中。

习题

1. 用 ADO 数据控件建立数据源时，需要设置它的哪些属性，每个属性的作用是什么？
2. 要使对 ADO 数据控件属性的设置生效，应该使用它的哪个方法。
3. Recordset 对象的 BOF 和 EOF 属性的作用是什么？
4. 要得到结果集中的记录个数，使用 Recordset 对象的哪个属性？
5. RecordSet 对象的 Move 方法组都包含哪些方法？每个方法的含义是什么？
6. 如果要在数据库中插入一条新记录，应该使用 Recordset 对象的哪些方法实现？
7. Recordset 对象的 Update 方法只能用于将更改后的记录保存到数据库中，这个说法对吗？
8. Recordset 对象的 CancelUpdate 方法的作用是什么？

上机练习

1. 建立一个 Visual Basic 工程，要求包含一个窗体，在窗体上添加一个 ADO 数据控件、一个 DataGrid 控件和两个命令按钮，界面形式如图 14-26 所示要求。要求完成如下功能：
   （1）设置此 ADO 数据控件的有关属性，使其连接到第 10 章所建立的 Students 数据库中的 "Student" 表。

（2）用 DataGrid 控件显示"Student"表中的数据，并且允许用户可以按"姓名"和"年龄"的升序排序形式显示数据。

（3）当用户单击"隐藏列"按钮时，隐藏结果集中的"性别"和"所在系"两个列。当用户单击"全部列"按钮时，显示结果集中的全部列数据。

2. 按照图 14-22 的窗体布局，构造实现根据 SC 表中当前显示的课程号的值，在 DataList 列表中相应的选中此课程号所对应的课程名的 Visual Basic 程序。

3. 利用第 10 章所建立的 Students 数据库中的 Student 表、Course 表和 SC 表，用 ADO 对象实现如图 14-27 所示的窗体的功能。

图 14-26 上机练习第 1 题窗体示意图

图 14-27 上机练习第 3 题窗体示意图

第 15 章　Visual Basic 数据库应用编程示例

本章结合前面建立的"学生管理数据库"以及其中的 3 张表，利用数据访问接口技术、ADO 数据控件、ADO 对象以及数据绑定控件知识，介绍在 Visual Basic 中开发数据库应用程序的过程。

本章共包括 4 个例子，第一个例子最简单，主要为了说明使用 ADO 数据控件时，用户几乎不用编写任何代码就可以实现对数据的查询操作；第二个例子是在第一个例子的基础上增加了添加、删除和更新数据的功能，同时也增加了用用户定义的命令按钮实现浏览记录的移动的功能；第三个例子有两个窗体，在利用第一个例子的窗体的基础上，又增加了一个用表格方式显示数据的窗体；第四个例子说明如何用 ADO 对象实现第二个例子中的操作。

最后，介绍利用 Visual Basic 提供的数据窗体向导的功能自动生成查询和操作数据库数据的窗体的方法。利用向导可以极大地减少用户的工作。

15.1　示例 1

本示例说明如何利用 ADO 数据控件实现对 Student 表中全部数据的浏览，以及如何实现按用户指定的系查找相应学生信息的功能。数据浏览方式采用单行浏览方式，即一次查看一条记录。

通过本例可以看到，设置好 ADO 数据控件的属性后，用户不需要编制任何代码就可以实现对数据的查询。如果查找条件变了，用户只需要编写很少的代码就可以实现对数据源的重新查询。

本例的窗体布局如图 15-1 所示。

图 15-1　示例 1 窗体布局

其中"学号"、"姓名"、"性别"、"年龄"、"所在系"及"查找系"用标签控件（Label）实现。对 Student 表中的各列数据用文本框控件（TextBox）实现，界面上各文本框控件内显示的内容为此文本框的对象名。ADO 数据控件显示的内容也为其对象名，"查找"命令按钮的对象名为"cmdSearch"，"退出"命令按钮的对象名为"cmdExit"。

各控件所设置的与数据操作有关的属性及属性值如表 15-1 所示。

表 15-1　各控件所设置的属性及属性值

对 象 名	属 性 名	属 性 值
AdodcStudent	ConnectionString	连接到 SQL Server 的"学生管理数据库"
	CommandType	adCmdTable
	RecordSource	Student
TxtSno	DataSource	AdodcStudent
	DataField	Sno
TxtSname	DataSource	AdodcStudent
	DataField	Sname
TxtSsex	DataSource	AdodcStudent
	DataField	Ssex

（续）

对 象 名	属 性 名	属 性 值
TxtSage	DataSource	AdodcStudent
	DataField	Sage
TxtSdept	DataSource	AdodcStudent
	DataField	Sdept

在这个界面中，用户可以通过单击 AdodcStudent 数据控件的 4 个按钮改变所浏览的记录。当用户单击"查找"按钮时，表示要按用户在 txtSearchdept 文本框中所指定的系进行查找。

程序代码如下：

```
Private Sub CmdExit_Click()      ' "退出" 按钮
  End
End Sub

Private Sub CmdSearch_Click()      ' "查找" 按钮
  If Len(TxtSearchDept.Text) > 0 Then   '如果用户指定了系名
    AdodcStudent.CommandType = adCmdText
    AdodcStudent.RecordSource = "select * from student where Sdept = '" & _
                  Trim(TxtSearchDept.Text) & "'"
    AdodcStudent.Refresh         ' 使所设置的属性生效
  Else                  ' 若用户未指定列名
    MsgBox ("请指定要查找的系")   ' 则提示用户输入系名
  End If
End Sub

Private Sub Form_Load()      ' 窗体加载时初始化查
找系的内容
  '初始化要查找的系为空
  TxtSearchDept.Text = ""
End Sub
```

此示例运行时的初始界面如图 15-2 所示。

图 15-2 示例 1 运行时的初始界面

15.2 示例 2

示例 2 在示例 1 的基础上增加了两组供用户操作的按钮。其中，一组是为了说明如何实现数据更改操作，即如何使用 Recordset 对象的 AddNew、Update、Delete 和 CancelUpdate 方法。另一组是为了说明如何编程控制结果集中浏览记录的移动，即如何使用 Recordset 对象的 Move 方法组。

示例 2 的窗体布局如图 15-3 所示，在这个示例中不使用 ADO 数据控件移动记录，而是使用 4 个命令按钮实现此功能，因此在运行时将 ADO 数据控件隐藏起来。

图 15-3 示例 2 窗体布局

示例 2 窗体上的 ADO 数据控件以及各文本框控件的属性设置同示例 1。为了在运行时隐藏 ADO 数据控件，可以将 AdodcStudent 的 Visible 属性设置为 False。各命令按钮控件的对象名如表 15-2 所示。

表 15-2　示例 2 窗体上的命令按钮名称

命 令 按 钮	名　　称	命 令 按 钮	名　　称
添加	cmdAdd	上一条	cmdPrevious
删除	cmdDel	下一条	cmdNext
更新	cmdUpdate	末一条	cmdLast
取消	cmdCancel	退出	cmdExit
第一条	cmdFirst		

为了便于用户操作，也为了避免由于用户不熟悉数据操作顺序而引起的错误，可以通过设置命令按钮的可用和不可用来控制用户的操作。具体步骤为：当程序初始启动时，应该设置"取消"按钮不可用。当用户单击了"添加"按钮之后，应该使"添加"和"删除"按钮不可用，而"更新"和"取消"按钮成为可用状态。当用户单击了"更新"或"取消"按钮时，应该使"添加"和"删除"按钮成为可用的，而"取消"按钮成为不可用的。可在程序代码中控制这些按钮的状态变化。

下面是实现此示例的程序代码。

（1）窗体启动时的初始化代码

```
Private Sub Form_Load()
  '初始时使"取消"按钮为不可用状态
  CmdCancel.Enabled = False
End Sub
```

（2）数据操作按钮组代码

```
Private Sub CmdAdd_Click()          '"添加"命令按钮
  AdodcStudent.Recordset.AddNew

  '使"添加"和"删除"按钮为不可用状态
  CmdAdd.Enabled = False
  CmdDel.Enabled = False

  '使"更改"和"取消"按钮为可用状态
  CmdUpdate.Enabled = True
  CmdCancel.Enabled = True
End Sub

Private Sub CmdCancel_Click()        '"取消"命令按钮
  AdodcStudent.Recordset.CancelUpdate

  '使"添加"和"删除"按钮成为可用状态
  CmdAdd.Enabled = True
  CmdDel.Enabled = True

  '使"取消"按钮成为不可用状态
  CmdCancel.Enabled = False
End Sub

Private Sub CmdDel_Click()          '"删除"命令按钮
  Dim res As Integer
  res = MsgBox("确实要删除此行记录吗？", _
vbExclamation + vbYesNo + vbDefaultButton2)  '提示用户
  If res = vbYes Then              '如果确实要删除
```

```
      AdodcStudent.Recordset.Delete
      AdodcStudent.Recordset.MoveNext
      If AdodcStudent.Recordset.EOF = True Then
        AdodcStudent.Recordset.MoveLast
      End If
    End If
End Sub

Private Sub CmdUpdate_Click()        ' "更新"命令按钮
  '将文本框中的当前值写入结果集相应字段中
  AdodcStudent.Recordset.Fields("Sno") = Trim(TxtSno.Text)
  AdodcStudent.Recordset.Fields("Sname") = Trim(TxtSname.Text)
  AdodcStudent.Recordset.Fields("Ssex") = Trim(TxtSsex.Text)
  AdodcStudent.Recordset.Fields("Sage") = CInt(Trim(TxtSage.Text))
  AdodcStudent.Recordset.Fields("Sdept") = Trim(TxtSdept.Text)

  '使更新生效
  AdodcStudent.Recordset.Update

  '使 "添加"和 "删除"按钮成为可用状态
  CmdAdd.Enabled = True
  CmdDel.Enabled = True

  '使 "取消"按钮为不可用状态
  CmdCancel.Enabled = False
End Sub
```

(3) 移动指针方法组代码

```
Private Sub CmdFirst_Click()     ' "第一条"命令按钮
  AdodcStudent.Recordset.MoveFirst
End Sub

Private Sub CmdLast_Click()     ' "末一条"命令按钮
  AdodcStudent.Recordset.MoveLast
End Sub

Private Sub CmdNext_Click()      ' "下一条"命令按钮
  AdodcStudent.Recordset.MoveNext
  If AdodcStudent.Recordset.EOF = True Then
    '如果已经移到了最后一行之后,则将指针定位在最后一行
    AdodcStudent.Recordset.MoveLast
  End If
End Sub

Private Sub CmdPrevious_Click()' "上一条"命令按钮
  AdodcStudent.Recordset.MovePrevious
  If AdodcStudent.Recordset.BOF = True ,Then
    '如果已经移到了第一行之前,则将指针定位在第一行
    AdodcStudent.Recordset.MoveFirst
  End If
End Sub
```

(4) 结束程序代码

```
Private Sub CmdExit_Click()     ' "退出"命令按钮
  End
End Sub
```

示例2运行时的初始界面如图 15-4 所示。

图 15-4　示例 2 运行时的初始界面

15.3　示例 3

示例 3 在示例 1 的基础上增加了一个窗体，这个窗体用 DataGrid 控件显示数据。示例 3 中的两个窗体的布局分别如图 15-5 和图 15-6 所示。

图 15-5　示例 3 的 Form1 布局

图 15-6　示例 3 的 Form2 布局

在图 15-5 所示的 Form1 上，当用户单击"查找"命令按钮时，显示 Form2。Form2 上 DataGrid 中的数据是根据 Form1 中当前显示的学号值而查找出来的学生的姓名、所修的课程名、课程的学分以及考试成绩。

在 Form2 上单击"返回"命令按钮（对象名为 cmdReturn），可以返回到 Form1，同时卸载 Form2。

Form1 窗体上各控件属性的设置同示例 1。Form2 窗体上 DataGrid 控件的对象名为 dtgCond，ADO 数据控件名为 AdodcGrid，其 ConnectionString 属性的值同示例 1 的 AdodcStudent，CommandType 和 RecordSource 属性在程序代码中设置。DtgCond 控件的列属性也在程序代码中设置。

Form1 上的"查找"和"退出"命令按钮的代码为：

```
Private Sub CmdExit_Click()        ' "退出"按钮
  End
End Sub

Private Sub CmdSearch_Click()      ' "查找"按钮
  Form2.Show                       ' 显示 Form2 窗体
End Sub
```

Form2 中设置 dtgCond 控件的数据源的代码写在此窗体的 Load 事件中，对 dtgCond 控件的列标题和列宽度的设置用一个初始化过程实现。代码如下所示：

```
Private Sub CmdReturn_Click()      ' "返回"按钮
  Unload Me
End Sub

Private Sub Form_Load()
  Dim strSno As String
  Dim strSelect As String

  ' 得到 Form1 窗体上当前显示的学号的值
  strSno = Trim(Form1.TxtSno.Text)
  ' 编写满足要求的查询语句，查找学号值等于给定值的学生的姓名、修的课程名、
  ' 学分和成绩
  strSelect = "select Sname, Cname,Ccredit,Grade from student s join sc " _
          & "on s.sno = sc.sno join course c on c.cno = sc.cno where " _
          & "sc.sno = '" & strSno & "'"
```

```
'设置 ADO 数据控件相应的属性
AdodcGrid.CommandType = adCmdText
AdodcGrid.RecordSource = strSelect
'使 ADO 数据控件的新属性生效
AdodcGrid.Refresh

'设置 DataGrid 控件的数据源为 ADO 数据控件的结果集
Set DtgCond.DataSource = AdodcGrid
'调用 DtgCond 控件的初始化过程
Call InitGrid

End Sub

Private Sub InitGrid()  '初始化 dtgCond 控件
  With DtgCond
    '设置 DtgCond 的列标题
    .Columns(0).Caption = "学号"
    .Columns(1).Caption = "课程名"
    .Columns(2).Caption = "学分"
    .Columns(3).Caption = "成绩"

    '设置 DtgCond 的列宽
    .Columns(0).Width = 1000
    .Columns(1).Width = 2000
    .Columns(2).Width = 800
    .Columns(3).Width = 800
  End With
End Sub
```

图 15-7　Form1 运行时的一个界面

如果 Form1 显示的数据如图 15-7 所示，则单击"查找"按钮后，产生的 Form2 形式如图 15-8 所示。

图 15-8　与图 15-7 对应的 Form2 上的数据

15.4　示例 4

本例使用 ADO 对象模型实现示例 2 所示窗体上的操作。示例 4 的窗体布局与示例 2 相同，只是去掉了"AdodcStudent"ADO 数据控件，如图 15-9 所示。

图 15-9 上各文本框控件的对象名分别显示在了每个文本框中，各命令按钮控件的对象名如表 15-2 所示。

在示例 4 中，首先选择"工程"菜单下的"引用"命令，然后在弹出的窗口中选择"Microsoft ActiveX Data Object 2.×Library"（其中"×"为引用的某个版本的 ADO 对象模型），引入 ADO 数据对象。

下面是实现此示例的程序代码。

（1）声明窗体级的对象

```
Dim adoCon As ADODB.Connection
Dim adoRst As ADODB.Recordset
```

（2）窗体启动时的代码

```
Private Sub Form_Load()
  '建立连接
  Set adoCon = New ADODB.Connection
```

图 15-9　示例 4 的窗体布局图

```
adoCon.Open "Provider=SQLOLEDB.1;Persist Security Info=False;" _
        & "User ID=sa;Initial Catalog=学生管理数据库;" _
        & "Data Source=(local)"

'建立记录集
Set adoRst = New ADODB.Recordset
adoRst.ActiveConnection = adoCon
adoRst.CursorLocation = adUseClient
adoRst.CursorType = adOpenDynamic
adoRst.LockType = adLockOptimistic
adoRst.Source = "Student"
adoRst.Open , , , , adCmdTable
'显示数据
Call Display
'初始时使"取消"按钮为不可用状态
CmdCancel.Enabled = False
End Sub
```

(3) 两个通用的过程

为了更好地进行模块化程序设计，在窗体加载代码段中用到了两个用户自定义的过程，一个是子过程 Display，这个子过程用于实现记录集到文本框的数据绑定，它没有输入参数和输出参数。另一个是函数 convertNull，此函数用于判断记录集的当前行中某个列的值是否为空（NULL），若为空，则在文本框中显示空串，否则显示实际的数据值。注意，如果不对空值进行判断和处理，则当文本框显示值为空的列时会出错。

这两个过程的代码如下：

```
'本子过程用于将记录集中各字段的数据绑定到文本框中
Private Sub Display()
    TxtSno.Text = convertNull(adoRst.Fields("sno").value)
    TxtSname.Text = convertNull(adoRst.Fields("sname").value)
    TxtSsex.Text = convertNull(adoRst.Fields("ssex").value)
    TxtSage.Text = convertNull(adoRst.Fields("sage").value)
    TxtSdept.Text = convertNull(adoRst.Fields("sdept").value)
End Sub

'本函数用于将空值字段转化为空字符串，否则会出现赋值错误
Private Function convertNull(value As Variant) As Variant
    If IsNull(value) = True Then            'IsNull 为 Visual Basic 函数，可直接使用
        convertNull = ""
    Else
        convertNull = value
    End If
End Function
```

(4) 数据操作按钮组代码

```
Private Sub CmdAdd_Click()                  '"添加"命令按钮
  adoRst.AddNew
  '使"添加"和"删除"按钮成为不可用状态
  CmdAdd.Enabled = False
  CmdDel.Enabled = False
  '使"更改"和"取消"按钮成为可用状态
  CmdUpdate.Enabled = True
  CmdCancel.Enabled = True
  '清空文本框中显示的内容
```

```
   TxtSno.Text = ""
   TxtSname.Text = ""
   TxtSsex.Text = ""
   TxtSage.Text = ""
   TxtSdept.Text = ""
End Sub

Private Sub CmdCancel_Click()                '  "取消" 命令按钮
  adoRst.CancelUpdate
  '使 "添加" 和 "删除" 按钮成为可用状态
  CmdAdd.Enabled = True
  CmdDel.Enabled = True
  '使 "取消" 按钮成为不可用状态
  CmdCancel.Enabled = False
  Call Display    '显示记录集当前记录
End Sub

Private Sub CmdDel_Click()                   '  "删除" 命令按钮
  Dim res As Integer
  res = MsgBox("确实要删除此行记录吗？", _
              vbExclamation + vbYesNo + vbDefaultButton2)  '提示用户
  If res = vbYes Then                        '如果确实要删除
    adoRst.Delete
    adoRst.MoveNext
    If adoRst.EOF = True Then
      adoRst.MoveLast
    End If
  End If
  Call Display                               '显示记录集当前记录
End Sub

Private Sub CmdUpdate_Click()                '  "更新" 命令按钮
  '将文本框中的当前值写入结果集相应字段中
  adoRst.Fields("Sno") = Trim(TxtSno.Text)
  adoRst.Fields("Sname") = Trim(TxtSname.Text)
  adoRst.Fields("Ssex") = Trim(TxtSsex.Text)
  adoRst.Fields("Sage") = CInt(Trim(TxtSage.Text))
  adoRst.Fields("Sdept") = Trim(TxtSdept.Text)
  '使更新生效
  adoRst.Update
   '使 "添加" 和 "删除" 按钮成为可用状态
  CmdAdd.Enabled = True
  CmdDel.Enabled = True
  '使 "取消" 按钮为不可用状态
  CmdCancel.Enabled = False
End Sub
```

（5）移动指针方法组代码

```
Private Sub CmdFirst_Click()                 '  "第一条" 命令按钮
  adoRst.MoveFirst
  Call Display                               '显示记录集当前记录
End Sub

Private Sub CmdLast_Click()                  '  "末一条" 命令按钮
  adoRst.MoveLast
```

```
      Call Display                            '显示记录集当前记录
   End Sub

   Private Sub CmdNext_Click()                ' "下一条" 命令按钮
     adoRst.MoveNext
     If adoRst.EOF = True Then
       '如果已经移到了最后一行之后, 则将指针定位在最后一行
       adoRst.MoveLast
     End If
     Call Display                            '显示记录集当前记录
   End Sub

   Private Sub CmdPrevious_Click()            ' "上一条" 命令按钮
     adoRst.MovePrevious
     If adoRst.BOF = True Then
       '如果已经移到了第一行之前, 则将指针定位在第一行
       adoRst.MoveFirst
     End If
     Call Display                            '显示记录集当前记录
   End Sub
```

（6）结束程序代码

```
   Private Sub CmdExit_Click()                ' "退出" 命令按钮
     End
   End Sub
```

示例 4 运行的初始界面同图 15-4。

15.5 数据窗体向导

建立窗体时, 进行窗体布局、编写代码是一件很繁琐的事情, 利用 Visual Basic 提供的数据窗体向导（Data Form Wizard）可以极大地简化所做的工作。在使用 ADO 控件时, 利用这个向导可以轻松地创建 ADO 数据控件和数据绑定控件, 并可实现数据的增、删、改、查操作。

15.5.1 添加数据窗体向导

使用数据窗体向导的第一步就是要将它添加到 Visual Basic 的系统菜单中。在 Visual Basic 6.0 中, 数据窗体向导是作为外接程序存在的, 因此, 在启动一个新的工程时, 它不在系统菜单中, 需要先将它添加到菜单中才能使用。

添加数据窗体向导的方法很简单。选择 Visual Basic 的"外接程序"菜单下的"外接程序管理器"命令, 打开"外接程序管理器"对话框, 如图 15-10 所示。在"可用外接程序"列表中选中"VB6 数据窗体向导"选项, 并在右下边的"加载行为"部分中选择"在启动中加载"（在启动时就加入此向导）或"加载／卸载"（在使用时加入）复选框, 然后单击"确定"按钮关闭此对话框。这时在 Visual Basic 的"外接程序"菜单中会有"数据窗体向导"一项, 用它就可以启动数据窗体向导了。

图 15-10 "外接程序管理器"对话框

15.5.2 使用数据窗体向导

使用数据窗体向导的步骤如下：

1）在"外接程序"菜单中选择"数据窗体向导"命令，启动数据窗体向导，如图 15-11 所示。在此窗体上介绍了向导的基本功能。如果用户以前使用过向导，则可以装载原来的设置，否则可以单击"下一步"按钮，弹出的对话框如图 15-12 所示。

2）Visual Basic 6.0 提供了 Access 和 Remote（ODBC）两种数据库类型。如果使用数据窗体向导访问 SQL Server 中的数据库，则可以选择 Remote（ODBC）选项。假设这里选择"Remote（ODBC）"，单击"下一步"按钮弹出"连接信息"对话框，如图 15-13 所示。

图 15-11　数据窗体向导的启动界面　　　　图 15-12　选择数据库类型对话框

3）在"连接信息"对话框中，用户需要输入连接数据库的信息。在"ODBC 连接数据"区域的"DSN"下拉列表框中选择一个已经建立好的 ODBC 数据源，这里选择"XShGL"（假设此数据源已经建立好，并且此数据源连接的是 SQL Server 的"学生管理数据库"。如果以前没有建立好数据源，则应先建立数据源，然后再使用此向导）。在"UID"和"PWD"部分分别输入用户名和密码，单击"下一步"按钮，弹出如图 15-14 所示的对话框。

图 15-13　"连接信息"对话框　　　　图 15-14　定义窗体布局和绑定方式的对话框

4）在图 15-14 中，首先在"窗体名称为"文本框中输入要创建的窗体的名字，这里输入"frmStudent"，然后在"窗体布局"列表框中选择合适的布局方式。Visual Basic 一共提供了 5 种布局方式：

- 单个记录：生成一个在记录源中对每个列都有独立控件的窗体。这种类型的窗体一次只显示一行数据。
- 网格（数据表）：使用 DateGrid 控件在窗体上显示记录。
- 主表／细表：在一个窗体上显示有主／外码关系的表的数据。
- MS HFlexGrid：使用 Hierarchical 控件显示数据。
- MS Chart：使用 Microsoft Chart 控件显示数据的图形摘要。

用鼠标单击"窗体布局"列表中的任何一种,在窗体左上方的图片框中均会显示这种布局方式的效果。

在这个对话框中还要设置数据绑定的类型,绑定的类型将决定创建的窗体如何工作。这里有 3 种绑定方式:

- ADO 数据控件:使用 ADO 数据控件和数据绑定控件技术访问数据库。
- ADO 代码:不使用 ADO 数据控件,全部操作控件的功能均由代码实现。
- 类:创建一个提供数据访问功能的类模块。

这里假定选择"ADO 数据控件"选项,单击"下一步"按钮,弹出如图 15-15 所示的对话框。

5) 在图 15-15 所示的"记录源"对话框中设置 ADO 数据控件的记录源属性。在"记录源"下拉列表框中选择"Student"表,然后在"可用字段"列表框中选择所需的字段,选中字段名,然后单击 ▶ 按钮,可将选中的字段添加到右边的"选定字段"列表框。如果要选择全部字段,则可单击 ▶▶ 按钮。"选定字段"列表框中的内容为要查看的列。在"列排序按"下拉列表框中可以选择结果集中记录的排序方式。假设这里选择 Student 表中的全部字段。选完字段后单击"下一步"按钮,进入如图 15-16 所示的"控件选择"对话框。

图 15-15　"记录源"对话框

图 15-16　"控件选择"对话框

6) 在"控件选择"对话框中,选择要添加到窗体上的控件。在对话框的"可用控件"部分列出了所有的控件,选中这些按钮的复选框表示使用该控件,单击"全选"按钮选择全部的控件。各控件的含义如下:

- 添加按钮:在数据库中添加新记录。
- 更新按钮:立即把在当前记录中修改的任何数据保存到数据库中。
- 删除按钮:删除当前记录。
- 刷新按钮:重新查询数据库,以便获得从显示数据以来其他人对数据库所做的任何修改。该按钮仅当数据源是多用户时才有意义。
- 关闭按钮:关闭窗体。
- 显示数据控件:使 ADO 数据控件可见。此选项仅可应用于使用 Grid 布局的窗体。

这里假设选中了全部控件,单击"完成"按钮,数据窗体向导将自动创建一个新的窗体,如图 15-17 所示。向导能够自动创建用于处理添加、更新、删除和刷新记录的 Visual Basic 代码,用户可以在代码窗口中查看这些按钮的代码,并学习系统是如何编写实现数据操作的 Visual Basic 代码的。

在使用数据窗体向导创建好了一个数据窗体后,用户还可以适当地调整窗体的大小以及控件的布局,然后就可以直接运行该应用程序了。利用数据窗体向导生成的数据窗体的运行界面如图 15-18 所示。

图 15-17　用向导创建好的数据窗体　　　　图 15-18　利用向导生成的应用程序的运行界面

单击应用程序界面上的相应按钮，可以实现添加、删除、更新数据等操作。

15.6　小结

本章介绍在 Visual Basic 6.0 环境下，利用 ADO 数据控件和 ADO 对象开发数据库应用程序的方法。本章用 4 个示例说明了数据库应用程序的开发，从最简单的只查询数据库数据，到具有添加、删除、更新功能的数据库应用程序，再到在多个窗体间有数据联系的应用程序的开发，用户可以体验由简到繁的数据库应用程序的开发过程。

本章最后介绍了 Visual Basic 提供的数据窗体向导的使用方法。利用数据窗体向导，可以快速地开发数据库应用程序，而且我们还可以用多种方式显示结果数据。

上机练习

1. 分别利用 ADO 数据控件和 ADO 对象实现访问 "Students" 数据库中 Course 表的数据库应用程序，要求此应用程序具有对 Course 表数据的添加、删除、更改功能，并且当从 Course 表删除数据时，首先要判断在 SC 表中是否有对要删除课程的引用，如果有，则要提示用户，并且询问用户是否还要删除此课程，如果用户确实要删除，则首先删除 SC 表中此课程的相关记录，然后再删除 Course 表中的此记录。如果在 SC 表中没有对要删除课程的引用，则直接提示用户是否确实要删除此课程，如果是，则删除之。

2. 利用数据窗体向导生成一个主表／细表格式的窗体，主表为 Course，细表为 SC 表，其目的是查询每门课程的选修情况。

第四部分 数据库技术的应用与发展

了解当前数据库技术的发展，知道各种新型数据库系统的特点，对数据库技术的应用具有很好的意义。数据库技术从 20 世纪 60 年代中期产生到现在短短的几十年时间内，其发展速度之快，使用范围之广，是其他技术远不能及的。

本部分首先介绍如何有效的利用已有的历史数据进行辅助决策支持的技术，即数据仓库、联机数据分析以及数据挖掘技术；然后介绍新的数据模型——面向对象数据模型，以及面向对象数据库的特点，最后介绍数据库技术面临的一些挑战以及新的研究方向。

第 16 章 数据仓库与数据挖掘

在市场经济的激烈竞争中，企业必须把业务经营同市场需求联系起来，在此基础上作出科学、正确的决策，以求生存。为此，企业纷纷建立起自己的数据库系统，由计算机管理代替手工操作，以此来收集、存储、管理业务操作数据，改善办公环境，提高操作人员的工作效率，实现工商企业的自动化，使得数据库和联机事务处理（OLTP）成为过去十几年来最热门的信息领域。

然而，传统的数据库与 OLTP 平台是面向业务操作设计的，用户可以在一个 OLTP 平台上安装数个应用系统。就应用范围而言，它们的数据很可能不正确甚至互相抵触，而且传统的数据库技术以单一的数据资源即数据库为中心，进行事务处理、批处理、决策分析等各种数据处理工作，难以实现对数据分析的需求，因而并不能很好地支持决策。

为了充分满足分析数据的需求，企业需要新的技术来弥补原有数据库系统的不足，数据仓库（Data Warehousing，DW）应运而生。它包括分析所需的数据以及处理数据所需的应用程序，建立数据仓库的目的是建立一种体系化的数据存储环境，把分析决策所需的大量数据从传统的操作环境中分离出来，使分散的、不一致的操作数据转换成集成的、统一的信息。企业内不同单位的成员都可以在此单一的环境之下，通过运用其中的数据与信息，发现全新的视野和新的问题、新的分析与想法，进而发展出制度化的决策系统，并获取更多的经营效益。

作为决策支持系统（Decision-making Support System，DSS）的辅助支持，数据仓库系统包括 3 大部分内容：

1）数据仓库技术。

2）联机分析处理技术（On-Line Analytical Processing，OLAP）。

3）数据挖掘技术（Data Mining，DM）。

数据仓库可以合并和组织这些数据，以便对其进行分析并用来支持业务决策。数据仓库通常包含历史数据，这些数据经常是从各种完全不同的来源收集的（如 OLTP 系统、传统系统、文本文件或电子表格）。数据仓库可以组合这些数据，对其进行清理使其准确一致，并进行组织使其便于高效地查询。

16.1　数据仓库技术

数据仓库是进行联机分析处理和数据挖掘的基础，它从数据分析的角度将联机事务中的数据经过清理、转换并加载到数据仓库中，这些数据在数据仓库中被合理的组织和维护，以满足联机分析处理和数据挖掘的要求。

16.1.1　数据仓库的概念及特点

对于数据仓库的概念，每个研究人员都有自己的理解，还没有形成统一的定义，但各个定义中共同指出了数据仓库的几个主要特点：

（1）面向主题

主题是一种抽象，它是在较高层次上将企业信息系统中的数据综合、归类并进行分析利用，是对企业中某一宏观分析领域所涉及的分析对象，是针对某一决策问题而设置的。面向主题的数据组织方式就是完整、统一地刻画各个分析对象所涉及的企业的各项数据以及数据之间的联系。

目前，数据仓库主要基于关系数据库实现，每个主题由一组相关的关系表或逻辑视图来具体实现。主题中的所有表都通过一个公共键联系起来，数据可以存储在不同的介质上，而且相同的数据可以既有综合级又有细节级。

（2）集成的数据

数据仓库中存储的数据是从原来分散的各个子系统中提取出来的，但并不是原有数据的简单拷贝，而是经过统一、综合的。主要原因如下：

- 源数据不适合分析处理，在进入数据仓库之前必须经过综合、清理等过程，抛弃分析处理不需要的数据项，增加一些可能涉及的外部数据。
- 数据仓库每个主题所对应的源数据在原分散数据库中有许多重复或不一致的地方，因而必须对数据进行统一，消除不一致和错误的地方，以保证数据的质量。否则，对不准确甚至不正确的数据分析得出的结果将不能用于指导企业作出科学的决策。

对源数据的集成是数据仓库建设中最关键、最复杂的一步，主要包括编码转换、度量单位转换和字段转换等。为了方便支持分析数据处理，还需要对数据结构进行重组，增加一些数据冗余。

（3）数据不可更新

从数据的使用方式上看，数据仓库的数据不可更新，这是指当数据被存放到数据仓库之后，最终用户只能进行查询、分析操作，而不能修改其中存储的数据。

（4）数据随时间不断变化

数据仓库的数据不可更新，但并不是说，数据从进入数据仓库以后就永远不变。从数据的内容上看，数据仓库存储的是企业当前的和历史的数据。因而每隔一段固定的时间间隔后，操作型数据库系统产生的数据需要经过抽取、转换过程以后集成到数据仓库中。这就是说，数据仓库中的数据随时间变化而定期地更新。

关于数据仓库的结构信息、维护信息被保存在数据仓库的元数据中，数据仓库维护工作由系统根据元数据中的定义自动进行，或由系统管理员定期维护，用户不必关心数据仓库如何被更新的细节。

（5）使用数据仓库是为了更好的支持制定决策

建立数据仓库的目的是为了将企业多年来已经收集到的数据按照统一的企业级视图组织存储，对这些数据进行分析，从中得出有关企业经营好坏、客户需求、竞争对手情况和以后发展趋势等有用信息，帮助企业及时、准确地把握机会，以求在激烈的竞争中获得更大的利益。

16.1.2 数据仓库体系结构

数据仓库系统通常采用 3 层体系结构，如图 16-1 所示。底层为数据仓库服务器，中间层为 OLAP 服务器，顶层为前端工具。

数据仓库从操作型数据库中抽取数据，抽取过程产生的结构称为"自然演化体系结构"（又称蜘蛛网），它产生的数据缺乏可信性，存在生产率低下，从数据到信息转化的不可行性等问题。因而需要转变体系结构，体系化的数据仓库环境应该建造在变化的体系结构上。

体系结构设计环境的核心是原始数据和导出数据。原始数据又称为操作型数据，导出数据又称为决策支持数据（DSS 数据）、分析型数据。表 16-1 显示了原始数据与导出数据之间的一些区别。

图 16-1 数据仓库体系结构

表 16-1 操作型数据与分析型数据的区别

原始数据／操作型数据	导出数据／DSS 数据
面向应用，支持日常操作	面向主题，支持管理需求
数据详细，处理细节问题	综合性强，或经过提炼
存取的瞬间是准确值	代表过去的数据
可更新	不可更新
重复运行	启发式运行
事务处理驱动	分析处理驱动
非冗余性	时常有冗余
处理需求事先可知，系统可按预计的工作量进行优化	处理需求事先不知道
对性能要求高	对性能要求宽松
用户不必理解数据库，只是输入数据即可	用户需要理解数据库，以从数据中得出有意义的结论

以上比较说明原始数据与导出数据之间存在着本质区别，不应该保存在一起。一个好的操作型数据库不能很好地支持分析决策，一个好的分析型数据库也不能高效地为业务处理服务，因此，应将它们分开，分别组织操作型数据环境和分析型数据环境。

16.1.3 数据仓库的分类

按照数据仓库的规模与应用层面来区分，数据仓库大致可分为下列几种：
- 标准数据仓库。
- 数据集市。
- 多层数据仓库。
- 联合式数据仓库。

标准数据仓库是企业最常使用的数据仓库，它依据管理决策的需求而将数据加以整理分析，再将其转换到数据仓库之中。这类数据仓库是以整个企业为着眼点而建构出来的，所以其数据都与整个企业的数据有关，用户可以从中得到整个组织运作的统计分析信息。

数据集市是针对某一主题或是某个部门而构建的数据仓库，一般而言，它的规模会比标准数据仓库小，且只存储与部门或主题相关的数据，是数据体系结构中的部门级数据仓库。

数据集市通常用于为单位的职能部门提供信息。例如，为销售部门、库存和发货部门、财务部门、高级管理部门等提供有用信息。数据集市还可用于将数据仓库数据分段以反映按地理划分的业务，其中的每个地区都是相对自治的。例如，大型服务单位可能会将地区运作中心视为单独的业务单元，每个这样的单元都有自己的数据集市以补充主数据仓库。

多层数据仓库是标准数据仓库与数据集市的组合应用方式。在整个架构之中，有一个最上层的数据仓库提供者，它将数据提供给下层的数据集市。多层数据仓库使数据仓库系统走向分散之路，其优点是拥有统一的全企业性数据源，创建部门使用的数据集市就比较省时省事，而且各数据集市的工作人员可以分散整体性的工作开销。图16-2显示了多层数据仓库的架构。

联合式数据仓库是在整体系统中包含了多重的数据仓库或数据集市系统，也可以包括多层的数据仓库，但在整个系统中只有一个数据仓库数据的提供者，这种数据仓库系统适合大型企业使用。

图 16-2　多层数据仓库结构

16.1.4　数据仓库的开发

开发企业的数据仓库是一项庞大的工程，有两种方法可以实现。一种方法是自顶向下的开发，即从全面设计整个企业的数据仓库模型开始。这是一种系统的解决方法，并能最大限度的减少集成问题，但它的费用高，开发时间长，并且缺乏灵活性，因为使整个企业的数据仓库模型要达到一致是很困难的。另一种方法是自底向上的开发，从设计和实现各个独立的数据集市开始。这种方法费用低，灵活性高，并能快速的回报投资。但将分散的数据集市集成起来，形成一个一致的企业仓库可能会比较困难。

对于数据仓库系统的开发，一般推荐采用增量递进方式，如图 16-3 所示。

采用增量递进的方式开发数据仓库系统，要求在一个合理的时间内定义一个高层次的企业数据模型，在不同的主题和可能的

图 16-3　推荐的数据仓库开发方法

应用之间，提供企业范围的、一致的、集成的数据视图。尽管在企业数据仓库和部门集市的开发中，还需要对高层数据模型进行进一步的提炼，但这个高层模型将极大的减少以后的集成问题。其次，基于上述企业数据模型，可以并行的实现各自独立的数据集市和企业数据仓库，然后还可以构造一个多层数据集市，对不同的数据集市进行集成。最后，可以构造一个多层数据仓库。在这个多层数据仓库中，企业数据仓库是所有数据仓库数据的全权管理者，数据分布在各个相关的数据集市中。

16.1.5　数据仓库的数据模式

典型的数据仓库具有为数据分析而设计的模式，供 OLAP 工具进行联机分析处理。因此，

数据通常是多维的，包括维属性和度量属性，维属性是分析数据的角度，度量属性是要分析的数据，一般是数值型的。包含统计分析数据的表称为事实数据表，通常比较大。例如"销售情况表"记录了零售商店的销售信息，其中每个元组对应一个商品的销售记录，这就是事实数据表。"销售情况表"的维可以包括销售的商品、销售日期、销售地点，购买商品的顾客等信息；度量属性可以包括销售商品的数量和销售金额。

数据仓库的架构一般有星型架构和雪花型架构两种。它们的中心都是一个事实数据表，用以捕获衡量单位业务运作的数据。

（1）星型架构

在星型架构中维度表只与事实表关联，维度表彼此之间没有任何联系。每个维度表都有一个且只有一个列作为主码，该主码连接到事实数据表中由多个列组成的主码中的一个列，如图16-4 所示。

在大多数设计中，星型架构是最佳选择，因为它包含的用于信息检索的连接最少，并且更容易管理。

图 16-4　星型架构示意图

（2）雪花型架构

用来描述合并在一起使用的维度数据。事实上维度表只与事实数据表相关联，它是反规范化后的结果。若将时常合并在一起使用的维度加以规范化，这就是所谓的雪花型架构。在雪花型架构中，一个或多个维度表可以分解为多个表，每个表都有连接到主维度表而不是事实数据表的相关的维度表，如图 16-5 所示。

图 16-5　雪花型架构示意图

16.2　联机分析处理

数据仓库是进行决策分析的基础，因此需要有强有力的工具来辅助管理决策者进行分析和决策。

在实际决策过程中，决策者需要的数据往往不是某一指标单一的值，他们希望能从多个角度观察某一指标或多个指标的值，并且找出这些指标之间的关系。比如，决策者可能想知道"东部地区和西部地区今年 6 月份和去年 6 月份在销售总额上的对比情况，并且销售额按 10 万～20 万元、20 万～30 万元、30 万～40 万元以及 40 万以上分组"。决策所需的数据总是与一些统计指标（如销售总额）、观察角度（如销售区域、时间）以及级别（如地区、统计值区间划分）的统计（或合并）有关，我们将这些观察数据的角度称为维。可以说决策数据是多维数据，多维数据分析是决策的主要内容。但传统的关系数据库系统及查询工具对于管理和应用这样复杂的数据显得力不从心。

联机分析处理（OLAP）是专门为支持复杂的分析操作而设计的，它侧重于决策人员和高层管理人员的决策支持，可以应分析人员的要求快速、灵活地进行大数据量的复杂查询，并且以一种直观易懂的形式将查询结果提供给决策人员，以便他们准确掌握企业（公司）的经营状况，了解市场需求，制定正确方案，增加效益。

OLAP 是以数据库或数据仓库为基础，其最终的数据来源与 OLTP 一样均来自底层的数据库系统，但两者面向的用户不同，数据的特点与处理也明显不同。

OLAP 与 OLTP 是两类不同的应用，OLTP 面向的是操作人员和底层管理人员，OLAP 面向的是决策人员和高层管理人员；OLTP 是对基本数据的查询和增、删、改操作处理，它以数据库为基础，而 OLAP 更适合以数据仓库为基础的数据分析处理。OLAP 所依赖的历史的、导出的及经综合提炼的数据均来自 OLTP 所依赖的底层数据库。OLAP 数据较之 OLTP 数据要多一步数据多维化或综合处理的操作。例如，对一些统计数据，应首先进行预综合处理，建立不同级别的统计数据，从而满足快速统计分析和查询的要求。除了数据及处理上的不同之外，OLAP 的前端产品和界面风格及数据访问方式也同 OLTP 不同，OLAP 多采用便于非数据处理专业人员理解的方式（如多维报表、统计图形），查询及数据输出更直观灵活，用户可以方便地进行逐层细化及切片、切块、旋转等操作。而 OLTP 多为操作人员经常用到的固定表格，其查询及数据显示也比较固定、规范。

OLAP 的基本概念包括：

1）度量属性。度量属性是决策者所关心的具有实际意义的数量。例如，销售量、库存量等。

2）维度。维度（或简称为维）是人们观察数据的角度。例如，企业常常关心产品销售数据随着时间推移而产生的变化情况，这时企业是从时间的角度来观察产品的销售，所以时间就是一个维（时间维）。企业也时常关心自己的产品在不同地区的销售分布情况，这时他是从地理分布的角度来观察产品的销售，所以地理分布也是一个维（地理维）。图 16-6

图 16-6　多维数据分析示例

所示的多维分析示例中有 3 个维度：时间、商品类别和地区。

3）维的层次。人们观察数据的角度（即某个维）还可以存在细节程度不同的多个描述方面，我们称这多个描述方面为维的层次。一个维往往具有多个层次，如描述时间维时，可以从日期、季度、月份、年等不同层次来描述，那么日期、月份、季度、年等就是时间维的层次；同样，城市、地区、国家就构成了地理维的多个层次。

4）维度成员。维度的一个取值称为该维的一个维度成员。如果一个维是多层次的，那么该维的维度成员是在不同维层次的取值的组合。例如，我们考虑时间维具有日期、月份、年这

3 个层次，分别在日期、月份、年上各取一个值组合起来，就得到了时间维的一个维度成员，即"某年某月某日"。一个维度成员并不一定在每个维层次上都要取值，例如图 16-6 中的上半年、下半年等就是时间维的维度成员。

5）多维数组。一个多维数组可以表示为：（维 1，维 2，…，维 n，变量）。例如，图 16-6 所示的商品的销售数据是按地理位置、时间和商品类别组织起来的三维立方体，加上变量"销售数量"，就组成了一个多维数组（地区、时间、商品类别、销售量）。

6）数据单元（单元格）。多维数组的取值称为数据单元。当多维数组的各个维都选中一个维度成员，这些维度成员的组

图 16-7　数据立方体

合就唯一确定了度量属性的一个值。那么数据单元就可以表示为：（维 1 维度成员，维 2 维度成员，…，维 n 维度成员，变量的值）。例如，在图 16-6 的地区、时间和商品类别维上各取维度成员"江苏"、"第 2 季度"和"家电"，就唯一确定了度量属性"销售量"的一个值（图中为 2443），则该数据单元可表示为：（江苏，第 2 季度，家电，2443）。

OLAP 支持管理决策人员对数据进行深入观察，多维分析。多维分析是指对以多维形式组织起来的数据采取切片、切块、旋转等各种分析动作，以求剖析数据，使分析者、决策者能从多个角度、多个侧面观察数据库中的数据，从而深入地了解包含在数据中的信息、内涵。

联机分析处理系统通常包括以下基本的分析功能：

（1）上卷

上卷（roll-up）是在数据立方体中执行聚集操作，通过在维层次中上升或通过消除某个或某些维来观察更概况的数据。例如，图 16-7 所示的数据立方体（水平轴为商品类别维，垂直轴为时间维，Z 轴为地点维）经过沿着地点维的概念层次上卷，由城市上升到地区，就得到了图 16-8 所示的立方体。现在销售量不是按照城市分组求值了，而是按照地区分组求值。

图 16-8　图 16-7 上卷的效果

也可以通过消除一个或多个维来观察更加概括的数据。例如，图 16-9 所示的二维立方体就是通过从图 16-7 的三维立方体中消除了"地区"维后得到的结果，这是将所有地区的销售数据都累计在一起。

图 16-9　图 16-5 消除"地区"维后的结果

（2）下钻

下钻（drill-down）是通过在维层次中下降或通过引入某个或某些维来更细致的观察数据。

例如，对图 16-7 所示的数据立方体沿时间维进行下钻，由季度下降到月，就得到了如图 16-10 所示的数据立方体。现在的销售数量不是按季度计算，而是按月进行计算。

（3）切片（slice）

切片是在给定的数据立方体的一个维上进行的选择操作，切片的结果是得到了一个二维的平面数据。

例如，在图 16-7 所示的数据立方体上，使用条件"时间＝1 季度"进行选择，就相当于在原来的立方体中切出一片，结果如图 16-11 所示。

（4）切块（dice）

切块是在给定的数据立方体的两个或多个维上进行的选择操作，切块的结果得到了一个子立方体。

例如，在图 16-7 所示的数据立方体上，使用条件：

```
          （地区 ＝ "江苏"  or  "浙江"）
And  （时间 ＝ "第一季度"  or  "第二季度"）
And  （商品类型 ＝ "家电"  or  "食品"）
```

进行选择，相当于在原立方体中切出一小块，结果如图 16-12 所示。

（5）转轴（pivot or rotate）

转轴就是改变维的方向，将一个三维立方体转变为一系列二维平面。

例如，图 16-13 所示的是图 16-11 的二维切片的"商品类别轴"和"地区轴"交换位置的结果。

图 16-10　图 16-7 下钻后的结果

图 16-11　图 16-7 切片后的结果

图 16-12　图 16-7 切块后的结果

图 16-13　图 16-11 转轴后的结果

16.3　数据挖掘

数据挖掘（data mining）可定义为从大型数据库中抽取有效的、事先未知的、易于理解的、可操作的、对商业决策有用的信息的过程，即数据挖掘能帮助最终用户从大型数据库中提取有用的商业信息。数据挖掘与统计学子领域"试探性数据分析"及人工智能子领域"知识发现"和"机器学习"有关。

数据挖掘包含一系列技术，旨在从收集的数据中寻找有用但是尚未被发现的信息。数据挖掘通过分析大量的未知数据，来识别可能对业务有用的隐藏信息。因此，数据挖掘的目标是为决策制定创建模型，通过分析过去的活动来预测将来的行为。数据挖掘支持 William Frawley 和

Gregory Piatetsky-Shapiro 定义的知识发现，即从数据中提取隐含的、以前未知但潜在有用的重要信息。数据挖掘应用能调节数据仓库的数据准备和集成能力，还能帮助企业取得持续的竞争优势。

16.3.1 数据挖掘过程

数据挖掘能够帮助从数据仓库中提取有意义的新信息，而这些信息不可能仅仅通过查询或处理数据及元数据得到。

有一个很普通却很能说明数据挖掘如何产生效益的例子：美国加州某个超级连锁店通过数据挖掘技术发现，在下班后前来购买婴儿尿布的顾客多数是男性，他们往往也同时购买啤酒。于是这个连锁店的经理当机立断地重新布置了货架，把啤酒类商品布置在婴儿尿布货架附近，并在两者之间放上土豆片之类的佐酒小食品，同时，把男士们需要的日常生活用品也就近布置。这样一来，上述几种商品的销量马上成倍增长。通过上面的例子可以看出，数据挖掘能为决策者提供重要且有价值的信息或知识，从而产生不可估量的效益。

在数据库知识发现和数据挖掘过程中，可以从数据库或数据仓库的相关数据集合中抽取知识或规律，并从不同的角度进行分析和研究，所发现的知识可以运用到信息管理、查询处理、决策支持、过程控制等许多领域。现在，数据库知识发现与数据挖掘已经成为一个非常重要和非常活跃的研究领域，它吸引了来自数据库系统、知识库系统、人工智能、机器学习、统计学、空间信息处理、数据可视化等许多领域的研究人员进行跨学科、跨领域的综合研究。数据挖掘的过程如图 16-14 所示。

图 16-14 数据挖掘过程

在进行数据挖掘过程之前需要先确定业务对象。清晰地定义出业务问题，认清数据挖掘的目的是数据挖掘的重要一步。挖掘的最后结果是不可预测的，但要探索的问题应是有预见的，如果只是为了数据挖掘而进行数据挖掘则带有盲目性，是不会成功的。

1. 数据准备

1）数据的选择：搜索所有与业务对象有关的内部和外部数据信息，并从中选择出适用于数据挖掘应用的数据。

2）数据的预处理：研究数据的质量，为进一步的数据分析作准备，并确定将要进行的挖掘操作的类型。

3）数据的转换：将数据转换成一个分析模型，这个分析模型是针对数据挖掘算法建立的。建立一个真正适合数据挖掘算法的分析模型是数据挖掘成功的关键。

2. 数据挖掘

对所得到的经过转换的数据进行挖掘，除了选择合适的挖掘算法外，其余一切工作都能自动地完成。

3. 结果分析

解释并评估结果。其使用的分析方法一般应视数据挖掘操作而定，通常会用到可视化技术。

4. 知识的同化

将分析所得到的知识集成到业务信息系统的组织结构中去。

16.3.2 数据挖掘知识发现

随着 DMKD（Data Mining and Knowledge Discovery，数据挖掘和知识发现）研究逐步走向深入，数据挖掘和知识发现的研究已经形成了 3 根强大的技术支柱：数据库、人工智能和数理统计。因此，KDD（Knowledge Discovery in Database，数据库中的知识发现）大会程序委员会曾经由这 3 个学科的权威人物同时来任主席。目前 DMKD 的主要研究内容包括基础理论、发现算法、数据仓库、可视化技术、定性定量互换模型、知识表示方法、发现知识的维护和再利用、半结构化和非结构化数据中的知识发现以及网上数据挖掘等。

数据挖掘所发现的知识最常见的有以下 5 类：

1. 广义知识

广义知识（generalization）是指类别特征的概括性描述知识。根据数据的微观特性发现其表征的、带有普遍性的、较高层次概念的、中观和宏观的知识，反映同类事物共同性质，是对数据的概括、精炼和抽象。

广义知识的发现方法和实现技术有很多，如数据立方体、面向属性的归约等。数据立方体还有其他一些别名，如"多维数据库"、"实现视图"、"OLAP"等。这些方法的基本思想是实现某些常用的代价较高的聚集函数的计算，诸如计数、求和、平均、最大值等，并将这些聚集数据存储在多维数据库中。既然很多聚集函数需要经常重复计算，那么在多维数据立方体中存放预先计算好的结果将能保证快速响应，并可灵活地提供不同角度和不同抽象层次上的数据视图。另一种广义知识发现方法是加拿大 SimonFraser 大学提出的面向属性的归约方法。这种方法以类 SQL 语言表示数据挖掘查询，收集数据库中的相关数据集，然后在相关数据集上应用一系列数据推广技术进行数据推广，包括属性删除、概念树提升、属性阈值控制、计数及其他聚集函数传播等。

2. 关联知识

关联知识（association）是反映一个事件和其他事件之间依赖或关联的知识。如果两项或多项属性之间存在关联，那么其中一项的属性值就可以依据其他属性值进行预测。最为著名的关联规则发现方法是 R.Agrawal 提出的 Apriori 算法。关联规则的发现可分为两步：第一步是迭代识别所有的频繁项目集，要求频繁项目集的支持率不低于用户设定的最低值；第二步是从频繁项目集中构造可信度不低于用户设定的最低值的规则。识别或发现所有频繁项目集是关联规则发现算法的核心，也是计算量最大的部分。

3. 分类知识

分类知识（classification & clustering）是反映同类事物共同性质的特征型知识和不同事物之间的差异型特征知识。最为典型的分类方法是基于决策树的分类方法。它是从实例集中构造决策树，是一种有指导的学习方法。该方法先根据训练子集（又称为窗口）形成决策树。如果该树不能对所有对象给出正确的分类，那么可以选择一些例外加入到窗口中，重复该过程一直到形成正确的决策集。最终结果是一棵树，其叶结点是类名，中间结点是带有分枝的属性，该分枝对应该属性的某一个可能的值。最为典型的决策树学习系统是 ID3，它采用自顶向下不回溯策略，能保证找到一个简单的树。算法 C4.5 和 C5.0 都是 ID3 的扩展，它们将分类领域从类别属性扩展到数值型属性。

数据分类还有统计、粗糙集（rough set）等方法。线性回归和线性辨别分析是典型的统计模型。为降低决策树生成代价，人们还提出了一种区间分类器。最近也有人研究使用神经网络方法在数据库中进行分类和规则提取。

4. 预测型知识

预测型知识（prediction）是根据时间序列型数据，由历史的和当前的数据去推测未来的数据，也可以认为是以时间为关键属性的关联知识。

目前，时间序列预测方法有经典的统计方法、神经网络和机器学习等。1968 年 Box 和 Jenkins 提出了一套比较完善的时间序列建模理论和分析方法，这些经典的数学方法通过建立随机模型，如自回归模型、自回归滑动平均模型、求和自回归滑动平均模型和季节调整模型等，进行时间序列的预测。由于大量的时间序列是非平稳的，其特征参数和数据分布随着时间的推移而发生变化。因此，仅仅通过对某段历史数据的训练，建立单一的神经网络预测模型，还无法完成准确的预测任务。为此，人们提出了基于统计学和基于精确性的再训练方法，当发现现存预测模型不再适用于当前数据时，对模型重新训练，获得新的权重参数，建立新的模型。也有许多系统借助并行算法的计算优势进行时间序列预测。

5. 偏差型知识

偏差型知识（deviation）是对差异和极端特例的描述，揭示事物偏离常规的异常现象，如标准类外的特例，数据聚类外的离群值等。所有这些知识都可以在不同的概念层次上被发现，并随着概念层次的提升，从微观到中观、到宏观，以满足不同用户不同层次决策的需要。

16.3.3　数据挖掘的常用技术和目标

1. 常用技术

目前数据挖掘的常用技术有如下几种：

- 人工神经网络：仿照生理神经网络结构的非线形预测模型，通过学习进行模式识别。
- 决策树：代表着决策集的树形结构。
- 遗传算法：基于进化理论，并采用遗传结合、遗传变异以及自然选择等设计方法的优化技术。
- 近邻算法：将数据集合中每一个记录进行分类的方法。
- 规则推导：从统计意义上对数据中的"IF-Then"规则进行寻找和推导。

2. 目标

数据挖掘用于实现特定的目标，这些目标可以分为以下几个主要类别：

- 预测：数据挖掘预测数据特定属性的未来行为。可以显示数据的某个属性在将来会如何变化。例如，基于对顾客购买行为的分析，数据挖掘可以预测有一定折扣或优惠时顾客会购买哪些商品，在一个给定的时间段销售量是多少，什么市场和销售策略能产生更多利润，基于地震波模型预测地震的可能性等等。
- 识别：数据挖掘可以基于数据模型识别一个事件、项目或活动的存在。例如，识别一个人或一组人访问数据库某一部分的权限，识别试图破坏系统的入侵者，基于 DNA 序列中的某个特征序列识别基因的存在等等。
- 分类：数据挖掘可以划分数据，从而根据参数组合识别不同的分类和类别。例如，超级市场的顾客可以被分类为：寻找折扣的顾客，忠诚并且常来的顾客，只买特定品牌商品的顾客，不经常来的顾客等等。这种分类可以在数据挖掘活动之后，用于对顾客购买行为的各种分析。
- 优化：数据挖掘可以优化对有限资源的使用，如时间、空间、资金或材料，在给定的约束条件内最大化产出值，如销售量或利润。

16.3.4 数据挖掘工具

有各种不同类型的数据挖掘工具和方法来实现知识提取。多数数据挖掘工具使用开放式数据库联接（ODBC）。ODBC 是访问数据库的一个工业标准，它支持访问大多数流行数据库程序中的数据，例如，Access、Informix、Oracle 和 SQL Server。多数工具在 Microsoft 的 Windows 环境中运行，一些工具在 UNIX 操作系统下运行。挖掘工具可以基于一些标准划分为不同类型，下列是其中的一些标准：

- 产品类型。
- 产品特征。
- 目的或目标。
- 在信息传递过程中，硬件、软件和灰色软件的作用。

1．基于产品类型的数据挖掘的工具

数据挖掘产品可以划分为如下几个通用的类型：

- 查询管理者和报表作者。
- 电子表格。
- 多维数据库。
- 统计分析工具。
- 人工智能工具。
- 高级分析工具。
- 图像显示工具。

2．基于产品特征的数据挖掘工具

数据挖掘产品都具有一些操作型特征，例如：

- 数据识别能力。
- 多种形式的输出，例如，打印输出、绿色屏幕输出、标准图形输出、增强的图形输出等等。
- 格式化能力，例如，行数据格式、列表、电子表格形式、多维数据库、可视化等等。
- 计算工具，例如柱状操作、交叉表能力、电子表格、多维电子表格、规则驱动的计算或触发驱动的计算等等。
- 规范管理，允许最终用户编写并管理他们自己的规范。
- 施行管理。

3．基于目标的数据挖掘工具

所有应用开发程序和数据挖掘工具都可以归入以下 3 个操作类别：

- 数据收集和检索。
- 操作监测。
- 探测和发现。

由于数据收集和检索是联机事务处理或操作型系统中经常使用的操作，因此很少应用数据挖掘工具。

在操作监测类别中，超过半数的数据挖掘工具被用于保留业务运行记录和有效的决策制定能力。他们包括查询管理、报表、多维数据库和可视化工具。

探测和发现过程用于发现如何使业务更有效的新方法。其他数据挖掘工具，如统计分析、人工智能、神经网络、高级统计分析、高级可视化产品等等，都属于这个类别。数据挖掘工具最适合于探测和发现过程。

16.3.5 数据挖掘应用

数据挖掘技术可以应用于商业环境中的各种决策制定过程，例如市场营销、金融、制造业、医疗保健等等。数据挖掘应用包括如下方面：

1．市场营销
- 基于购买模型分析顾客行为。
- 识别顾客流失模型以及通过预防行为使顾客未流失的情况。
- 广告、仓库位置等营销战略的确定。
- 顾客、产品、仓库的划分。
- 目录设计、仓库布局、广告活动。
- 通过适当聚集和为前端销售、服务人员发送信息，提供优先销售和顾客服务。
- 鉴定市场高于或低于平均增长。
- 识别同时被购买的产品，或购买某种产品类别的顾客特征。
- 市场容量分析。

2．财务
- 客户信誉价值分析。
- 账户应收款项划分。
- 金融投资，如股票、共有基金、债券等的业绩分析。
- 风险评估和欺诈检测。

3．制造业
- 优化资源，例如人力、机器、材料、能量等等。
- 优化制造过程设计。
- 产品设计。
- 发现生产问题的起因。
- 识别产品和服务的使用模型。

4．银行业务
- 检测欺诈性信用卡使用的模型。
- 识别忠实顾客。
- 预测可能改变他们的信用卡从属关系的客户。
- 确定客户群体的信用卡消费。

5．医疗保健
- 发现放射线图像的模型。
- 分析药物的副作用。
- 描述患者行为特征，预测外科手术观察。
- 标识对不同疾病的成功药物疗法。

6．保险
- 索赔分析。
- 预测哪些顾客会购买新的保险产品。

还可以有很多其他方面的应用。

16.3.6 数据挖掘的前景

随着 KDD 在学术界和工业界的影响越来越大，国际 KDD 组委会于 1995 年把专题讨论会更名为国际会议，在加拿大蒙特利尔市召开了第一届 KDD 国际学术会议，以后每年召开一次。

近年来，KDD 在研究和应用方面发展迅速，尤其是在商业和银行领域的应用比研究的发展速度还要快。

目前，国外数据挖掘的发展趋势在研究方面主要有：对知识发现方法的研究进一步发展，如近年来注重对 Bayes（贝叶斯）方法以及 Boosting 方法的研究和提高；传统的统计学回归法在 KDD 中的应用；KDD 与数据库的紧密结合。在应用方面包括：KDD 商业软件工具不断产生和完善，注重建立解决问题的整体系统，而不是孤立的过程。用户主要集中在大型银行、保险公司、电信公司和销售业。国外很多计算机公司非常重视数据挖掘的开发应用，IBM 和微软都成立了相应的研究中心进行这方面的工作，此外，一些公司的相关软件也开始在国内销售，如Platinum、BO 以及 IBM。

国内从事数据挖掘研究的人员主要在大学，也有部分在研究所或公司。所涉及的研究领域很多，一般集中于学习算法的研究、数据挖掘的实际应用以及有关数据挖掘理论方面的研究。目前进行的大多数研究项目是由政府资助进行的，如国家自然科学基金、863 计划等，但还没有关于国内数据挖掘产品的报道。

一份最近的 Gartner 报告中列举了在今后 3～5 年内对工业将产生重要影响的 5 项关键技术，其中 KDD 和人工智能排名第一。同时，这份报告将并行计算机体系结构研究和 KDD 列入今后5 年内公司应该投资的 10 个新技术领域。

可以看出，数据挖掘的研究和应用受到了学术界和实业界越来越多的重视。进行数据挖掘的开发并不需要太多的积累，国内软件厂商如果进入该领域，将处于和国外公司实力相差不很多的起跑线上，并且，现在关于数据挖掘的一些研究成果可以在 Internet 上免费获取，这更是一个可以利用的条件。我们希望数据挖掘能够引起国内实业界更多的重视，同时也希望能够有更多的国内软件厂商进入该领域，一起促进数据挖掘技术在中国的应用。

就目前来看，将来的几个热点包括网站的数据挖掘（Web site data mining）、生物信息或基因（bioinformatics / genomics）的数据挖掘及其文本的数据挖掘（textual mining）。下面就这几个方面加以简单介绍。

1. 网站的数据挖掘

随着 Web 技术的发展，各类电子商务网站风起云涌，建立起一个电子商务网站并不困难，困难的是如何让电子商务网站有效益。要想有效益就必须吸引客户，增加能带来效益的客户的忠诚度。电子商务业务的竞争比传统的业务竞争更加激烈，原因有很多方面，其中一个因素是客户从一个电子商务网站转换到竞争对手那边，只需点击几下鼠标即可。网站的内容和层次、用词、标题、奖励方案、服务等任何一个地方都有可能成为吸引客户、同时也可能成为失去客户的因素。而同时电子商务网站每天都可能有上百万次的在线交易，生成大量的记录文件（Log files）和登记表，如何对这些数据进行分析和挖掘，充分了解客户的喜好、购买模式，甚至是客户一时的冲动，设计出满足不同客户群体需要的个性化网站，进而增加其竞争力，几乎变得势在必行。若想在竞争中生存进而获胜，就要比竞争对手更了解客户。

2. 电子商务网站数据挖掘

在对网站进行数据挖掘时，所需要的数据主要来自于两个部分：一个部分是客户的背景信息，此部分信息主要来自于客户的登记表；另外一部分数据主要来自浏览者的点击流（Click-stream），此部分数据主要用于考察客户的行为表现。但有的时候，客户对自己的背景信息十分珍重，不肯把这部分信息填写在登记表上，这就给数据分析和数据挖掘带来不便。在这种情况之下，就不得不从浏览者的表现数据中来推测客户的背景信息，进而再加以利用。

就分析和建立模型的技术和算法而言，网站的数据挖掘和原来的数据挖掘差别并不是特别大，很多方法和分析思想都可以运用。所不同的是网站的数据格式有很大一部分来自于点击流，和传统的数据库格式有区别。因而对电子商务网站进行数据挖掘所做的主要工作是数据准备。目前，有很多厂商正在致力于开发专门用于网站挖掘的软件。

3. 生物信息或基因的数据挖掘

生物信息或基因数据挖掘则完全属于另外一个领域，在商业上很难讲有多大的价值，但对于人类却受益非浅。例如，基因的组合千变万化，得某种病的人的基因和正常人的基因到底差别多大？能否找出其中不同的地方，进而对其不同之处加以改变，使之成为正常基因？这都需要数据挖掘技术的支持。

对于生物信息或基因的数据挖掘和通常的数据挖掘相比，无论在数据的复杂程度、数据量还是在分析和建立模型的算法方面，都要复杂得多。从分析算法上讲，更需要一些新的和好的算法。现在很多厂商正在致力于这方面的研究。但就技术和软件而言，还远没有达到成熟的地步。

4. 文本的数据挖掘

人们很关心的另外一个话题是文本数据挖掘。举个例子，在客户服务中心，需要把同客户的谈话转化为文本数据，再对这些数据进行挖掘，进而了解客户对服务的满意程度和客户的需求以及客户之间的相互关系等信息。从这个例子可以看出，无论是在数据结构还是在分析处理方法方面，文本数据挖掘和前面谈到的数据挖掘相差很大。文本数据挖掘并不是一件容易的事情，尤其是在分析方法方面，还有很多需要研究的专题。目前市场上有一些类似的软件，但大部分方法只是把文本移来移去，或简单地计算一下某些词汇的出现频率，并没有真正的分析功能。

随着计算机计算能力的发展和业务复杂性的提高，数据的类型会越来越多、越来越复杂，数据挖掘将发挥出越来越大的作用。

16.4 小结

数据仓库是在企业管理和决策中面向主题的、集成的、与时间相关的、不可修改的数据集合，这些也正是其区别于传统操作型数据库的特性所在。联机分析处理（OLAP）又称为多维数据分析，它的多维性、分析性、快速性和信息性成为分析海量历史数据的有力工具。数据仓库作为数据组织的一种形式给 OLAP 分析提供了后台基础，而 OLAP 技术使数据仓库能够快速响应重复而复杂的分析查询，从而使数据仓库能有效地用于联机分析。数据挖掘可以对数据进行更深度的分析，它可以从海量数据中挖掘出潜在的有价值的信息，以指导人们制定正确的决策。

第 17 章 数据库技术的发展

了解数据库技术的发展过程及其发展方向,分析各种新型数据库技术的特点,对数据库技术的应用和研究都具有重要的意义。数据库技术从 20 世纪 60 年代中期产生到现在仅仅 40 多年的时间,其发展速度之快,应用范围之广是其他技术所不及的。数据库技术已从第 1 代的层次、网状数据库系统,第 2 代的关系数据库系统,发展到第 3 代以面向对象模型为主要特征的数据库系统。数据库技术与网络技术、人工智能技术、面向对象技术以及并行计算技术等相互渗透、互相结合,成为当前数据库技术发展的主要特征。

本章首先以数据模型为主线,介绍数据库技术发展的 3 个主要阶段,然后介绍新的数据库管理系统——面向对象数据库管理系统的特征和优势,最后介绍数据库技术的主要研究和发展方向。

17.1 数据库技术的发展概述

本节简单介绍传统数据库技术的发展历程以及新的数据库技术的发展方向。

17.1.1 传统数据库技术的发展历程

围绕着数据结构和数据模型的演变,传统数据库技术在发展过程中,主要经历了 3 个阶段。

- 层次数据库。
- 网状数据库。
- 关系数据库。

下面简要介绍这 3 种技术的特点。

1. 层次数据库

层次数据模型是数据库系统中最早出现的数据模型。现实世界中的很多事物是按照层次关系组织起来的,比如一般单位的人事系统,学校组织结构(其层次结构的示意图如图 17-1 所示)

图 17-1 层次结构示意图

等,层次数据模型就是模拟现实世界中的层次组织,按照层次存取数据。其中最基本的数据关系是层次关系,它代表两个记录之间一对多的关系,也叫做双亲子女关系。一个数据库系统中有且仅有一个记录无双亲,称为根节点,其他记录有且仅有一个双亲。在层次模型中,从一个节点到其双亲的映射是唯一的,所以对于每一个记录(根节点除外)来说,只需指出它的双亲,就可以表示出层次模型的树状整体结构。

比较著名的层次数据库系统当属 IBM 公司的 IMS (Information Management System),这是 IBM 公司 1968 年推出的第一个大型商用数据库管理系统。

2. 网状数据库

在现实世界中事物之间的关系更多的是非层次的,比如高速公路交通网。用层次数据模型表示现实世界中的联系有很多的限制,如果去掉层次模型中的限制,即允许每个结点可以有多个父结点,便构成了网状模型。网状模型用图形结构表示实体和实体之间的联系。

网状数据模型的典型代表是 CODASYL 系统,它是 CODASYL 组织的标准建议的具体实现,按系(set)组织数据。所谓系可以理解为命名了的联系,它由一个父记录型和一个或若干个子记录型组成。图 17-2 为网状结构的示意图,其中包含 4 个系,S-G 系由学生和选课记录构成,C-G 系由课程和选课记录构成,C-C 系由课程和授课记录构成,T-C 系由教师和授课记录构成。

图 17-2 网状结构示意图

3. 关系数据库

尽管网状数据库和层次数据库已经解决了数据的集中和共享问题,但在数据独立性和抽象级别上仍有很大欠缺。用户在对这两种数据库进行存取操作时,必须明确数据的存储结构,具体指明存取路径。为了弥补这些不足,人们开始将目光转向关系数据库管理系统。最早涉足关系数据库研究的是 IBM 公司的研究员 E. F. Codd 博士,他于 20 世纪 70 年代初首次提出了关系模型的概念,并在一系列研究报告中奠定了关系数据库的基础。关系模型有着严格的数学基础,抽象级别较高,而且简单清晰,便于理解和使用,因而能够保持长盛不衰,并最终成为现代数据库技术的主流。

关系数据模型是以集合论中的关系概念为基础发展起来的。在关系模型中,无论是实体还是实体间的联系均由单一的结构类型——关系来表示。在实际的关系数据库中,关系也称为表,一个关系数据库由若干张表组成。

17.1.2 新一代数据库管理系统

关系数据库管理系统能够很好地支持格式化数据,满足商业处理的需求,数据库技术在商业数据处理领域取得了巨大的成功。近年来,随着数据库技术的发展,数据库应用已经不仅局限在商业数据处理的范畴,新的数据库应用领域包括计算机辅助设计(CAD)、计算机辅助软件工程(CASE)、多媒体数据库、办公信息系统(OIS)、超文本数据库等。

这些新领域中的应用在某些方面超出了关系数据模型所能支持的范畴,关系模型已经不足以对这些新应用领域进行数据建模。20 世纪 80 年代以来发展起来的面向对象的建模方法能够满足这些新的应用领域的需求。因此,将面向对象技术与数据库技术结合起来是数据库技术发展的一个重要方向,这样的数据库管理系统称为第三代数据库系统,或新一代数据库。

由 Stonebraker 等组成的高级数据库管理系统功能委员会于 1990 年发表了题为"第三代数据库系统宣言"的文章,在这篇文章中提出了第三代数据库系统的 3 条原则:支持更加丰富的对象结构和规则;包含第二代数据库管理系统;对其他子系统(如工具和多数据库中间件产品)开放。

17.2 面向对象技术与数据库技术的结合

长期以来,关系数据库技术经历了理论研究、原型系统开发和系统实用化等多个阶段,当前的各种主流数据库也都是经历了多次的优化和改进,不断发展形成的产品分别应用于各自的传统优势领域。早期关系数据库产品的致命弱点是系统效率低,如今在众多研究成果的支持下,不仅实现了查询优化,保证了数据的完整性、安全性,而且还解决了并发控制和故障恢复等一系列技术问题,从而使产品最终能够为用户所接受。不仅如此,许多系统还对海量数据的管理、复杂数据类型的处理以及长事务的处理等都提供了良好支持,其灵活的结构在支持多种应用方面具有很好的适应性,而系统的稳定性、可靠性也经过长时间、多领域应用的考验而得到了较好保证。同时，数据库产品质量的提高也相应促进了数据库应用的普及。

尽管关系数据库以其完备的理论基础、简洁的数据模型、透明的查询语言和方便的操作方法等优点受到了众多用户的一致好评，但随着数据库系统的日益普及和人们要求的不断提高，关系数据库也暴露出了一些局限性。首先，关系模型过于简单，不利于表达复杂的数据结构；其次，关系模型支持的数据类型有限，无法包容更多的数据类型。于是，关系数据库受到了来自诸多方面的严峻挑战，它已经无法适应现代信息系统应用开发的要求，这和当年其出现时为应用所带来的巨大方便和深远影响形成了鲜明的对比。如果说过去是数据库技术的发展带动了应用发展的话，那么今天则是应用反过来推动了数据库技术的进一步变革。毫无疑问，这些挑战来自于面向对象技术、网络技术、多媒体技术以及移动计算技术的飞速进步。

17.2.1 新的数据库应用和新的数据类型

在信息管理领域之外，还有很多新的应用领域迫切需要使用数据库，如计算机辅助设计（CAD）、多媒体技术（音频、视频文件的存储和处理）等，这些应用往往需要存储大量的、复杂类型的数据，同时面向对象的概念和技术也强烈地引发了数据库对复杂数据类型的支持，从而推动了面向对象数据库的发展。

面向对象数据库除了支持关系数据库提供的数据类型外，还应该支持如下复杂的数据类型。

- 用户定义的抽象数据类型（Abstract Data Type，ADT）：可以存储声音、图像、视频等数据，甚至还包括这些数据的处理函数（如产生这些数据的压缩版或较低分辨率图像等）。
- 构造类型：利用构造器从原子数据类型构造出集合、数组、元组等新的数据类型。
- 继承：随着数据类型数量的增长，可以概括出不同数据类型之间的共同点，例如，压缩的图像和低分辨率的图像都是图像，它们在图像的描述和操作上会有很多相同的特征，从而可以利用面向对象的继承思想来提高应用的设计质量。

新的数据库应用和数据类型有如下特征：

- 大数据项。新的数据库应用中的数据项可能会以兆计算，比如视频数据。
- 结构复杂。很多新的数据库应用的结构相当复杂，可能包括程序模块、图形、图像、文档、数字媒体流等。
- 操作特殊。针对特殊数据类型，可能存在许多特殊的操作方式，如旋转、播放、排版等。

关系数据库针对以上这些新的应用和数据类型有很多局限，主要表现在以下几个方面：

- 表达能力有限。关系数据库的基本结构是二维表，是一种平面结构，无法表达嵌套的信息结构。而在 CAD 等系统中，嵌套大量存在，如机器由很多部件构成，每个部件又由多个零件构成。当然，嵌套的平面化可以通过模式分解和连接运算实现，但是连接在关系数据库中运算效率十分低下。
- 类型有限。关系数据库的类型是系统内置的，用户只能使用固定的几种。新的应用需要灵活的类型机制，数据库管理系统应该能够支持用户定义适合自己应用的数据类型。
- 结构与行为分离。关系数据库中存储的只是实体的数据，而实体的行为则交由应用程序来编码实现。现实世界中的实体除了数据结构之外，同时还有其自身的行为。如学生应该具有选课的行为。实体的行为也是实体的属性，应当同实体紧密结合，由应用程序来维护是不合适的。

17.2.2 面向对象数据模型

面向对象数据库系统支持面向对象数据模型。也就是说，一个面向对象数据库系统是一个持久的、可共享的对象库的存储者和管理者；而一个对象库是由一个面向对象模型所定义的对象的集合体。

面向对象数据库是数据库技术与面向对象程序设计技术相结合的产物，面向对象的方法是面向对象数据库模型和对象数据库的基础。面向对象思想的核心概念包括如下内容。

1．对象与类

一个对象类似于 E-R 模型中的一个实体。因此，在面向对象系统中，一切概念上的实体（客观存在的事物或抽象的事件）都可以抽象或模拟为对象。与 E-R 模型中实体不同的是，对象不仅有数据特征，还有状态和行为特征，比如仓库的编号、所在城市、面积等都可以看作是仓库的数据特征，仓库是否可用可以看作仓库的状态特征，而商品的出库和入库可以看作是仓库的行为特征。因此，对象应当具有以下特征：

- 每一个对象必须能够通过某种方式（如名称）区别于其他对象。
- 用特征或属性来描述对象。
- 有一组操作，每一个操作决定对象的一种行为。

在现实世界中，很多客观存在的对象都具有相同的特征。比如学生是一个客观存在的对象，不管是男学生还是女学生，不管是计算机专业还是数学专业，这些学生都用相同的特征进行描述，用性别来描述男或女，用专业来描述计算机或数学等。因此把具有相同数据特征和行为特征的所有对象称为一个对象类，简称为类。由此看来，对象是类的一个实例，类是型的概念，对象是值的概念。类似于传统的程序设计语言用类型说明变量，在面向对象系统中用类创建对象。在面向对象中，类是一个模板，而对象是用模板创建的一个实例。

例如，学生李勇是一个对象，则

对象名：李勇

对象的属性：

    学号：0611101

    年龄：21

    性别：男

    专业：计算机

对象的操作：

    选修课程

    参加考试

    学籍处理

    参加活动

而所有像李勇这样的学生对象就可以构成一个学生类。

面向对象中的类和传统的数据类型有相似之处，但也存在着重要差别。首先，类型只描述数据结构，而类将数据结构和操作作为一个整体描述；其次，类型通常是静态的概念，而类却可以用方法表现出其动态性；再次，类型在常规程序设计语言中的作用主要体现在保证程序的正确性上，而类的作用则在于作为一种重要的模拟手段，以统一的方式构造现实世界模型；最后，类型与程序代码和代码共享无关，而类却提供了软件重用和代码共享的机制。

面向对象的方法更接近人们的思维习惯，因为面向对象中的对象（或类）都源于现实世界，它的数据特征和操作行为是一个有机的整体。

2．对象之间的交互

现实世界中，各个对象之间不是相互独立的，它们存在着各种各样的联系。也正是由于它们之间的相互联系和作用，才构成了现实世界的各种系统。

对象的属性和操作对外部是透明的，对象之间的通信是通过消息传递实现的。对象可以通过接收来自其他对象的消息而执行某些操作（方法），同时这个对象可以向多个对象发送消息。由此看来，消息的传递类似于传统程序设计语言的过程调用和参数传递。

一般来说，把发送消息的对象称为发送者或请求者，而把接收消息的对象称为接收者或响应者。对象之间的联系只能通过消息的传递来进行，接收者只有在接收到消息后才会激活某种操作，从而根据消息作出响应，完成某种功能的操作。

面向对象中的消息具有如下性质：

- 一个对象可以接收来自不同对象的相同形式的消息，从而做出相同的响应。
- 一个对象可以接收来自其他对象不同形式的多个消息，从而做出不同的响应。
- 相同形式的消息可以传递给不同的对象，从而得到不同的响应。
- 如果消息的发送不考虑具体的对象，则对象可以响应消息，也可以不响应消息。

在面向对象方法中，通过对象间传递消息，使接收者做出某种响应，从而完成具体的操作功能。实际上，由发送者向接收者发送一条消息，就是要求调用特定的方法完成某种操作。所调用的方法可能会引起对象状态的改变，还可能产生新的消息，从而导致调用当前对象或其他对象中的方法。

3. 类的确定和划分

如何确定和划分类，是面向对象方法中的关键，这需要做细致的需求分析，并且没有统一的方法和固定的标准，往往依赖于设计人员的知识、经验和对实际问题的把握程度。具有相同特征的对象构成类，所以设计类时的一个基本原则就是把握事物的共性，将有相同属性、相同操作的对象确定为一个类。

例如，在设计学籍管理系统时，面临的对象或实体是学生、老师、课程等，这时很容易把它们都确定为各自的类。但是当学生包括本科生、硕士、博士时，应该如何划分学生类呢？是设计一个学生类，还是设计一个本科生类和一个研究生类，或者设计一个本科生类、一个硕士类和一个博士类，这就取决于设计人员对需求的理解以及实际的经验。

无论如何，类都是现实世界中所有管理对象的一个映射，所以在充分理解需求，综合地归纳共性之后，自然就明白该如何设计和划分类了。

另外需要注意的是，并不是所有的事情都可以确定为类，不能把面向对象程序设计中的函数和过程调用简单地组合成类，类不是函数的集合，所以要清楚哪些事物不能划分为类。

在面向对象思想中，类有 3 个重要的特性，即封装性、继承性和多态性。

（1）封装性

封装的概念在现实生活中无处不在。比如个人电脑，它包含了很多功能和操作，其原理和内部构造极其复杂。但对于普通用户来说，不需要关心它的功能是如何实现的，只需要知道如何操作就可以。也就是说，个人电脑将其功能的实现封装在机器内部了。

这里可以把个人电脑看作一个类的实例，即对象。用户是另一个对象。用户通过点击鼠标、敲击键盘等操作给电脑传递消息，电脑就会对相应的操作请求做出响应。

把现实生活中的这种例子用在面向对象方法中，就很容易理解封装的概念。类包括了数据和操作，它们是被"封装"在类定义中的。用户通过类的接口（即可以在该对象类上执行的操作的说明）进行操作。对用户来讲"功能"是可见的，而实现部分是封装在类定义中的，用户是看不见的。消息传递是对象之间联系的唯一方式，这保证了对象之间的高度独立性，这种特性有利于保证软件的质量。

（2）继承性

在面向对象系统中，允许使用一个已有的类来定义一个新类，或者用几个已有类来定义一个新类，又或者用一个已有类来定义多个新类。新的类包含原来类的所有属性和方法，我们把这种特性称为继承性。

原来的类通常称为父类或超类，而新定义的类被称为子类或派生类。子类除了继承父类的所有性质之外，还可以定义自己的属性和方法。图 17-3 说明了类的继承概念。在这里教职工类是教师类和机关干部类的父类，或者说教师类和机关干部类是教职工类的子类；而教师类和机关干部类是中高层干部的父类，或者说中高层干部类是教师类和机关干部类的子类。

图 17-3　类的继承性

子类不仅继承了父类的所有属性和方法，而且还可以定义属于自己的新属性和方法。例如，教师类继承了教职工类的姓名、性别等属性，同时还继承了按姓名查找等方法。此外，在教师类中还定义了新的属性：职称、专业等，同时除了可以引用按名字查找的方法外，还新定义了按职称查找的方法。

通过上面的分析，可以总结类的继承性包含以下 3 个基本含义：

- 如果类 B 继承类 A，则类 B 的对象具备类 A 的对象的全部功能。
- 如果类 B 继承类 A，则类 B 对象的内部结构包含类 A 对象的内部结构。
- 如果类 B 继承类 A，则类 A 中实现其对象功能的代码可以被类 B 引用。

继承性表达了类之间的相互关系，父类和子类之间具有如下明显的特性：

- 类之间有共享特征，子类可以共享父类中的数据和程序代码。
- 类之间有数据差别或功能差别，在子类中可以定义新的属性和新的方法，也可以屏蔽父类中的部分属性和方法。

面向对象方法提供的继承机制，避免了公用程序代码的重复开发，而且还增强了一致性，简化了模块之间的联系。因此继承性有以下两个主要优点：

- 它是一个强有力的建模工具，可以以自然的、符合人们思维规律的方式给现实世界一个简明准确的描述。
- 它有助于软件可重用性的实现。

（3）多态性

多态性在现实生活中也是无处不在的。比如在个人电脑中播放影音文件，同样是播放命令，如果播放的文件是音频格式，则只播放音乐；如果是视频格式，则会播放出声音和影像。这时可以认为，对同一个对象发送同一条指令，由于参数（播放文件的格式）的不同所以会产生两种不同的结果。

多态性也是面向对象程序设计中的一个重要概念，它的含义如下：

- 同一个函数根据不同的引用对象可以完成不同的功能。
- 同一个函数即便引用同一个对象，但由于传递的参数不同也可以完成不同的功能。

在面向对象方法中，多态性可以为整个应用和所有对象内部提供一个一致的接口，没有必要为相同的动作命名和编写不同的函数，它完全可以根据引用对象的不同、传递消息的不同来完成不同的功能。这样做与现实世界中的管理和运作方法相吻合。

4．对象标识符

在面向对象数据库中，对象由对象标识符唯一标识。

对象标识符是内置的，它不像在文件系统中用文件名标识一个文件，也不像在关系数据库中用关键字标识一个元组。对象标识符在创建对象时由数据库管理系统自动生成，并在整个生命周期中唯一标识一个对象。

17.2.3 面向对象数据库的优点

用面向对象语言开发的系统有许多优点，但也缺乏持续性，具有在多用户间不能共享对象、有限的版本控制以及缺少对其他数据访问的缺陷，这些缺陷可以用面向对象数据库加以弥补。

在用面向对象语言设计的系统中，对象在一个程序运行期间建立，在程序运行结束时撤销。可存储一个程序运行期间的对象的数据库具有很好的灵活性和安全性。这种存储对象的能力还可以在分布式环境中共享。面向对象数据库只允许将活动的对象装入内存，从而使对虚存的需求达到最小，这在大型系统中特别有用。面向对象数据库还可以实现对其他数据资源的访问，特别是混合关系数据库管理系统，它既可以访问关系表，也可以访问其他对象类型。

面向对象数据库提供了优于层次、网状、关系数据库的模型，它能够支持其他模型不能处理的复杂应用，增加了程序的可设计性和性能，提高了导航访问能力，简化了并发控制。

面向对象数据库不仅能存储复杂的数据结构，而且还能存储较大的数据结构，即使具有大量的对象也不会降低其性能。

由于对象含有对对象的直接引用，因此，使用这些直接引用可有效地装配复杂的数据集，从而在很大程度上改进了导航访问。

面向对象数据库还能简化并发控制，很好地支持完整性，与关系数据库相比，面向对象数据库更符合用户的直觉，特别是对非数字领域，面向对象提供了较为自然和完整的模型。

17.2.4 对象关系数据库与对象数据库

目前，对象数据库沿着两个方向发展：对象关系数据库系统和对象数据库系统。

对象关系数据库系统是对关系数据库的扩充，它以关系数据库为基础，扩展了对面向对象概念的支持，从而具有面向对象的功能，支持更广泛的应用，并且可以在关系型和面向对象方法之间架起一座桥梁。

对象数据库系统是不同于关系数据库系统的另一种选择，其目标是针对那些以复杂对象扮演核心角色的应用领域。这种方法一方面是试图设计全新的数据模型，另一方面在很大程度上受到面向对象程序设计语言的影响。所以，从另一个角度也可以把它理解为是把数据库管理系统的功能加入到编程语言环境中。

这里要注意 3 个术语及其英文缩写：关系数据库管理系统（RDBMS）、对象关系数据库管理系统（ORDBMS）和面向对象数据库管理系统（OODBMS）。

ORDBMS 是针对 RDBMS 的发展，在 SQL-99 中增加了对面向对象概念的支持，它是基于 ORDBMS 的，提供了对很多复杂数据类型特征的支持。

很多数据库厂商（如 IBM、Oracle 等）正在其产品中增加 ORDBMS 的功能，而且利用目前关系数据库设计和实现的技术可以很好地处理扩展的对象特征。同时，理解这些扩展对数据库用户和设计者也是很重要的。

17.3 数据库技术面临的挑战

20 世纪 60 年代，由于计算机的主要应用领域从科学计算转移到了数据事务处理，促使数据库技术应运而生，使数据管理技术出现一次飞跃。E. F. Codd 提出的关系数据库模型，在数据库技术和理论方面产生了深远的影响。经过大批数据库专家数十年的不懈努力,数据库领域在理论和实践上取得了令人瞩目的成就,它标志着数据库技术的逐渐成熟,使数据管理技术出现了又一次飞跃。然而,人类前进的步伐是不会停止的,数据库技术正面临着新的挑战。

1. 信息爆炸可能产生大量垃圾

随着社会信息化进程的加快,信息量剧增,大量的信息来不及组织和处理。例如,美国宇航局近年来从空间收集了大量的数据,美国"陆地"卫星每两周就可以拍摄一次整个地球表面的情况,该卫星运行近 20 年来的 95%的信息还没有人看过。现在还没有这样的数据库可供存储和检索如此大量的数据。再如,美国国会通过了一个 30 亿美元的预算,准备构造全人类基因组的 DNA 排列图谱。每个基因组的 DNA 排列长达几十亿个元素,每个元素又是一个复杂机构的数据单元。据估计,人类的基因组约有五六万种,如何表示、访问和处理这样的图谱结构数据是数据库面临的难题。进入 20 世纪 90 年代,像这样的数据并不罕见,传统的数据库技术受到了挑战。

2. 数据类型的多样化和一体化要求

传统的数据库技术基本上是面向记录的,以字符表示的格式化数据为主,这远远不能满足多种多样的信息类型需求。新的数据库系统应能支持各种静态和动态的数据,如图形、图像、语音、文本、视频、动画、音乐等。

在许多计算机应用中,如地图、地质图、空间或平面布置图、机器人控制、人工视觉、无人驾驶、医学图像等,常涉及许多空间属性,如方向、位置、距离是否覆盖或重叠等。目前,这类数据的表示和处理都由应用程序解决,数据库给予的直接支持还很少。随着这类应用的增多,数据量的扩大和共享程度的提高,有必要由数据库系统来管理这些应用,这就需要发展相应的数据模型、数据语言和访问方法。

更为重要的是,人们对信息的使用常常是综合的,图形、图像、语音、文本、数据之间常常发生交叉调用,需要多种综合手段(图标、声音、表格、命令、语言)来进行存储、检索、管理,这是计算机系统和信息系统逐步走向多媒体化的自然要求。对数据库系统来说,必须要解决多媒体数据的管理问题。数据库管理系统虽然以支持多媒体数据作为其研制的主要目标之一,但是投入实际应用还有相当大的困难,尤其在性能上还很难满足多媒体数据一体化处理的要求。目前,多媒体数据基本上靠嵌入在关系模式中的文件系统或记录来支持,但数据量大,数据结构复杂,共享的要求高,靠文件系统显然是很难适应的。研制实用化的多媒体数据库对关系数据模型和单一数据类型提出了严峻的挑战。

3. 当前的数据库技术还不能处理不确定或不精确的模糊信息

目前,一般数据库的数据,除空值外都是确定的,而且认为是现实世界的真实反映。但是实际生活中要求在数据库中能表示、处理不确定和不精确的数据。例如,有些数据不知道确定值,只知道它属于某一集合或某一范围;也有些数据是随机性的,只知道它的不同值出现的概率;还有些数据是模糊的,它的值只是它的"可能"值,或者用自然语言表达。推而广之,一个元组、一个关系,甚至整个数据库都可能是模糊的。要支持这类数据,必须对确定数据模型做相应的扩展,甚至要对数据库理论进行一场革命。人们对数据库查询的要求也不再是简单的有解(完全符合查询条件的结果)和无解,而可能是模糊解或不确定解,也可能提供模糊查询结果。

4. 数据库安全

数据库系统的发展方向是在大范围内集成,向广大用户提供方便的服务。近年来,便携式计算机大量涌现,因特网扩展延伸,用户能够通过计算机网络随时随地访问数据库,这就出现了严重的数据库安全和保密问题。不解决这个问题，上述目标将无法实现。现有的数据库安全措施远不能满足这个要求。在数据库安全模型、访问控制、授权、审计跟踪、数据加密、密钥管理、并发控制等方面都还没有形成明确的主流技术策略。例如，不管是按数据对象分别给用户授权，还是按数据级和用户密级决定能否访问，都不能可靠地防止泄密。比较可靠的办法是数据加密。数据库管理系统的安全机制还涉及对操作系统安全的要求。

   5. 对数据库理解和知识获取的要求

   目前，粗略地说，全世界平均每天诞生 100 个数据库，每 5 年信息量就要翻一番。正如奈斯比特在《大趋势》一书中所描述的：“我们正在被信息所淹没，但我们却由于缺乏知识而感到饥饿。”但是，我们对数据库的使用还停留在操作员查询一级，只能利用数据库查询已经存放在库中的一些具体的特定数据。即使这样，查询前用户还必须熟悉有关的数据模式及其语义，为了了解这方面的内容常常要向数据管理员（DBA）请教。这样无法解决语义的歧义问题，更不能为决策者理解数据库的整体特性服务。高层决策者常常希望把自己的数据库作为知识源，从中提取一些中观的、宏观的知识，希望数据库具有推理、类比、联想、预测能力，甚至能从中得到意想不到的发现，希望数据库能主动而不是被动地提供服务。如商品数据库能根据销售量主动提出调整价格的建议，或者提醒采购库存量已经很少的货物。

17.4 数据库技术的研究方向

   近年来，软硬件（特别是硬件的发展）为迎接上述挑战提供了技术基础。对数据库技术来说，大规模并行处理技术、光纤传输和高速网、高性能微处理器芯片、人工智能和逻辑程序设计、多媒体技术的发展和推广、面向对象程序设计、开放系统和标准化等都促进了数据库技术的发展。在数据库技术方面也形成了一些新的主攻方向，如分布式数据库系统、面向对象数据库系统、多媒体数据库、数据库的知识发现等。

17.4.1 分布式数据库系统

   由于通用操作系统对数据库管理系统性能的限制，以及硬件价格的下降和高速网的发展，使用专用数据库服务器已变得越来越合理。专用数据库服务器的操作系统是面向数据库的，因此可以减少许多不必要的开销，并支持大量的实时事务处理。为了提高服务器的性能，可以采用磁盘组和大规模并行处理技术，让多个数据库服务器联网，也可以构成分布式数据库系统。

   分布式数据库系统有两种：一种是物理上分布的，但逻辑上却是集中的，这种分布式数据库只适宜于用途比较单一的、规模不大的单位或部门；另一种是在物理上和逻辑上都是分布的，也就是所谓联邦式分布数据库系统。由于组成联邦的各个子数据库系统是相对“自治”的，因此这种系统可以容纳多种不同用途的、差异较大的数据库，无全局数据模式概念，比较适宜于大范围内数据库的集成。

   构成联邦式分布数据库系统的成员可以是集中式数据库、数据库服务器、逻辑集中式分布数据库，也可以是另一个联邦式分布数据库系统，也就是联邦中还可以有联邦。从这个意义上说，联邦式分布数据库系统结构是分布式数据库系统的普遍结构。20 世纪 90 年代，分布式数据库系统被普遍使用。形形色色的分布式数据库系统都可以看成是上述普遍结构的一个实例。

17.4.2 面向对象的数据库管理系统

   数据库管理系统历来是数据库技术的凝聚点，也是数据库技术研究的排头兵，要迎接上述挑战，在现有数据库管理系统的基础上进行改进几乎是不可能的，但现在还没有到研制新一代数据库管理系统产品的时候，在此之前还需要新一轮的基础研究。

当前，在数据库管理系统方面，最活跃的研究是面向对象数据库系统。1984 年班西仑（Bancilhon）等人发表的面向对象数据库系统宣言是一个重要标志。它将数据与操作方法一体化为对象的概念，数据和过程一起封装。现已出现了一些借鉴了面向对象程序设计思想和成果的数据库管理系统，这些可以看成是在数据库管理系统中革新数据模型的重要尝试和实践。在数据模型方面，对象、封装、对象有识别符、类层次、子类、继承概念和功能已初步形成；在数据库管理方面，提出了持久性对象、长的事务处理、版本管理、方案进化、一致性维护和分散环境的适应性问题；在数据库访问界面上，提出了消息扫描、持久性程序设计语言、计算完备性等概念。总之，面向对象数据库系统的形象正逐步明朗起来。

17.4.3　多媒体数据库

从本质上说，多媒体数据库要解决 3 个难题。第一是信息媒体的多样化，不仅仅是数值数据和字符数据，还包括图形、图像、语音、视频、动画、音乐数据等，形成超文本。当前市场上各种多媒体卡（视频卡、语音卡等）侧重解决实时处理和信息压缩两个问题，并没有解决多媒体数据的存储组织、使用和管理，这就需要提出与之相关的一整套新的理论，作为关系数据库基石的关系代数理论已经远远不够了。第二是要解决多媒体数据集成或表现集成，实现多媒体数据之间的交叉调用和融合。集成粒度越细，多媒体一体化表现才越强，应用的价值也才越大。如果输入和输出的媒体形式是一样的，只能称之为记录和重放。第三是多媒体数据与人之间的实时交互性。没有交互性就没有多媒体，要改变传统数据库查询的被动性，而以多媒体方式主动表现。显然，像 SQL 这样的查询语言是过分单调和远远不够的。例如，能从数据库检索出某人的照片、声音及文字材料，对其音容笑貌有个综合描述，也许还是多媒体数据库的初级应用。通过交互特性使用户介入到多媒体数据库中某个特定条件（范围）的信息过程中，甚至进入一个虚拟的现实世界（virtualReality），这才是多媒体数据库交互式应用的高级阶段。

17.4.4　数据库中的知识发现

人工智能和数据库技术相结合是很重要的发展趋势，各种各样的智能数据库、演绎数据库和专家系统，促进了数据库中的知识发现（KDD）研究。特别是从 1989 年开始，国际上已形成了一个朝气蓬勃的主攻方向，用数据库作为知识源，把逻辑学、统计学、机器学习、模糊学、数据分析、可视化计算等学科成果综合到一起，进行从数据库中发现知识的研究，使得数据库不仅仅能任意查询存放在数据库中的数据，而且上升到对数据库中数据的整体特征的认识，获得一些与数据库数据相吻合的中观或宏观的知识。这不仅有利于数据库自身的增长和管理，而且大大提高了数据库的利用率，使之有可能成为决策支持系统的基础。例如，通过一个地区人口普查数据库渴望得出有助于人口控制的政策；通过一个商品数据库发现有利于价格调整的知识；通过一个公安局刑事犯罪数据库，提出对新案例的侦破建议等。KDD 方法绕过了专家系统中知识获取的瓶颈，充分利用了现有的数据库技术成果，形成了用数据库作为知识源的一整套新的策略和方法。在这个领域，目前讨论的热点集中在数据仓库和数据挖掘上。

17.4.5　专用数据库系统

在地理、气象、科学、统计、工程等应用领域，需要适用于不同的环境，解决不同的问题，在这些领域应用的数据管理完全不同于商业事务管理，并且日益显示其重要性和迫切性。工程数据库、科学与统计数据库等近年来得到了很大的发展，这是由于常规的商用数据库系统不能有效地支持这些应用，而常规数据库的研究出发点又不是专业数据库必须支持的。这些领域的数据各具特色，必须专门地去研究和开发。目前已经取得了很大的进展。

正是计算机科学、数据库技术、网络、人工智能、多媒体技术等的发展和彼此渗透结合，不断扩展了数据库新的研究和应用领域。上述的几个研究方向不是孤立的，它们彼此促进，互相渗透。人们期待着 21 世纪在信息处理技术上新的重大突破，期待着数据管理技术的第三次飞跃。

17.5 小结

数据的组织模型经历了从层次到网状再到关系和最新的面向对象的发展历程，数据模型每一次的变化都为数据的访问和操作带来新的特点和功能。关系数据模型的产生使人们可以不再需要知道数据的物理组织方式，并可以逻辑地访问数据。面向对象数据模型的产生突破了关系模型中数据必须是简单二维表的平面结构的局限，使数据模型的表达能力更强，更能表达人们对数据的需求。

随着信息的不断增加，计算机技术的不断发展，数据库技术也面临着很多新的挑战，同时也产生了很多新的研究方向，比如分布式数据库、多媒体数据库等。

附录 数据库分析与设计示例

本附录通过一个具体的示例来说明数据库应用系统的设计和实现过程，以使读者对数据库及其应用开发有一个更真切的理解。

本附录内容可作为本门课程的综合练习。

1. 需求说明

要实现一个简化的教学管理系统，在此教学管理系统中只涉及对学生、课程和教师的管理，此系统要求能够记录学生的选课情况、教师的授课情况以及学生、课程、教师的基本信息。该系统的业务要求为：

- 一门课程可以由多名教师讲授。
- 一名教师可以讲授多门课程，但在同一个学期对一门课程只能讲授一次。
- 一名学生可以选修多门课程，但对同一门课程只能修一次。
- 一门课程可以被多名学生选修。
- 对于学生选课情况，要记录下学生在哪个学年哪个学期选了哪些课程，并记录下课程的考试成绩。考试成绩的取值在 0～100 分之间。学年用年份表示，学期取值为：{1，2}，1 表示上半年学期，2 表示下半年学期。
- 一个学生对一门课程最多有 3 次考试机会，第一次为正常考试，以后两次为补考。
- 教师授课时，要记录下教师在每个学年和学期对每一门课程的授课时数、授课类别，其中授课类别为：主讲、辅导和带实验。假设一名教师一次最多只能担任一门课程的主讲、辅导、带实验 3 项工作中的某一项工作。

该系统的基本信息包括：

- 学生基本信息：学号，姓名，性别，所在系，专业，班号。
- 课程基本信息：课程号，课程名，学分，开课学期，课程性质，考试性质，授课时数，实践时数。其中课程性质为：必修、选修。考试性质为：考试、考查；学分为 1～8 范围的整数；开课学期为 1～12 范围的整数；授课时数为小于等于 68 的正整数。
- 教师基本信息：教师号，教师名，性别，职称，学历，出生日期，所在部门。其中学历为：本科、硕士、博士、博士后，职称为：助教、讲师、副教授、教授。

除上述要求外，该系统还需要产生如下报表：

- 学生选课情况报表：每个学期开学初以班为单位生成一份该学年和学期某班学生的选课情况表，内容包括：班号、学号、姓名、课程名。
- 学生考试成绩报表：每个学期结束时以班为单位生成一份该学年和学期某班学生的考试成绩表，内容包括：班号、学号、姓名、课程名、考试成绩。
- 学生累计修课总学分报表：可随时为每个学生生成其累计修课的总学分，内容包括：学号、姓名、班号、总学分。需要说明的是：只有考试成绩及格的课程才可获得学分。
- 教师授课报表：每个学期在确定好教师授课任务后以部门为单位生成一份该学年和学期某部门的教师授课情况表，内容包括：所在部门、教师名、授课课程名、授课类别、授课时数。

2. 数据库结构设计

2.1 概念结构设计

概念结构设计是根据需求分析的结果产生概念结构设计的 E-R 模型。由于这个系统比较简单，因此这里采用自顶向下的设计方法。自顶向下设计的关键是首先要确定系统的核心活动。所谓核心活动就是系统中的其他活动都要围绕这个活动展开或与此活动密切相关。确定了核心活动之后，系统就有了可扩展的余地。对于这个教学管理系统，其核心活动是课程，学生与课程之间是通过学生选课发生联系的，教师与课程之间是通过教师授课发生联系的。至此，此系统包含的实体有：

- 课程：用于描述课程的基本信息，用课程号标识。
- 学生：用于描述学生的基本信息，由学号标识。
- 教师：用于描述教师的基本信息，由教师号标识。

由于一名学生可以选修多门课程，并且一门课程可以被多个学生选修。因此，学生和课程之间是多对多的联系。又由于一门课程可由多名教师讲授，而且一名教师可以讲授多门课程，因此，教师和课程之间也是多对多联系。

其基本 E-R 模型如图 1 所示：

图 1 基本 E-模型

如果实体的属性比较多，在构建 E-R 模型时不一定要把所有的属性都标识在 E-R 模型上，可以另外用文字说明，这样也使得 E-R 模型简明清晰，便于分析。

根据需求分析的结果，该 E-R 模型中各实体所包含的属性如下：

- 学生：学号，姓名，性别，所在系，专业，班号。
- 课程：课程号，课程名，学分，开课学期，课程性质，考试性质，授课时数，实践时数。
- 教师：教师号，教师名，性别，职称，学历，出生日期，所在部门。

各联系本身应具有的属性为：

- 选课：选课学年，选课学期，考试成绩，考试次数。其中考试次数的取值范围为 1~3，"1"表示正常考试，"2"、"3"表示补考。
- 授课：授课学年，授课学期，授课类别，授课时数。

2.2 逻辑结构设计

2.2.1 设计关系模式

有了基本的 E-R 模型之后，下一步就可以进行逻辑结构设计了，也就是设计基本的关系模式。设计关系模式主要是从 E-R 模型出发，将其直接转换为关系模式。根据第 8 章"数据库设计"介绍的转换规则，这个 E-R 模型转换出的关系模式如下，其中主码用下划线标识：

- 学生（<u>学号</u>，姓名，性别，所在系，专业，班号）
- 课程（<u>课程号</u>，课程名，学分，开课学期，课程性质，考试性质，授课时数，实践时数）
- 教师（<u>教师号</u>，教师名，性别，职称，学历，出生日期，所在部门）
- 选课（<u>学号，课程号，考试次数</u>，选课学年，选课学期，考试成绩），其中学号为引用

"学生"关系模式的外码；课程号为引用"课程"关系模式的外码

- 授课（<u>课程号，教师号，学年，学期</u>，授课类别，授课时数），其中课程号为引用"课程"关系模式的外码，教师号为引用"教师"关系模式的外码

（1）确定各关系模式是否是第三范式的

在将 E-R 图转换为关系模式之后，首先需要分析各关系模式是否符合第三范式的要求，如果不符合，则需要将这些关系模式分解为符合第三范式要求的。

经过分析发现，"学生"、"课程"、"教师"和"授课"4 个关系模式中，都不存在部分依赖和传递依赖关系，因此都属于第三范式。

现在分析"选课"关系模式，根据需求分析中的要求：一个学生对同一门课程只能修一次，因此该关系模式存在下列函数依赖：

1）（学号，课程号）→选课学年

2）（学号，课程号）→选课学期

3）（学号，课程号，考试次数）→考试成绩

因此选课学年和选课学期对主码都是部分函数依赖关系，因此需要对该关系模式进行进一步的分解，分解为如下两个关系模式：

- 选课（<u>学号，课程号</u>，选课学年，选课学期）
- 成绩（<u>学号，课程号，考试次数</u>，考试成绩）

至此，这两个关系模式都是第三范式的了。

（2）确定信息的完整性

确定好关系模式的结构之后，接下来需要分析一下这些关系模式是否满足生成报表的信息需求。

该教学管理系统要产生：学生选课情况、学生选课成绩、学生累计修课总学分和教师授课 4 个报表，分别分析如下：

- "学生选课情况报表"，内容包括：班号、学号、姓名、课程名。其中的"班号"、"学号"、"姓名"可由"学生"关系模式得到，"课程名"可由"课程"关系模式得到，因此可以满足学生选课情况表报表的要求。
- "学生考试成绩报表"，内容包括：班号、学号、姓名、课程名、考试成绩，这些信息可从"学生"、"课程"和"成绩"3 个关系模式得到。
- "学生累计修课总学分报表"，内容包括：学号、姓名、班号、总学分。其中"学号"、"姓名"、"班号"可从"学生"关系模式得到，而"总学分"信息在所有关系模式中都没有，但这个信息可以根据学生选的课程，从"课程"关系模式中的"学分"累计得到。
- "教师授课报表"，内容包括：所在部门、教师名、授课课程名、授课类别、授课时数。其中"所在部门"、"教师名"可从"教师"关系模式得到，"授课类别"和"授课时数"可从"授课"关系模式得到，"授课课程名"可根据"授课"关系模式中的课程号，再从"课程"关系模式中得到。

因此，所设计的关系模式满足所有报表的信息要求。

至此，关系模式设计完毕。

下面给出创建这些关系表的 SQL 语句示例，其中的数据类型可根据实际情况调整，为方便理解，表名、列名均用中文表示。

```
CREATE TABLE 学生表(
  学号  char(8) PRIMARY KEY,
```

```
   姓名    char(8),
   性别    char(2) CHECK (性别 IN ('男','女')),
   所在系 char(20),
   专业    char (20),
   班号    char(6)
)
CREATE TABLE 课程表(
   课程号    char(8) PRIMARY KEY,
   课程名    varchar(30) NOT NULL,
   学分      tinyint CHECK(学分 BETWEEN 1 AND 8),
   开课学期 tinyint CHECK(开课学期 BETWEEN 1 AND 12),
   课程性质 char(4) CHECK(课程性质 IN('必修','选修')),
   考试性质 char(4) CHECK(考试性质 IN('考试','考查')),
   授课时数 tinyint CHECK(授课时数 <= 68),
   实践时数 tinyint ,
)
CREATE TABLE 教师表(
   教师号    char(10) PRIMARY KEY,
   教师名    char(8) NOT NULL,
   性别      char(2) CHECK (性别 IN ('男','女')),
   职称      char(6) CHECK(职称 IN ('助教','讲师','副教授','教授')),
   学历      char(6) CHECK(学历 IN ('本科','硕士','博士','博士后')),
   出生日期 smalldatetime,
   所在部门 char(20)
)
CREATE TABLE 选课表(
   学号      char(8) NOT NULL,
   课程号    char(8) NOT NULL,
   选课学年 char(8) NOT NULL,
   选课学期 char(8) NOT NULL,
   PRIMARY KEY(学号,课程号),
   FOREIGN KEY(学号) REFERENCES 学生表(学号),
   FOREIGN KEY(课程号) REFERENCES 课程表(课程号)
)
CREATE TABLE 成绩表(
   学号      char(8) NOT NULL,
   课程号    char(8) NOT NULL,
   考试次数 tinyint CHECK(考试次数 BETWEEN 1 AND 3),
   考试成绩 tinyint CHECK(考试成绩 BETWEEN 0 AND 100),
   PRIMARY KEY(学号,课程号,考试次数),
   FOREIGN KEY(学号) REFERENCES 学生表(学号),
   FOREIGN KEY(课程号) REFERENCES 课程表(课程号)
)

CREATE TABLE 授课表(
   课程号    char(8) NOT NULL,
   教师号    char(10) NOT NULL,
   授课学年 char(4),
   授课学期 tinyint,
   授课类别 char(6) CHECK(授课类别 IN('主讲','辅导','带实验')),
   授课时数 tinyint,
   PRIMARY KEY(课程号,教师号,授课学年,授课学期),
```

```
FOREIGN KEY(课程号) REFERENCES 课程表(课程号),
FOREIGN KEY(教师号) REFERENCES 教师表(教师号)
)
```

2.2.2 设计外模式

在数据库应用系统中，用户需要产生大量的报表，而报表的内容均来自数据库中的关系模式。我们可以将报表看成是满足不同用户需求的外模式，而且在实际实现过程中，报表也常常用外模式来定义。在设计关系模式阶段我们已经确定了教学管理系统所包含的全部关系模式的结构，并且这些关系模式能够满足生成报表的需求。因此在设计外模式阶段，我们具体确定生成各报表的方法。

（1）学生选课情况报表

由于要求每个学期开学初以班为单位生成一份该学年和学期某班学生的选课情况表,因此,用定义视图的方法就不太合适。因为视图没有设置参数的功能，而该报表的内容是某个指定学年和学期的，是动态条件的查询，而视图本身并不支持动态条件的查询。因此，我们将该报表直接用查询语句的形式生成，将动态查询条件作为查询语句中的数据筛选条件。

例如，假设要为 J201001 班生成 2010 学年第 1 学期学生选课情况报表，则语句如下：

```
SELECT 班号,学生表.学号,姓名,课程名
  FROM 学生表 JOIN 选课表 ON 学生表.学号 = 选课表.学号
  JOIN 课程表 ON 课程表.课程号 = 选课表.课程号
  WHERE 班号 = 'J201001' AND 选课学期 = '2010' AND 选课学期 = 1
```

（2）学生考试成绩报表

该报表要求每个学期结束时以班为单位生成，并且是生成指定学年和学期中指定班学生的考试成绩表，因此，同学生选课情况报表一样也不适合用视图来定义。也应该直接用查询语句来生成。

例如，假设要为 J201001 班学生生成 2010 学年第 1 学期考试成绩报表，则语句如下：

```
SELECT 班号,学生表.学号,姓名,课程名,考试成绩
  FROM 学生表 JOIN 考试表 ON 学生表.学号 = 考试表.学号
  JOIN 课程表 ON 课程表.课程号 = 考试表.课程号
  JOIN 选课表 ON 课程表.课程号 = 选课表.课程号
WHERE 班号= 'J201001' AND 选课学期 = '2010' AND 选课学期= 1
```

（3）学生累计修课总学分报表

该报表是为全体学生生成的，而且是统计每个学生全部课程的累计总学分，没有动态查询条件，因此可以将该报表用视图形式实现。

由于该报表的"总学分"需要根据每个学生的学号累计得到，因此需要用到分组子句，若将查询语句写为：

```
SELECT 学生表.学号,姓名,班号,总学分 = SUM(学分)
  FROM 学生表 JOIN 选课表 ON 学生表.学号 = 选课表.学号
  JOIN 课程表 ON 课程表.课程号 = 选课表.课程号
  WHERE 总评成绩 >= 60
GROUP BY 学生表.学号
```

则是错误的，因为我们在第 4 章已经介绍过，当使用分组语句时，在查询列表中只能是分组依据列和统计函数，因此该语句无法执行。为此，我们应该分两个步骤来实现该报表：

1）定义统计每个学生的修课总学分的视图，语句如下：

```
CREATE VIEW v_总学分(学号, 总学分)
```

```
AS
SELECT 学生表.学号, SUM(学分)
  FROM 学生表 JOIN 成绩表 ON 学生表.学号 = 成绩表.学号
  JOIN 课程表 ON 课程表.课程号 = 成绩表.课程号
  WHERE 考试成绩 >= 60
  GROUP BY 学生表.学号
```

2）利用 1）生成的视图，再定义生成该报表的视图，语句如下：

```
CREATE VIEW v_总学分报表
AS
SELECT 学生表.学号,姓名,班号,总学分
  FROM 学生表 JOIN v_总学分 ON 学生表.学号 = v_总学分.学号
```

（4）教师授课报表

同生成学生选课报表和学生考试成绩报表一样,该报表也应该使用查询语句动态生成满足不同参数要求的报表。

例如，假设要为"计算机系"生成 2010 学年第 1 学期每位教师的授课情况表，则语句如下：

```
SELECT 所在部门,教师名,授课课程名 = 课程名,授课类别,授课表.授课时数
    FROM 教师表 JOIN 授课表 ON 教师表.教师号 = 授课表.教师号
    JOIN 课程表 ON 课程表.课程号 = 授课表.课程号
  WHERE 所在部门 = '计算机系' AND 授课学年 = '2010' AND 授课学期 = 1
```

3．数据库行为设计

对于数据库应用系统来说，最常用的功能是安全控制功能，数据的增、删、改、查功能以及生成报表的功能。本系统也应包含这些基本的操作。

3.1　安全控制

任何数据库应用系统都需要安全控制功能，这个教学管理系统也不例外。假设将系统的用户分为如下几类：

- 系统管理员：具有系统的全部操作权限。
- 教务部门：具有对学生基本信息、课程基本信息和教师授课信息的维护权。
- 人事部门：具有对教师基本信息的维护权。
- 各个系：具有对学生的选课信息的维护权。
- 普通用户：具有对数据的查询权。

在实现时，可将每一类用户定义为一个角色，这样在授权时只需对角色授权，而无需对每个具体的用户授权。

3.2　数据操作功能

数据操作功能包括对这些数据的录入、删除、修改功能。具体如下：

（1）数据录入

包括对这 6 张表数据的录入。只有具有相应权限的用户才能录入相应表中的数据。

（2）数据删除

包括对这 6 张表的数据的删除。只有具有相应权限的用户才能删除相应表中的数据。数据的删除要注意表之间的关联关系，比如当某个学生退学时，在删除"学生表"中的数据之前，应先删除该学生在"选课表"和"考试表"中的信息，然后再在学生表中删除该学生，以保证不违反参照完整性约束。另外，在实际执行删除操作之前应该提醒用户是否真的要删除数据，

以免发生误操作。

（3）数据修改

当某些数据发生变化或某些数据录入不正确时，应该允许用户对数据库中的数据进行修改。修改数据的操作一般是先根据一定的条件查询出要修改的记录，然后再对其中的某些记录进行修改，修改完成后再写回到数据库中。同数据的录入与删除一样，只有具有相应权限的用户才能修改相应表中的数据。

（4）数据查询

在数据库应用系统中，数据查询是最常用的功能。数据查询应根据用户提出的查询条件进行，在设计系统时应首先征求用户的查询需求，然后根据这些查询需求整理出系统应具有的查询功能。一般允许所有使用数据库的人都具有查询数据的权限。本系统提出的查询要求有：

- 根据系、专业、班等信息查询学生的基本信息。
- 根据学期查询课程的基本信息。
- 根据部门查询教师的基本信息。
- 根据班号查询学生在当前学期和学年的选课情况。
- 根据班号查询学生在当前学期和学年的考试情况。
- 根据课程查询当前学期和学年学生的选课及考试情况。
- 根据部门、职称查询教师的授课情况。
- 统计每个部门的各种职称的教师人数。
- 统计当前学期和学年每门课程的选课人数。
- 按班统计当前学期和学年每个学生的考试平均成绩。
- 按班统计每个班考试平均成绩最高的前 3 名学生。等等。

参 考 文 献

[1] C J Date. 数据库系统导论[M]. 孟小峰，等译. 7 版. 北京：机械工业出版社，2000.

[2] 王珊，萨师煊. 数据库系统概论[M]. 4 版. 北京：高等教育出版社，2006.

[3] Patrick O'Neil，Elizabeth O'Neil. 数据库原理、编程与性能[M]. 周傲英，等译. 2 版. 北京：机械工业出版社，2002.

[4] Roger Jennings. Visual Basic 6 数据库开发人员指南[M]. 前导工作室，译. 北京：机械工业出版社，1999.

[5] 飞狼，李春萌，杨涵. SQL Server 2005 数据库管理与应用指南[M]. 北京：人民邮电出版社，2007.

[6] Robin Dewson. SQL Server 2005 基础教程[M]. 董明，等译. 北京：人民邮电出版社，2007.

[7] 孙明丽，王斌，刘莹. SQL Server 2005 数据库系统开发完全手册[M]. 北京：人民邮电出版社，2007.

[8] Thomas Connolly，Carolyn Begg. 数据库系统——设计、实现与管理[M]. 宁洪，等译. 3 版. 北京：电子工业出版社，2005.

[9] Robert Vieira. SQL Server 2005 高级程序设计[M]. 董明，等译. 北京：人民邮电出版社，2009.

[10] 徐保民，孙丽君，李爱萍. 数据库原理与应用[M]. 北京：人民邮电出版社，2008.

普通高等教育"十一五"国家级规划教材

书　号	书　名	定价
978-7-111-28374-4	UNIX操作系统教程　第3版	38.00
978-7-111-26801-7	程序设计教程——用C++语言编程 第2版	35.00
7-111-20682-8	计算机网络实验教程 从原理到实践	45.00
978-7-111-26753-9	软件项目管理案例教程 第2版	36.00
7-111-22276-7	信息安全学（第2版）	32.00
7-111-20761-0	C语言程序设计	25.00
7-111-21474-8	Visual Basic程序设计教程	29.80
7-111-18234-4	计算机图形学	33.00
7-111-21384-0	UML系统建模与分析设计	33.00
7-111-20683-5	C语言程序设计教程	36.00
978-7-111-31204-8	数据库原理与应用教程（第3版）	29.80
7-111-24103-4	通信原理	36.00
7-111-23518-7	数据库应用技术 SQL Server 2005提高篇	29.00
7-111-22791-5	数据库应用技术SQL Server 2005基础篇	26.00
7-111-22926-1	微机原理与接口技术：基于IA-32处理器和32位汇编语言 第4版	33.00
7-111-22968-1	计算机网络 第2版	35.00
7-111-18279-0	Java程序设计大学教程	29.00
7-111-26727-0	系统可配置单片机原理与应用	32.00

好 书 推 荐

作者：张蒲生
书号：978-7-111-22791-5
定价：26.00元

作者：张蒲生
书号：978-7-111-23518-7
定价：29.00元

作者：程玮 等
书号：978-7-111-22967-4
定价：26.00元

作者：程玮 等
书号：978-7-111-11092-7
定价：16.00元

作者：Jeffrey D. Uilman 等
书号：978-7-111-26828-4
定价：45.00元

作者：周玲艳 等
书号：978-7-111-24609-1
定价：25.00元

作者：何玉洁
书号：7-111-19871-9
定价：32.00元

教师服务登记表

尊敬的老师：

您好！感谢您购买我们出版的 _____ 教材。

机械工业出版社华章公司本着为服务高等教育的出版原则，为进一步加强与高校教师的联系与沟通，更好地为高校教师服务，特制此表，请您填妥后发回给我们，我们将定期向您寄送华章公司最新的图书出版信息。为您的教材、论著或译著的出版提供可能的帮助。欢迎您对我们的教材和服务提出宝贵的意见，感谢您的大力支持与帮助！

个人资料（请用正楷完整填写）

教师姓名		□先生 □女士	出生年月		职务		职称：□教授 □副教授 □讲师 □助教 □其他
学校			学院			系别	

联系 电话	办公： 宅电： 移动：	联系地址 及邮编	
		E-mail	

学历		毕业院校		国外进修及讲学经历	
研究领域					

主讲课程	现用教材名	作者及 出版社	共同授 课教师	教材满意度
课程： □专 □本 □研 人数：　学期：□春□秋				□满意 □一般 □不满意 □希望更换
课程： □专 □本 □研 人数：　学期：□春□秋				□满意 □一般 □不满意 □希望更换

样书申请			
已出版著作		已出版译作	
是否愿意从事翻译/著作工作　□是　□否		方向	
意见和建议			

填妥后请选择以下任何一种方式将此表返回：（如方便请赐名片）
地　址：北京市西城区百万庄南街1号　华章公司营销中心　　邮编：100037
电　话：(010) 68353079 88378995　传真：(010)68995260
E-mail:hzedu@hzbook.com markerting@hzbook.com　图书详情可登录http://www.hzbook.com网站查询